동국여지지

동국여지지 6

전라도 下 · 황해도

유형원 지음
남지만 오세옥 옮김

한국고전번역원

일러두기

1. 이 책의 번역 대본은 서울대학교 규장각한국학연구원 소장 《동국여지지(東國輿地志)》(古4790-51)를 저본으로 한 한국고전번역원 《교감표점 한국고전총간 지리류 5-7 동국여지지 Ⅰ~Ⅲ》이다.
2. 역주는 내용이 간단하면 간주(間註)로, 길면 각주(脚註)로 처리하였다.
3. 한자는 필요한 경우 이해를 돕기 위하여 넣었으며, 운문(韻文)은 원문을 병기하였다.
4. 원문의 오류를 수정하였거나 오류가 의심되는 경우, 교감자료와 중요한 자구(字句)에서 차이가 있는 경우에는 그 내용을 각주로 밝혔다.
5. '한글 맞춤법'의 용법과 다르거나 새로 만든 문장부호는 다음과 같다.
   「 」: ' ' 안의 재인용을 나타낼 때 사용한다.
   『 』: 「 」 안의 재인용을 나타낼 때 사용한다.
   …… : 원문의 '云云'을 처리할 때, 각주에서 긴 인용문을 처리할 때, 각주의 표제어가 네 어절 이상일 경우 생략되는 말을 처리할 때 사용한다.
   - - : 본문에서 2차 소자(小字) 및 원문 결락의 처음과 끝에 사용한다.
   □ : 원문의 글자가 빠진 빈 난을 표기하거나 '결락과 판독 불가 글자에 대한 지침'에 따라 번역할 때 사용한다.

차례

제6권 황해도黃海道 — 205

舒川
群山浦
臨陂
咸悅
益山
礪山
高山
萬頃
金堤
扶安
龍潭
鎭安
興德
長水
茂長
南原
雲峰
法聖
咸平
多慶
谷城
臨淄
務安
木浦
光陽
順天
右水營
左水營
興陽
珍島

제5권

전라도 下

全羅道

남원도호부南原都護府

동쪽으로 운봉현(雲峯縣) 경계까지 30리이다. 남쪽으로 순천부(順天府) 경계까지 67리, 곡성현(谷城縣) 경계까지 33리이다. 서쪽으로 순창군(淳昌郡) 경계까지 37리, 옥과현(玉果縣) 경계까지 62리이다. 북쪽으로 임실현(任實縣) 경계까지 43리, 장수현(長水縣) 경계까지 70리이다. 서울과의 거리는 655리이다.

한전 旱田

수전 水田

건치연혁 建置沿革

본래 백제 고룡군(古龍郡)이다. 당 고종(唐高宗)이 백제를 멸하고서 유인궤(劉仁軌)를 대방주 자사(帶方州刺史)로 삼아 백제를 진무하게 하였다. 당 고종이 백제를 멸하고서 백제 지역을 나누어 5개의 도독부를 두었다가 병합하여 대방주로 삼았다. 유인궤가 이곳에 성을 쌓고 지명을 따라 대방성(帶方城)이라 불렀다. 얼마 뒤에 신라가 소유하자 신문왕(神

文王)이 이곳에 대방소경(帶方小京)을 두었다. 정인지(鄭麟趾)의 《고려사(高麗史)》〈지리지(地理志)〉에 "남원은 본래 백제의 고룡군이다. 후한(後漢) 건안(建安) 연간에 대방군(帶方郡)으로 삼았고, 조위(曹魏) 때에 남대방군(南帶方郡)으로 삼았다. 신라가 백제를 병합하자, 당 고종이 조칙으로 유인궤를 검교 대방주 자사(檢校帶方州刺史)로 삼았다. 신문왕 때에 이곳에 소경(小京)을 두었다.……"라고 하였다. 살펴보건대 한수(漢水) 이남 지역은 당나라 이전에는 중국에서 다스린 적이 전혀 없었는데, 유독 남원 한 읍이 한 헌제(漢獻帝)와 조위 때에 대방군이 되었다는 것은 무엇을 근거로 하였는지 모르겠다. 지금 《전한서(前漢書)》〈지리지〉와 《후한서(後漢書)》〈군국지(郡國志)〉를 살펴보면, 요동군(遼東郡)과 낙랑군(樂浪郡)은 모두 유주(幽州)의 관할인데, 요동군의 속현에 양평현(襄平縣), 안시현(安市縣), 서안평현(西安平縣) 등이 있고, 낙랑군의 속현에 조선현(朝鮮縣), 함자현(含資縣), 둔유현(屯有縣), 대방현(帶方縣) 등이 있으며, 함자현을 흐르는 대수(帶水)가 서쪽으로 대방에 이르러 바다로 들어간다. 또 《후한서》에 "질제(質帝)와 환제(桓帝) 연간에 고구려가 다시 요동의 서안평을 침범하여 대방 현령을 죽이고 낙랑 태수의 처자를 노획해 갔다."라고 하였다. 《삼국지(三國志)》를 살펴보니 "건안 연간에 공손강(公孫康)이 둔유(屯有) 이남의 황무지를 분할하여 대방군으로 삼았다."라고 하였고, 《진서(晉書)》〈지리지〉에 "대방군은 공손도(公孫度)가 설치하였다."라고 하였다. 위 무제(魏武帝 조조(曹操))가 패업(霸業)을 다지고 나서 다시 군을 설치하였는데, 거기에 소속된 대방현, 함자현 등이 모두 한나라 낙랑군의 속현이었다. 그렇다면 공손도와 조위가 설치한 대방군은 한나라 낙랑군에 속한 대방현 등을 가려내어 군을 삼은 것으로 요동 경계와 이어진 바닷가 땅이다. 정사(正史)의 지리지에 역력히 나타나 있으니,

지금의 남원부가 아닌 게 분명하다. 《고려사》 〈지리지〉에서 그렇게 말한 것은 아마도 남원의 옛 이름 또한 대방이라 칭하였기에 공손도의 대방군을 여기에다 잘못 덮어 쓴 것이 아니겠는가. 《동국여지승람(東國輿地勝覽)》 역시 오류를 답습하였으니 매우 잘못되었다. ○ 《북사(北史)》와 《주서(周書)》를 살펴보니, "백제는 본래 마한의 속국으로 부여의 별종이다. 그 선조가 대방의 옛 땅에서 나라를 시작하였다."라고 하였다. 또 여러 역사책을 살펴보니, 북제(北齊) 무평(武平) 연간에 백제왕 부여창(扶餘昌)을 대방군공 백제왕(帶方郡公百濟王)으로 책봉하였는데 수나라 때까지도 그러하였다. 당나라 무덕(武德) 연간에 고조(高祖)가 백제왕 부여장(扶餘璋)을 대방군왕 백제왕(帶方郡王百濟王)으로 책봉하였다. 이것을 근거로 살펴보면, 대방은 본래 북방 지역이었고 백제가 북쪽에서 남쪽으로 내려왔기 때문에 그 유래를 따르는 한편 백제에 대방의 호칭을 별도로 더한 것이다. 당 고종이 백제를 멸망시키고 백제의 땅을 분할하여 5개의 도독부를 설치하였다가 병합하여 대방주(帶方州)를 만들었는데, 이 사실은 《신당서(新唐書)》 〈지리지〉에 실려 있으니 또한 고증할 수 있다. 유인궤에게 백제의 유지(遺地)를 지키도록 명하였으므로 대방주 자사로 삼았고, 유인궤는 이곳에 성을 쌓으면서 이 성을 대방성이라 칭한 것 또한 이로부터 시작되었다. 이것은 지금의 부여현(扶餘縣 충청도 부여)이 본래 부여국 땅과 남북으로 동떨어져 있는데 성왕(聖王)이 도읍을 옮긴 뒤에도 여전히 부여라고 칭했던 것과 같지 않겠는가.

경덕왕(景德王) 16년(757)에 남원소경(南原小京)으로 고쳤다. 고려 태조(太祖) 때 고쳐서 남원부로 삼았다. 충선왕(忠宣王) 초기에 다시 대방군으로 삼았다가 뒤에 고쳐서 남원군으로 삼았다. 공민왕(恭愍王) 때 다시 승격시켜 남원부로 삼았다. 본조 태종 13년(1413)에 규례대로

도호부로 삼았다. 세조조에 진(鎭)을 설치하였다. 관장하는 면은 49개이다.

진관

도호부(都護府) 1개 담양(潭陽)

군(郡) 1개 순창(淳昌)

현(縣) 9개 임실(任實), 무주(茂朱), 곡성(谷城), 진안(鎭安), 용담(龍潭), 옥과(玉果), 운봉(雲峯), 창평(昌平), 장수(長水)

관원

부사(府使), 판관(判官), 교수(敎授) 각 1인이다.

군명 郡名

고룡(古龍), 대방(帶方) 별호는 용성(龍城)이다.

형승 形勝

동쪽으로 지리산이 뻗어 있고 서쪽으로 순수(淳水)가 감아 도는 남쪽 지방의 한 도회지이다. 《부지(府志)》에 "동쪽으로 지리산이 뻗어 있고 서쪽으로 순수가 감아 돌아 지세가 험하고 사방이 막혀 있다. 그 가운데 기름진 들이 광활하고 인물이 많아서 남쪽 지방의 한 도회지가 되었다."라고 하였다.

기름진 들판이 백 리로 뻗은 천부의 땅이다. 본조 황수신(黃守身)의 〈광한루기(廣寒樓記)〉에 "남원은 산천이 수려하고 기름진 들판이 백 리에 뻗쳐 있어 실로 천부의 땅이다."라고 하였다.

남방의 오른팔이다. 고려 이규보(李奎報)의 송(頌)[1]에 "대방(帶方)은 오래된 고을로 남방의 오른팔이다."라고 하였다.

호남과 영남의 경계에 대방이 있다. 본조 신흠(申欽)의 〈공제루기(控制樓記)〉[2]에 "호남과 영남의 경계에 대방이 있는데, 재정이 풍부하고 군대가 강성하여 서울을 호위하고 열읍을 통솔할 만하다."라고 하였다.

호남과 영남의 요충지에 있다. 본조 이항복(李恒福)의 〈교룡산성기(蛟龍山城記)〉[3]에 "호남과 영남의 요충지에 자리하여 삼도(三道)를 왕래하는 요로(要路)를 장악하고 있다."라고 하였다.

풍속 風俗

땅이 넓고 사람들이 드세다. 이규보의 기문[4]

무당을 잘 믿는다.

---

1 이규보(李奎報)의 송(頌) : 〈사업 윤위가 남원을 안무한 것을 노래함〔尹司業威安撫南原頌〕〉이다. 《東國李相國集 卷19》

2 신흠(申欽)의 공제루기(控制樓記) : 〈교룡산성 공제루기(蛟龍山城控制樓記)〉이다. 《象村稿 卷23》

3 이항복(李恒福)의 교룡산성기(蛟龍山城記) : 〈전라도 산성도 후서(全羅道山城圖後敍)〉이다. 《白沙集 卷2》

4 이규보의 기문 : 〈사업 윤위가 남원을 안무한 것을 노래함〉이다. 《東國李相國集 卷19》 '기문'이라고 한 것은 저자의 착오인 듯하다.

성격이 화끈하고 세며 소송하기를 좋아한다.

산천 山川

백공산(百工山) 부 동쪽 8리에 있다.

지리산(智異山) 부 동쪽 50리에 있다. 장수현(長水縣) 덕유산에서 굽이굽이 남으로 200여 리 이어져 이 산이 되는데, 산세가 높고 웅대하여 수백 리에 걸쳐 웅거하고 있다. 여진은 백두산 산맥이 이곳까지 흘러왔다 해서 두류(頭流)라고도 부른다. 혹자는 "백두산 산맥이 바다에서 막혀 이곳에 멈추었으므로 유(流) 자는 유(留) 자로 보는 것이 옳다."라고 하였다. 또 지리(地理)라고도 하고 방장(方丈)이라고도 한다. 당나라 두보의 시[5]에서 "방장산은 삼한 밖에 있고〔方丈三韓外〕"라고 읊은 대목이 바로 이 산을 가리킨다. 신라는 이 산을 남악(南嶽)으로 삼아 중사(中祀)에 올렸고, 고려와 본조에서도 모두 이를 따랐다. 산을 둘러싸고 자리 잡은 고을이 모두 여남은 곳인데, 북쪽으로는 함양, 동남쪽으로는 진주, 서쪽으로는 남원이 독점하고 있다. 산봉우리와 골짝들을 이루 다 헤아릴 수 없는데, 동쪽의 천왕봉과 서쪽의 반야봉이 가장 높아서 산허리에 먹장구름이 비를 내려 천둥 번개가 요란해도 산마루 쪽은 구름 한 점 없이 쾌청하다. 매년 가을 하늘이 높아져 새매가 북쪽에서 몰려들면 여러 군의 사람들이 다투어 그물을 쳐서 잡는다. 전하는 이야기에 태을(太乙 북극신)이 산 정상에 사는데 신선들이

5 두보(杜甫)의 시 : 〈태상경 장기에게 드리는 20운〔奉贈太常張卿垍二十韻〕〉이다. 《杜少陵詩集 卷3》

모이고 용상(龍象)이 사는 곳이라고 한다. 경상도 진주와 함양군에도 보인다. ○ 본조 서경덕(徐敬德)의 시[6]에,

지리산 우뚝 솟아 동녘 땅을 수호하니	智異巍巍鎭海東
유람하는 이 마음 한없이 넓어진다	登臨心眼浩無窮
가파른 산 연봉의 수려함에 익숙해져	巉巖只翫峯巒秀
드넓은 산 조물주 공덕임을 누가 알리	磅礴誰知造化功
땅의 정기 비축했나 비이슬로 내리고	畜地玄精興雨露
하늘 기운 머금었나 영웅이 태어나네	含天秀氣産英雄
산신령이 나를 위해 안개를 걷어 주니	嶽祇爲我晴煙霧
천리만리 찾아와 준 정성이 통했으리	千里來尋誠所通

하였다.

교룡산(蛟龍山) 부 서쪽 7리에 있다. 높이 우뚝 솟아 있고 북쪽에 밀덕봉과 복덕봉이 있다.

장법산(長法山) 부 동쪽 7리에 있다.

만행산(萬行山) 부 북쪽 40리에 있다. 속칭 보현산(寶賢山)이다.

월계산(月鷄山) 부 서북쪽 29리에 있다.

고정산(高政山) 부 서쪽 30리에 있다. 북쪽으로 월계산, 남쪽으로 보련산(寶連山)과 이어져 있다.

보련산(寶連山) 부 서쪽 40리에 있다. 가장 높은 봉우리를 환봉(環峯)이라 한다.

6 서경덕(徐敬德)의 시 : 〈지리산 반야봉에 머물다〔宿智異山般若峯〕〉이다. 《花潭集 卷1》

견수산(犬首山) 부 남쪽 45리에 있다.

주지산(注之山) 부 동쪽 30리에 있다.

수성산(宿星山) 부 동남쪽 30리에 있다. 산길이 매우 높고 험하다. ○ 본조 고경명(高敬命)의 시[7]에,

산길은 구절양장 꼬부라졌고	路作羊腸繞
하늘은 오늬 통해 보이네	天纔箭筈通
차령[8]이 험하다는 괜한 소문들	謾傳車嶺險
검문의 웅대함과 어찌 같으리[9]	何似劍門雄
옛 보루[10]에 마른 덩굴 뒤엉키었고	古壘寒藤蔓
벼랑에는 밤안개만 자욱하구나	懸崖宿霧籠
말 멈추고 먼 데 산을 바라보노라	停驂遙悵望
아슬아슬 잔도는 언제 끝날까	危棧幾時窮

하였다.

영원현(嶺院峴) 부 동쪽 30리, 운봉현 경계에 있다. 매우 높고 험준하다. 일명 여원현(女院峴)이라고 한다. 옛날에 노부(老婦)가 고개 아래 원(院) 근처에 살았는데, 베풀기를 좋아하여 길손들이 도움을 입었기에 이렇게 이

7 고경명(高敬命)의 시 : 〈성현을 지나며 묵다〔過宿星峴〕〉이다. 《霽峯集 卷2》

8 차령(車嶺) : 충남 공주와 천안 사이에 있는 고개로 서울에서 호남으로 통하는 주요한 교통로였다.

9 검문(劍門)의……같으리 : 검문은 사천성 검각현 북쪽에 있는 대검산과 소검산 위에 잔도(棧道)가 있는 요해지로 제갈량이 검문관(劍門關)을 만들어 방비한 곳이다. 수성산의 험함을 검문에 비유하여 차령보다 더 험하다고 말한 것이다.

10 옛 보루 : 수성산의 길목을 지키기 위해 만든 보루로 수성산을 촉나라 잔도의 길목을 지키는 검문관에 비유한 것이다.

름하였다.

비홍현(飛鴻峴) 부 서쪽 25리에 있다. 바로 월계산과 고정산의 산등성이가 잇닿은 곳이다.

금암(金巖) 부 남쪽 5리에 있다. 요천(蓼川)이 그 아래를 감돌아 흐른다.

창활수(昌活藪) 부 남쪽 30리에 있다.

순수(淳水) 순자수(鶉子水)라고도 한다. 진안현 중대산, 마이산 등의 산에서 발원하여 임실현을 지나 순창군에 이르러 동쪽으로 적성산 아래를 경유하여 여울을 이루고, 부를 경계로 나뉘어져 남쪽으로 흐르다가 동쪽으로 선회하여 부 남쪽 40리를 지나고, 또 동쪽으로 흘러가 구례현에 이르러 잔수(潺水)와 만나서 섬강(蟾江)이 된다.

원천(源川) 부 동쪽 20리 원천부곡(源川部曲)에 있다. 지리산에서 발원하여 부 동쪽 선원사 앞에 이르러 요계(蓼溪)과 합류하고 남쪽으로 흘러 순수로 들어간다.

거령천(居寧川) 거령도현(居寧度縣)의 개현(介峴)에서 나와서 오수역(獒樹驛) 동남쪽에 이르러 임실현 평당원천(坪堂院川)과 합류하고 남쪽으로 흘러가 순창군 동쪽에 이르러 순수로 들어간다.

요계(蓼溪) 장수현 경계의 수분현(水分峴)에서 나와 여러 개울과 합쳐져서 남쪽으로 흘러가 부 동남쪽 1리를 경유하고, 또 남쪽으로 흘러 순수로 흘러 들어간다. 시내 가운데에 소 모양의 바위가 있으므로 우암(牛巖)이라 이름하였다.

축천(丑川) 축천(畜川)으로도 쓴다. 부 동북방에서 수격 작용이 발생한다. 고을을 세울 때 술자(術者)의 말을 따라서 철우(鐵牛)를 만들어 누르도록 하였으므로 축천이라 이름하였다. 당시의 철우가 지금도 남아 있다.

금탄(金灘) 부 서남쪽 60리에 있다. 바로 순수탄(淳水灘)이다. 여울 아래로 물이 다시 모였다가 물길 따라 8, 9리를 오르내린다. 좌우로는 모래톱이 섞여 있는 벼랑이 들쑥날쑥 우뚝 서 있는데 제암(霽巖)이라 한다. 풍경이 뛰어난 강산이라고 남방에서 일컬어진다. ○ 본조 권극중(權克中)의 시[11]에,

협곡은 동남으로 열려 있고	峽口東南豁
강물은 십여 리를 흘러간다	淸江十里遙
쪽배라 돛을 걸기 어려워서	小船難掛席
바람이 삿대질을 도와주네	風動木蘭橈

하였다.

대모천(大母泉) 부 남쪽 4리에 있다.

용연(龍淵) 부 남쪽 45리에 있다. 지리산에서 발원한다.

토산 土産

종이〔紙〕, **대나무**〔竹〕, **죽전**(竹箭), **석회**(石灰), 비홍현에서 난다. **꿀**〔蜂蜜〕, **황랍**(黃蠟), **호도**(胡桃), **오미자**(五味子), **감**〔柹〕, **밤**〔栗〕, **잣**〔海松子〕, **생강**〔薑〕, **석류**(石榴), **치자**(梔子), **표고버섯**〔香蕈〕, **송이버섯**〔松蕈〕, **석이버섯**〔石蕈〕, **복령**(茯苓), **산무애뱀**〔白花蛇〕, **영양각**(羚羊角), **은구어**(銀口魚 은어), **게**〔蟹〕

11 권극중(權克中)의 시 : 〈강 나들이〔江行〕〉이다. 《青霞集 詩集 卷6》

성곽 城郭

부성(府城) 때에[12] 쌓은 것이다. 임진왜란 때 명나라의 참장(參將) 낙상지(駱尙志)가 겹으로 수축(修築)하였다. 석성(石城)이다. 둘레가 8199자이다. 네 곳에 문을 만들었는데, 동쪽을 □□문, 남쪽을 □□문, 서쪽을 □□문, 북쪽을 □□문이라 한다. 성안에 우물 71개가 있다.

공서 公署

오수도 찰방사(獒樹道察訪司) 부 북쪽 40리에 있다. 오수(獒樹), 창활(昌活), 동도(東道), 응령(應嶺), 인월(引月), 잔수(潺水), 지신(知申), 양률(良栗), 낙수(洛水), 덕양(德陽), 익신(益申), 섬거(蟾居) 12개 역을 관할한다.

○ 찰방 1인이 있다.

학교 學校

향교(鄕校) 부 북쪽 5리에 있다.

고룡서원(古龍書院) 부 서쪽 20리에 있다. 노진(盧禛)이 기거한 곳이라 하여 세웠다.

영성서원(永城書院) 부 북쪽 50리에 있다. 사우(祠宇)를 세워 정황(丁熿), 안처순(安處順), 이연형(李連亨)을 제사 지낸다.

12 때에 : 대본에는 '時'로 되어 있는데, 문맥에 근거할 때 앞에 탈자가 있는 듯하다.

궁실 宮室

휼민관(恤民館) 바로 객관(客館)이다.

향사당(鄕射堂)

광한루(廣寒樓) 부 남쪽에 있다. 지세가 평탄하고 사방이 탁 트인 곳에 작은 누각이 있었으니 그 이름이 광통루(廣通樓)이다. 세종 때 부사 민공(閔恭)이 다시 새 누각을 세웠고, 정인지가 지금의 이름으로 고쳤다. 호남 제일의 누각으로 불렸고, 동쪽에 월인헌(月印軒)이 있다. ○ 본조 이석형(李石亨)의 시[13]에,

방장산 서쪽으로 백 척 높이 솟은 누각	方丈山西百尺樓
붉은 층계 높은 시렁 푸른 시내 앞에 있네[14]	丹梯高架碧溪頭
강물 연한 평야엔 물안개 가득하고	水連平野煙光合
구름 걷힌 높은 산엔 습한 기운 가셨어라	雲捲高岑雨氣收
누대 올라 멀리 보니 하늘 위에 앉은 듯도	臨遠却疑天上坐
바람결에 살랑대니 달 가운데 노는 듯도	倚風還似月中遊
이 세상에 원래부터 청허부[15]가 있는 것을	人間自有淸虛府

13 이석형(李石亨)의 시 : 〈남원 광한루시를 차운하다(次南原廣寒樓韻)〉이다. 《樗軒集 卷上》

14 방장산(方丈山)……있네 : 방장상은 지리산을 가리킨다. 곧 지리산 서쪽 남원에 광한루가 우뚝 솟아 있는 것을 묘사하고 이어서 광한루와 오작교가 놓인 요천의 풍경을 읊고 있다.

15 청허부(淸虛府) : 광한청허지부(廣寒淸虛之府)의 약칭으로 달 속의 선궁(仙宮)을 이른다. 당 현종(唐玄宗)이 팔월 보름에 도사 신천사, 홍도객 등과 함께 도술을 부려 월궁(月宮)에 누워 놀았는데, 패방을 보니 '광한청허부(廣寒淸虛府)'라고 쓰여 있었다. 그곳에 흰 옷을 입은 미녀 10여 사람이 흰 옷을 입고 흰 난새를 타고 광한전 뜨락 큰 계수나무 아래에서 춤을 추었다. 현종이 이를 보고 돌아와 〈예상우의곡(霓裳雨衣曲)〉을 지었다고 한다. 《古今事文類聚前集 遊廣寒宮》 여기서는 광한루를 달 속의 선궁에 비유하여 당 현종의 고사에 빗댄 것이다.

무엇하러 궁색하게 세상 밖에서 찾는가　　何用區區世外求

하였다. ○ 본조 성임(成任)의 시에,

상쾌한 공기 스미는 강변의 누각　　爽氣侵入近水樓
광한루 선경이 요계 앞에 펼쳐 있네　　廣寒仙境蓼溪頭
바람 이니 남녘 들판 무더위 멀어지고　　風生南陌炎塵隔
발 걷으니 서쪽 산에 저녁 비 그치도다　　簾捲西山暮雨收
달빛이 때마침 고요한 밤에 가득한데　　桂魄正當淸夜滿
은교 밟는 옛사람 놀이 뉘라서 이을손가[16]　　銀橋誰繼昔人遊
하늘빛이 위아래로 거울처럼 밝으니　　天光上下明如鏡
이내 몸은 나도 모르게 청허부로 들어가네　　身入淸虛不待求

하였다.

연국루(戀國樓) 객관 서쪽에 있다. 일명 죽루(竹樓)라고도 한다.

사영루(四詠樓) 객관 동쪽에 있다. 부사 이문병(李文炳)이 세웠다.

축천정(丑川亭) 축천(丑川) 서쪽 언덕에 있다. ○ 서거정(徐居正)의 시[17]에 "벼랑 따라 절벽은 그림 병풍 펼쳤고, 그 가운데 높은 누각 돌로 대를 만들었네.〔緣崖絶壁畫屛開 中有高樓石作臺〕"라고 읊은 곳이다.

우역 郵驛

오수역(獒樹驛) 부 북쪽 40리에 있다. 찰방사(察訪司) 본역이다. 신라 때 거

16 달빛이……이을손가 : 위의 주 15 참조.
17 서거정(徐居正)의 시 : 〈남원 축천정시(南原丑川亭詩)〉이다. 《四佳集 四佳詩集 卷10》

령현(居寧縣) 사람 김개인(金蓋仁)이 개 한 마리를 길렀는데 몹시 아꼈다. 하루는 나들이에 나서 개도 따라갔다. 김개인이 술에 취하여 길가에서 잠이들었는데 들불이 일어 닥쳐오자, 개가 냇물에 뛰어들어 몸에 물을 적셔서는 주위를 돌며 풀에 물을 뿌려서 불길을 막고는 기운이 다하여 죽고 말았다. 김개인이 술이 깨고 나서 개의 모습을 보고는 슬퍼하며 곁에 묻어주고 지팡이를 꽂아 표시해 두었는데, 그 지팡이가 자라서 나무가 되었다. 이로 인해 그곳 지명을 오수(獒樹)라 하였다. ○ 고려 이규보의 시[18]에,

오원에서 한낮에 출발하여	烏原侵午出
오수에서 잠시간 머물렀네	獒樹片時留
한가한 사슴은 풀숲에 잠들고	閑鹿眠深草
그윽한 산새는 도랑에 멱 감네	幽禽浴淺溝
산은 눈앞 가득 그림을 보여 주고	山供滿目畫
바람은 소매 가득 가을을 보내 주네	風送一襟秋
대방국[19]에 들어온 지 두 번째인데	再入帶方國
자연은 실컷 유람하게 하는구나	天教飽勝遊

하였다.

동도역(東道驛) 부 동쪽 7리에 있다.

응령역(應嶺驛) 부 동쪽 20리에 있다.

창활역(昌活驛) 창활수 남쪽에 있다.

18 이규보의 시 : 〈남원으로 갈 때 오수역에서 누상의 벽에 붙은 시를 차운하다〔將向南原獒樹驛樓上次壁上詩韻〕〉이다. 《東國李相國集 卷9》

19 대방국(帶方國) : 남원의 옛 이름이다.

안신원(安信院) 부 동쪽 30리에 있다.

호산원(虎山院) 부 동쪽 10리에 있다.

금천원(金川院) 부 동쪽 50리에 있다.

신원(新院) 부 서쪽 15리에 있다.

비홍원(飛鴻院) 비홍현 아래에 있다.

서림원(西林院) 부 서쪽 30리에 있다.

순자원(鶉子院) 부 남쪽 40리에 있다.

다시천원(多時川院) 부 서쪽 50리에 있다.

운제원(雲梯院) 부 남쪽 30리에 있다.

천원(遷院) 부 남쪽 40리에 있다.

축천원(丑川院) 부 북쪽 5리에 있다.

홍화원(弘化院) 부 북쪽 10리에 있다.

율두천원(栗頭川院) 부 북쪽 30리에 있다.

원천원(源川院) 원천 언덕에 있다.

영원(嶺院) 일명 여원(女院)이라고 한다. 영원현 아래 운봉현 경계에 있다.

관량 關梁

금석교(金石橋) 부 서남쪽 4리에 있다. ○ 본조 강희맹(姜希孟)의 시[20]에,

20 강희맹(姜希孟)의 시 : 〈호남의 11가지 절경〔湖南形勝十一絶〕〉 중 제7수 〈금석교(金石橋)〉이다. 《私淑齋集 卷1》

세찬 냇물 양 언덕에 긴 다리가 걸쳐 있네 奔川兩岸駕長橋
파면은 고요한데 그림자만 흔들리네 波面沈沈影動搖
높다란 무지개다리는 등허리가 넓어서 千尺玉虹腰背闊
천천히 왕복해도 먼 줄을 모르겠네 緩尋歸路不知遙

하였다.

오작교(烏鵲橋) 광한루 앞에 있다. 다리에 4개의 홍문(虹門)이 있다.

순자나루〔鶉子渡〕 부 남쪽 40리에 있다. 곧 순수진(鶉水津)을 건너는 곳이다. 여름에 큰비가 오면 배를 쓰고, 겨울에는 다리를 놓는다.

사묘 祠廟

사직단(社稷壇) 부 서쪽에 있다.

문묘(文廟) 향교에 있다.

지리산사(智異山祠) 부 남쪽 64리, 소아리(所兒里)에 있다. 매년 봄가을로 향축(香祝)을 내려 제사 지낸다.

성황사(城隍祠) 부 서쪽 5리에 있다.

정충사(旌忠祠) 부 서쪽 10리에 있다. 황진(黃進), 고득뢰(高得賚), 안영(安瑛)을 제사 지낸다. ○ 효종조(孝宗朝)에서 사액(賜額)하였다.

최상중사(崔尙重祠) 부 북쪽 23리에 있다. 세속에서 노봉서원(露峯書院)이라 칭한다.

충렬사(忠烈祠) 부 안에 있다.

여단(厲壇) 부 북쪽에 있다.

능묘 陵墓

황진(黃進) 묘 부 -원문 다수 결락-에 있다.

사찰 寺刹

만복사(萬福寺) 교룡산 아래 평지에 있다. 절에 5층의 불전(佛殿)이 있고 서쪽에 2층의 불전이 있는데, 그 안에는 3장 5자 크기의 동불(銅佛)이 있다. 고려 문종(文宗) 때 창건한 것이다. 만력(萬曆) 정유년(1597, 선조30)에 왜란의 병화(兵火)로 불타 버렸고, 지금은 중건하여 작은 절이 되었다.

선원사(禪院寺) 백공산에 있다.

파랑사(波根寺) 지리산에 있다. 시냇물이 여기에서 발원하기에 이렇게 이름하였다. 또는 대흥사(大興寺)라 칭한다.

용천사(龍泉寺) 교룡산에 있다.

승련사(勝蓮寺) 만행산에 있다. ○ 고려 이색(李穡)의 기문[21]에 "남원부는 산수가 뛰어나다고 사람들이 흔히 일컫는다. 화상(和尙)이 그 지역에 지은 절들은 대개 매우 뛰어난 풍경에 기반하고 있는데 승련사는 그중에서도 으뜸이다. 절은 부중(府中)에서 동북쪽으로 30리 거리에 있고, 옛 이름은 금강사(金剛寺)인데 어느 시대에 창건했는지 알 수 없다. 대선사(大禪師)인 졸암(拙庵) 연온(衍昷)이 중창하고서 그 편액을 승련사로 바꾸었다. 불

21 이색(李穡)의 기문 : 〈승련사기(勝蓮寺記)〉이다. 《牧隱藁 牧隱文藁 卷1》

전, 승무(僧廡), 선당(膳堂), 선실(禪室)을 칸으로 헤아리면 도합 111칸이나 된다."라고 하였다.

보현사(寶賢寺) 만행산에 있다.

귀정사(歸政寺), **풍곡사**(風谷寺) 모두 만행산에 있다.

연관사(煙觀寺) 지리산에 있다.

감로사(甘露寺) 지리산에 있다. 일명 천은사(天隱寺)라고도 한다.

황령사(黃嶺寺) 지리산 황령(黃嶺)에 있다. 신라 때 운집(雲集)이라는 승려가 중국에서 건너와 유람하다가 이곳에 절을 창건하였다. 동쪽에 청련각(靑蓮閣)이 있고 서쪽에 백옥교(白玉橋)가 있다.

묘봉사(妙峯寺), **심원사**(深源寺) 모두 지리산에 있다.

개량사(開良寺) 견수산에 있다. 지금은 없어졌다.

용담사(龍潭寺) 장벌산(長伐山)에 있다. 지금은 없어졌다.

고적 古蹟

유인궤성(劉仁軌城) 부 안에 있다. 당나라의 유인궤가 쌓았다. 당 고종이 백제를 멸한 뒤에 그 땅을 분할하여 5개의 도독부를 설치하였다가 합병하여 대방주(帶方州)로 삼고 조칙을 내려 유인궤를 대방주 자사(帶方州刺史)로 삼아 백제를 진무하게 하였다. 유인궤가 웅주(熊州)에 머물러 진무하고 또 여기에 성을 쌓고 대방성(帶方城)이라고 칭했다. 부를 대방이라 칭한 것도 이로부터 시작되었다. 지금 옛터가 부의 치소(治所)에 있으니 둘레가 몇 리나 된다. 또 읍내에 터를 정할 때 정전법(井田法)을 써서 9개 구역으로 구획하였는데, 지금도 그 터가 남아 있어 정전법의 남은 제도를 전한다. ○ 본조 강희맹의 시[22]에 “마을은 적막하여 저녁 안개에 잠겼는데, 유공이 이룬 업적 이야기로 전해 오네.〔井邑荒涼鎖暮煙 劉公事業說相傳〕” 라고 하였다.

거령폐현(居寧廢縣) 부 동북쪽 50리에 있다. ‘거(居)’ 자는 한편 ‘거(巨)’로도 쓴다. 본래 백제 거사물현(居斯勿縣)이다. 신라 경덕왕 때 이름을 청웅현(靑雄縣)으로 고치고 임실군의 영현(領縣)으로 삼았다. 고려 초에 거령으로 고치고 뒤에 폐지하여 부에 편입시켰다. 본조에서 그대로 따랐다.

교룡산고성(蛟龍山古城) 옛날에 성이 있었으나 오래도록 황폐하였다. 본조 선조 때 왜란으로 인하여 중수하였고, 그 뒤에 다시 황폐해졌다. 돌로 쌓았다. 둘레가 7600자이다. ○ 이항복의 〈산성서(山城敍)〉[23]에 “이 산은 들판에서 우뚝 솟아 두 봉우리가 생겼는데, 북쪽 봉우리는 밀덕봉(密德峯)이라 하고 남쪽 봉우리는 복덕봉(福德峯)이라 한다. 산을 둘러 성을 쌓았는데, 서쪽은 높고 동쪽은 낮으며 성의 둘레가 15리 남짓이 된다. 예전에는 99개의 우물이 있었는데 메꿔졌고 남은 것은 8개뿐이다. 밀덕봉 아래에서 솟아 나온 샘물이 흘러서 냇물이 되는데, 가물 때에도 발등까지 잠긴다. 성 밖으로 서쪽, 남쪽, 북쪽 세 면에는 성안을 엿볼 수 있는 높은 봉우리가 없고, 밀덕봉과 복덕봉의 두 지맥이 동쪽으로 내려가 두 교룡이 그 안에 나란히 누운 것처럼 되어 있는데, 이를 세 동(洞)으로 구분하여 가운데를 적암(赤巖), 북쪽을 우암(牛巖), 남쪽을 빙암(氷巖)이라 한다. 두 봉우리는 머리가 되고 두 지맥은 등이 되고 세 동은 배가 되는데, 남북이 막혀서

22 강희맹의 시 : 〈호남의 11가지 절경〉 중 제3수 〈유인궤성(劉仁軌城)〉이다.《私淑齋集 卷1》

23 이항복의 산성서(山城敍) : 〈남원 교룡산성에 대하여〔南原蛟龍山城〕〉이다.《白沙集 卷2》

머리와 꼬리가 통하지 못한다. 그리하여 위급한 일이 닥쳤을 때 북과 징으로 호령하여도 지휘할 수가 없다. 동쪽 문은 적의 공격을 받는 곳인데, 문 밖의 큰길로 마소가 다 지나다녀 길에서 내려다보면 성안의 벌레도 셀 수 있다. 문에서 수백 보 떨어진 곳에 언덕이 있는데 앞쪽은 우뚝 솟아 있어 화살이 미칠 수 없고 뒤쪽은 넓고 평평하여 적이 오면 군사를 숨겨 둘 수 있다."라고 하고, 또 말하기를[24] "교룡은 호남과 영남의 길목에 처하고 있으니, 만약 굳게 지킨다면 대규모의 적이 와도 필시 내지로 지레 침입하여 뒤를 밟힐 우려를 남기지는 못할 것이므로 요충지로는 으뜸이지만, 중심부는 너무 드러나 있고 좌우로 응대할 수 없기에 지리적으로 우수한 조건은 아니다."라고 하였다.

보유향(寶有鄕) 부 서쪽 60리에 있다.

두가소(豆加所) 부 남쪽 60리에 있다.

명환 名宦

신라

김흔(金昕) 헌덕왕 때 당나라에 사람을 보내려 하였는데 적당한 사람이 없었다. 어떤 사람이 "김흔은 태종의 후예로 정신이 맑고 준수하며 도량이 넓어서 뽑을 만합니다."라고 하며 천거하였다. 마침내 입조(入朝)하여 숙위하게 하고 세밑에 돌아오니, 왕은 그가 사신의 직책을 잘 수행했다 하여

24 또 말하기를 : 이하는 《백사집》 〈전라도 산성도 후서〉에 보인다.

남원 태수(南原太守)에 제수하였다.

고려

한문준(韓文俊) 인종조에 남원 부사(南原府使)가 되었다. 덕이 있고 은혜로운 정사를 펼쳐 명성이 매우 높았다.

윤위(尹威) 신종 때 사업(司業)으로서 안렴사(按廉使)가 되어서 부임하니, 한 지방이 모두 경외하였다. 부의 경내에 도적이 있었는데 무리를 불러 모아 산에 진을 치고 스스로 굳게 지켰다. 윤위가 혼자 말을 타고 부 안으로 들어가 화복(禍福)을 들어 타이르니, 적이 감읍하여 명령에 복종하였다. 이에 주동한 우두머리만 죽이고 나머지는 모두 용서해 주자 경내가 편안해졌다.

주열(朱悅) 고종 때 남원 판관(南原判官)이 되어 정사를 잘하였고 청백리로서 견줄 사람이 없었다.

이세화(李世華) 남원 태수가 되어 치적이 최고 등급으로 보고되었다.

이보림(李寶林) 충혜왕조에 남원 부사가 되었다. 이전에는 사자(使者)가 와서 징세를 독촉할 때마다 지현(支縣)에서 처리할 수 없으면 빌려주어 빚으로 세금을 내게 하여 이 때문에 파산하기도 하였다. 이보림이 포세(浦稅)와 재판 비용으로 무명 700여 필을 모아 향교에서 뽑은 3인에게 이를 맡게 하고, 지현이 다급할 때는 관부에 아뢰어 내주게 하고 이자는 받지 않았다. 또 남원부가 비록 산중에 있지만 빈객의 왕래가 끊이지 않아 위치(委積)[25]를 거두었는데, 전에는 관둔전이 있었지만 방자한 아전들이 농간

25 위치(委積) : 손님을 접대하기 위해 비축해 둔 자산을 말한다. 원래 위치는 곡식, 땔나무,

을 부렸기 때문이다. 이보림이 아낌없는 노고로 곡식 400여 섬을 확보한 뒤에 규정을 세워 출납하되 본전은 두고 이자만 사용하여 위치 비용에 보태게 하였는데, 이러한 재원들을 통틀어서 제용재(濟用財)라 이름하고 영구적인 제도로 삼았다. 안렴사가 기뻐하는 한편 포목을 내어 도왔다. 이에 백성들 처지에서는 함부로 세금을 징수하는 일이 없어지고, 지현에서는 떳떳한 부세를 지키게 되었다.

본조

김희(金熙) 남원 부사가 되었다. 백성을 자식같이 보살피고 송사를 물 흐르듯 처결하니, 부사로 있던 몇 해 동안에 온 고을이 편안하였다. 얼마 지나지 않아 병으로 관아에서 죽었다. 고을 사람들이 매년 기일이면 빠뜨리지 않고 제사 지낸다.

최덕지(崔德之) 세종 때 남원 부사가 되었다. 청렴하고 간이하게 다스려서 사민들이 모두 사랑하고 공경하였다. 부사에서 물러나 영암군(靈巖郡)에 살면서 호를 존양당(存養堂)이라 하였다.

이효공(李孝恭) 남원 부사가 되었다.

이언(李堰) 남원 부사가 되어 정사를 행함이 청렴하고 신중하였다. 세조가 어서(御書)를 내려 표창하고 특별히 가선대부(嘉善大夫)로 자급을 올려

꿀 등 각종 세입 가운데 1년간의 국용(國用)을 제외한 나머지를 비축해 두었다가 휼민(恤民), 양로(養老), 빈객(賓客), 여행자 등을 위해 지급하는 것인데, 작은 것을 위(委)라고 하고 큰 것을 치(積)라고 하였다. 《周禮 地官司徒 遺人》

주어 전주 부윤(全州府尹)으로 삼았다.

정회(鄭淮) 남원 부사가 되어 은혜와 위의가 모두 행해졌다.

안구(安觀) 부사가 되었다.

오겸(吳謙) 중종조에 남원 부사가 되었다. 일 처리가 상세하고 신중하며 판결이 물 흐르듯 하여 치적이 가장 우수하다고 통정대부(通政大夫)로 승진하였다.

임현(任鉉) 선조조에 남원 부사가 되었다. 당시 왜적이 다시 쳐들어와 병사 6만을 이끌고 남원을 포위하였는데, 명나라 장수 양원(楊元)이 성을 지키다 퇴각하여 돌아가자 임현은 성이 반드시 함락될 것을 알고 친구에게 편지를 써서 자손을 부탁하였다. 성이 함락되자 적을 꾸짖고 굽히지 않다 죽었다. 판관 이덕회(李德恢), 별장 김경로(金敬老)와 함께 모두 죽음으로 절개를 지켰다.

유우 流寓

옥보고(玉寶高), **귀금**(貴金) 옥보고는 신라 경덕왕 때 사람으로 사찬(沙粲) 공영(恭永)의 아들이다. 그는 지리산에 들어가서 50년 동안 거문고를 배우고 직접 새 곡조 30곡을 지었다. 이 곡조를 연주하자 검은 학이 날아와서 춤을 추었고 마침내 이 거문고를 현학금이라 이름하였다. 그가 속명득(續命得)에게 기술을 전수하고, 속명득은 귀금에게 전수하였다. 귀금이 옥보고의 거문고 연주 기법을 터득하고서 지리산에 들어가 두문불출하였다. 신라왕은 거문고를 연주하는 기법이 전해지지 않을까 염려하여 이찬(伊湌) 윤흥(允興)을 남원 태수로 삼아 음률을 전하게 하였다. 윤흥이 총명한 소년 안장(安長)과 청장(淸長) 두 사람을 골라 산으로 보내 거문고를 배우게 하였다. 귀금이 3년을 가르치고도 비법을 전해 주지 않자 윤흥이 말하기를 "왕께서 저를 남원에 보내신 것은 선생의 기법을 전수하려는 의도입니다. 선생께서 감추고 전해 주지 않으시니 저는 복명할 도리가 없습니다." 하였다. 윤흥은 술병을 받들고 그 처는 술잔을 잡고서 예를 드리자, 귀금이 그제야 표풍(飄風) 등 세 곡을 전해 주었다. 뒤에 안장이 아들 극종(克宗)에게 전하였는데, 극종이 지은 음악 중에 평조와 우조가 세상에 전한다.

유두명(柳斗明) 본조 영광(靈光) 사람이다. 아버지 대에 남원으로 이주하였다. 유두명은 태종조에 벼슬이 대언(代言)에 이르렀다.

인물 人物

고려

이능간(李凌幹) 거령현 사람이다. 충선왕이 일찍이 그에게 애첩을 내려 주었는데, 별실에 두고 감히 가까이하지 않자 왕이 의리가 있다고 여겼다. 또 왕을 따라 원나라에 갔을 때 반전별감(盤纏別監)으로 삼았는데 가난과 고생을 감수하며 한 푼도 사사로이 쓰지 않았다. 왕이 토번(吐蕃)으로 귀양 갈 때 이능간이 금을 품고 역리(驛吏)에게 몰래 접근하여 왕께 바치니, 왕과 종신(從臣)이 덕분에 궁핍해지지 않았다. 왕이 승하하자 재궁(梓宮)을 모시고 귀국하였는데, 산 넘고 물 건너느라 갖은 고생을 다하였다. 원나라가 고려에 성(省)을 만들고자 했는데, 이능간과 김이(金怡) 등이 황제에게 주청하여 논의를 결국 중지시켰다. 벼슬은 문하시중(門下侍中)에 이르렀고 영천부원군(寧川府院君)에 봉해졌다.

본조

유규(柳規) 유두명의 아들이다. 이재(吏才)로 이름이 났다. ○ 세종조에 여러 고을을 다스리면서 가는 곳마다 명성과 공적을 남겼다. 성품이 방정하고 엄격해서 아들 유자환(柳子煥)이 고관이 되어서도 회초리를 들어 훈계하였다. 벼슬은 지중추부사에 이르렀고, 시호는 정숙(貞肅)이다. 서자인 유자광(柳子光)은 부원군이 되었다. 유자광은 어려서부터 간교하고 재주가 많아서 유규가 걱정한 나머지 종의 일을 책임지게 하고 글씨를 익히거나 글을 짓지 못하게 하였다.

양성지(梁誠之) 독서를 좋아하고 박람강기하여 과거에 급제하였다. ○ 성종조에 좌리 공신(佐理功臣)의 반열에 들었고 남원군(南原君)에 봉해졌다. 관직은 이조 판서, 홍문관 대제학에 이르렀고 시호는 문양(文襄)이다. 저서로는 주의(奏議) 10권과 가집(家集) 6권, 《해동성씨록(海東姓氏錄)》, 《동국도경(東國圖經)》, 《농잠서(農蠶書)》, 《축목서(畜牧書)》, 《팔도지리지(八道地理志)》, 《연변방수도(沿邊防戍圖)》 등의 책이 있다.

윤효손(尹孝孫) 어려서부터 《소학(小學)》을 읽어 다 큰 성인처럼 청소하고 아침저녁 문안례를 행하니, 할아버지 윤희장(尹希長)이 효손이라 이름하였다. 문과에 급제하였다. ○ 성종조에 여러 번 예조 참의에 임명되었고 전주 부윤으로 나가 특별한 치적을 남겼다. 관직은 의정부 좌참찬에 이르렀다. 어버이를 섬김이 지극히 효성스러웠는데, 일찍이 일상생활 중에 노래 한 곡을 짓기를,

북쪽에는 둔산령[26]이 있고 北有屯山嶺
남쪽에는 지리산이 있네 南有智異山
원컨대 두 산의 수명을 빌려 願借兩山壽
만세토록 어머님 봉양하고파 萬歲奉慈顏

하고, 명절마다 이 노래를 부르며 어머니의 장수를 기원하였다. 어버이를 기쁘게 하는 일이라면 어린애 장난이라도 하지 않는 것이 없었다. 당시 사람들이 효심은 증자(曾子)나 민자건(閔子騫)과 같고 치적은 공수(龔遂)와 황패(黃霸)[27]를 겸하였다고 평하였다. 시호는 문효(文孝)이다.

유자환(柳子煥) 유규의 아들이다. 과거에 급제하였고 정난 공신(靖亂功臣)으로 오성군(箕城君)에 봉해졌다. 시호는 문양(文襄)이다.

윤지형(尹止衡) 윤효손의 아들이다. 문과에 급제하였고 관직이 관찰사에 이르렀다.

양순석(梁順石) 과거에 급제하였고 승진하여 경주 부윤(慶州府尹), 충청도 관찰사를 지냈다. 가는 곳마다 정사를 잘한다는 명성을 얻었다.

안처순(安處順) 선조는 순흥(順興) 사람이다. 고려 명신 안향(安珦)의 후손으로 남원부의 요천(蓼川)에 대대로 거주하였다. 뜻을 굳건히 하고 학문에 진력하여 조광조(趙光祖)와 기준(奇遵)을 종유하며 도를 강구하였다. ○ 중종조에 급제하여 홍문관 박사가 되었는데, 노모를 봉양하고자 현감 자리를 청하여 구례 현감(求禮縣監)이 되었다. 기묘사화 때 연좌되어 파직되

26 둔산령(屯山嶺) : 구례와 남원 사이의 견두산(犬頭山)에 있는 고개로 조선 시대 남원으로 가는 주요 교통로였다.
27 공수(龔遂)와 황패(黃霸) : 한나라 때 지방 장관으로 선정을 베풀어 치민(治民)에 으뜸으로 꼽혔던 발해 태수(渤海太守) 공수와 영천 태수(潁川太守) 황패를 말한다.

고 시골에서 거처하며 생을 마쳤다. 호는 사제당(思齊堂)이다. 증손 안영(安瑛)은 효행이 있었고, 임진왜란 때 의병장 고경명(高敬命)을 따라 적을 토벌하다 싸움에서 지게 되자 사람들이 다 도망칠 때 안영은 처음부터 끝까지 떠나지 않고 고경명과 함께 죽었다. 증직하고 정려하였다.

황진(黃進) 영의정 황희(黃喜)의 5세손이다. 용력(勇力)이 탁월하였으며 의지가 굳세어 큰 뜻을 품었다. ○ 선조조에 무과에 급제하였다. 임진왜란 때 동복 현감(同福縣監)으로 전주에서 적을 공격하여 깨뜨렸다. 또 권율(權慄)과 더불어 이현(梨峴)을 지키며 힘껏 싸워 적을 크게 무찌르고 그 공으로 충청도 절도사로 승진하였다. 병사를 거느리고 영남에 이르러 여러 군사와 진주성(晉州城)에 입보(入保)하였는데, 적의 기세가 매우 등등하여 황진이 더욱더 분개하자 병사들이 모두 감격하였다. 성이 함락될 즈음 탄환을 맞고 죽었다. 좌찬성에 추증하고 정려하였다.

열녀 列女

이씨(李氏) 생원 양중수(梁仲粹)의 처이다. 고려 말에 왜적이 난입하여 본부를 약탈하였는데, 이씨는 왜적을 피하여 숨어 있다가 사로잡혔다. 왜적이 범하려 하자, 이씨는 왜적을 꾸짖으며 굴하지 않다가 마침내 살해당하였다. 정려하였다.

김씨(金氏) 본조 초기 사람이다. 호장(戶長) 양전(梁田)의 처이다. 20세에 남편이 죽자 3년간 피눈물을 흘리며 울었다. 부모가 지조를 꺾고 재가시키려 하자 김씨가 거부하며 따르지 않고 소복 차림으로 고기도 먹지 않고 몸소 삭망제를 지내며 일생을 마쳤다.

담양도호부潭陽都護府

동쪽으로 순창군(淳昌郡) 경계까지 20리, 옥과현(玉果縣) 경계까지 30리이다. 남쪽으로 창평현(昌平縣) 경계까지 20리이다. 서쪽으로 동복현(同福縣) 경계까지 14리이다. 북쪽으로 장성부(長城府) 경계까지 20리이다. 서울과의 거리는 713리이다.

한전 旱田

수전 水田

건치연혁 建置沿革

본래 백제 추자혜군(秋子兮郡)이다. 신라 경덕왕 때 추성군(秋成郡)으로 고쳤다. 고려 성종 때 담주(潭州)가 되었고, 뒤에 담양으로 고쳤다가 얼마 뒤에 폐지하여 나주(羅州)에 편입시켰다. 명종 2년(1172)에 다시 담양현을 설치하였다. 공양왕 때 원율현(原栗縣)을 겸임하게 하였다. 본조 태조 4년(1395)에 원율(原栗)을 병합하여 담양군으로 승격시켰다. 국사인 승려 조구(祖丘)의 고향이라 하여 승격시켰다. 정종 1년(1399)에 또

부(府)로 승격시켰다. 왕비 김씨의 외향이라 하여 승격시켰다. 태종 13년(1413)에 도호부로 삼았다. 관장하는 면은 19개이다.

관원

부사(府使), 교수(教授) 각 1인이다.

군명 郡名

추성(秋成), 담주(潭州)

형승 形勝

오른쪽으로 광주와 나주가 있고 왼쪽으로 남원이 있으며, 전라도의 한 복판을 차지하고 있다.

북쪽으로는 험한 추월산(秋月山)을 베고 있고 남쪽으로는 높은 서석산(瑞石山 무등산)을 마주 보고 있다.

풍속 風俗

농사에 힘쓰고 공업과 상업을 두루 행한다. 《부지(府志)》

무격(巫覡)을 숭상한다. 《부지》에 "부의 사람 또한 무격을 숭상하는데, 남방의 풍속이 대체로 모두 그렇다."라고 하였다.

여러 이웃 고을의 풍속에 비하면 조금 순후하나, 고발하는 풍습이 많이

있다. 《부지》

산천 山川

추월산(秋月山) 부 동북쪽 20리에 있다. 진산(鎭山)이다. 깎아 세운 듯 사방을 두른 석벽(石壁)이 마치 성과 같다. 둘레가 9018자이다. 서북쪽으로만 보행자가 통행할 수 있다. 가운데 시내가 있어 돌아서 흐르고 또 샘이 13개 있다.

용천산(龍泉山) 부 북쪽 45리에 있다. 추월산과 서로 이어져 있어서 혹 추월산과 아울러 일컬어진다.

금성산(金城山) 부 북쪽 15리에 있다. 그 북쪽은 순창(淳昌)의 광덕산(廣德山)이다. 금성(金城)이 있어서 이렇게 이름하였다. 철마(鐵馬), 노적(露積), 증암(甑巖), 월연(月延) 등의 봉우리가 있고, 성이 그 산등성이에 이어져 있다.

남산(南山) 부 동남쪽 3리에 있다.

옥천산(玉泉山) 부 동남쪽 40리, 동복현 경계에 있다.

태산(台山) 부 남쪽 13리에 있다. 담주(潭州) 옛 성터가 있다.

멸령(滅嶺) 부 북쪽 20리에 있다. 북쪽으로 추월산과 이어져 있고, 길이 매우 높고 험하다.

독현(犢峴) 부 북쪽 25리에 있는 것을 소독현(小犢峴)이라 하고, 부 북쪽 30리에 있는 것을 대독현(大犢峴)이라 한다. 두 고개는 모두 추월산의 동쪽 줄기이다. 세속의 전설에 추월산은 담주에서 호랑이 같은 모양이라 꺼리는 바가 있으므로 고개를 독(犢 송아지)이라고 이름 지어 쫓아 떠나가도록 하였는데, 이는 압승술(壓勝術)을 쓴 것이라고 한다.

칠천(漆川) 부 북쪽 1리에 있다. 세속에서 원율천(原栗川)이라 칭한다. 물줄기가 용연(龍淵)에서 나와 북쪽을 둘러서 서쪽으로 흘러 창평현의 죽록천(竹綠川)과 합쳐져 광주의 경계로 들어간다.

용연(龍淵) 용천산 동쪽에 있다. 석담(石潭)이 두 개 있다. 못 아래에 큰 바위가 있고 물이 바위 구멍 사이를 흘러서 허공에 흩날려 내려와 큰 못을 이루는데, 이를 용연이라 한다. 구전되는 전설에 "바위 구멍은 바로 용이 뚫은 것이다. 용이 꿈틀꿈틀 기어다닌 흔적이 아직도 바위 표면에 남아 있다. 옛날에 안렴사가 못가에 이르렀는데 용의 모습을 보기를 청하였다. 용이 머리를 내놓자, 안렴사와 기관(記官)이 용의 눈을 보고 놀라 겁에 질려 죽었다. 그 아래에 안렴사와 기관의 묘가 있다."라고 하였다. 위에 사단(祀壇)이 있어 매년 봄여름에 날이 가물면 여기에서 용에게 제사를 지내 비가 오기를 빈다.

차면지(遮面池) 부 남쪽 20리에 있다.

토산 土産

감〔柹〕, 석류(石榴), 호도(胡桃), 대나무〔竹〕, 죽전(竹箭), 출이산(黜爾山), 광동(廣洞), 추라산(推羅山) 등지에서 난다. 차〔茶〕, 매화나무〔梅〕, 옻〔漆〕, 모시〔苧〕, 닥나무〔楮〕, 복령(茯苓), 대추〔棗〕, 밤〔栗〕, 꿀〔蜂蜜〕, 황랍(黃蠟)

성곽 城郭

금성산성(金城山城) 옛날에 석성(石城)이 있었는데 매우 좁았다. ○ 선조 때 정유재란 후에 개축하여 산등성이를 연결하여 성을 쌓았다. 둘레가 16리 10보이고 사방에 문이 하나씩 있다. 안에 시내가 하나 있고 샘이 29개, 호지(壕池)가 5개 있다. 또 내성을 쌓았는데 둘레가 2리 10보이고 안에 대장청(大將廳)을 지었다. ○ 효종 4년(1653) 관찰사 심택(沈澤)이 개축하여 꽤 견고하게 하였다. 본조 선조 때 체찰사(體察使) 이항복(李恒福)으로 하여금 남쪽 지방 산성의 유리함과 불리함을 순시하여 살피게 하였다. 이항복이 이 성을 서술하기를 "강천산(剛泉山) 한 등성이가 서쪽으로 뻗어 금성이 되었는데, 어느 시대에 쌓았는지는 알 수가 없다. 동문, 서문, 남문 세 곳은 적의 공격을 받는 곳이다. 담양을 경유하여 올라갈 경우 산등성이로 길이 나 있어 6, 7리를 선회해야 비로소 남문에 도달한다. 남문 밖으로는 양쪽이 모두 절벽이고 동문 밖으로는 양쪽이 모두 험준하니, 적이 쳐들어오더라도 동굴 속에 있는 것과 같아서 감히 멋대로 돌진해 오지 못한다. 샘물은 증암(甑巖) 아래에서 나와 시내를 이루어 흘러 내려가는데, 큰 가뭄에도 마르지 않는다. 동북쪽과 정남쪽은 천 길 높이로 절벽이 솟아 있어 성 모양이 기괴하고 장대하다. 사방은 높고 중앙은 움푹 파였으며, 밖으로 높은 봉우리가 없어서 성안을 엿볼 수가 없으며 성 밖은 사면으로 실 같은 길들이 혈맥처럼 펼쳐져 있으니 참으로 험준한 요충지라고 할 수 있다.[28] 만일 인접한 고을을 소집하여 비축한 것을 통합하되, 평상시에는 사방으

28 강천산(剛泉山)……있다 : 〈담양의 금성에 대하여(潭陽金城)〉에 보이며, 이하는 〈전라도 산성도 후서(全羅道山城圖後敍)〉에 보인다. 《白沙集 卷2》

로 흩어져 땔나무를 하고 비상시에는 순번대로 휴식하면서 수비할 수 있다면 아무리 강적을 만나더라도 감히 침범하지 못할 것이다. 그런데 성이 첩첩산중에 위치하여 밖으로 제압하는 기세가 없기 때문에 단지 자력으로 그 지역을 보호할 수 있을 뿐 적들이 겁내는 상대가 되지 못하는 데다 군사가 많지 않으면 지켜 낼 수 없다."라고 하였다.

학교 學校

향교(鄕校) 부 북쪽 2리, 정립산(正立山) 아래에 있다.

미암서원(眉巖書院) 옛날에 부 서남쪽 10리에 있었는데 지금은 부 북쪽 5리로 옮겼다. 미암(眉巖)은 문절공(文節公) 유희춘(柳希春) 호이다.

궁실 宮室

객관(客館)

향사당(鄕射堂) 객관 북쪽에 있다.

연무당(鍊武堂) 객관 서북쪽 1리에 있다. 혹 사정(射亭)이라 일컫는다.

대장청(大將廳) 금성산성 안에 있다. 광해군(光海君) 때 관찰사 황근중(黃謹中)이 지었다. ○ 황근중의 시에,

호남의 요충지로	湖外關防地
금성산성이 으뜸이라	金爲第一城
가파른 봉우리 용처럼 꿈틀대고	危峯龍屈曲
뒤엉킨 바위는 검처럼 종횡한다	絡石釼縱橫

삼천 군사에 의지 않고도　不賴三千士
백만 대군을 꺾어야 하니　應摧百萬兵
당시 장군은 수를 헤아려　元戎籌有所
장려한 성을 높이 지었네　華構倚雲成

하였다.

축요루(祝堯樓) 객관 동쪽에 있다. 만력(萬曆) 정유년(1597, 선조30)에 전쟁으로 불타 없어졌다.

면앙정(俛仰亭) 부 남쪽 10리에 있다. 본조 참찬 송순(宋純)이 살던 곳이다. 뒤로는 높은 산을 의지하고 앞으로는 너른 들을 마주하며, 긴 강이 감아 돌고 멀리 산이 펼쳐 있어서 올라가 보면 좋은 경치가 있다. 송순이 직접 쓰기를[29] "땅을 굽어보고 하늘을 쳐다보아, 가운데 정자 두니 흥치가 넘치누나. 바람 달 부르고 산과 내 맞으며, 지팡이 짚고서 백년을 보내리라.〔俛有地 仰有天 亭其中 興浩然 招風月 揖山川 扶藜杖 送百年〕"라고 하였다.

○ 송순의 시[30]에,

지팡이 짚고 솔 그늘을 한가롭게 걷다가　藜杖松陰步步幽
두건 젖힌 채 옥계 가를 배회하노라　岸巾徙倚玉溪頭
처마 앞 오가는 해 하늘 멀리 가 버렸고　巡簷白日行天遠
책상 앞 푸르른 산 들을 가득 에워싸네　對榻靑山護野稠
주막 연기 이끈 바람 멀리 숲을 지나고　風引店煙遙度樹

29 송순이 직접 쓰기를 : 이하는 〈면앙정가(俛仰亭歌)〉이다. 《俛仰集 卷3》
30 송순의 시 : 〈다시 면앙정을 차운함〔復次俛仰亭韻〕〉이다. 《俛仰集 卷3》

포구의 비 이끈 구름 가만히 가을을 따르네　雲將浦雨細隨秋
올라와 바라보며 끝없는 흥취를 얻으니　登臨自取無邊興
세상의 조각조각 시름에 어찌 잠기리오　肯着人間段段愁

하였다. ○ 본조 소세양(蘇世讓)의 시[31]에,

대숲 깊은 곳에 초정이 한적한데　竹林深處草亭幽
끊긴 구릉 머리에 백 척 높이 서 있네　百尺危臨斷隴頭
호수 차오르니 너른 들판 맞닿았고　積水滿時平野合
저녁 구름 흩어지니 봉우리 빛 짙어진다　暮雲歸後亂峯稠
멀리 나주쪽으로부터 온 숲에 비 내리니　錦城遠送千林雨
무등산은 방금 가을 한쪽 나눠 주네　無等初分一片秋
꿈에선 언제나 금루 소리에 놀라는데　魂夢每驚淸禁漏
고향의 원숭이와 학은 시름 짓지 않으리라[32]　故山猿鶴未應愁

하였다. ○ 본조 이황(李滉)의 시[33]에,

높고 낮은 일곱 굽이 두 내를 굽어보고　七曲高低控二川
많고 많은 수려한 산 멀리 앞에 벌여 있네　翠鬟無數逈排前

31 소세양(蘇世讓)의 시 : 〈면앙정(俛仰亭)〉이다. 《陽谷集 卷1》

32 고향의……않으리라 : 은거하던 사람이 떠나면 원숭이와 학이 놀라 운다고 하는데, 대산은 완전히 떠난 것이 아니라 중도에 돌아가니 원숭이와 학이 성내지 않을 것이라는 말이다. 남제(南齊) 때 공치규(孔稚圭)가 〈북산이문(北山移文)〉을 지어 일찍이 북산에 은거하다가 변절하여 벼슬길에 나간 주옹(周顒)을 몹시 책망하는 뜻을 서술했는데, "혜초 장막은 텅 비어 밤 학이 원망하고, 산중 사람이 떠나가매 새벽 원숭이가 놀란다.〔蕙帳空兮夜鶴怨, 山人去兮曉猿驚.〕"라고 하였다.

33 이황(李滉)의 시 : 〈송순에게 준 면앙정 시〔宋企村純俛仰亭〕〉이다. 《退溪集 卷2》

처마를 감도는 해와 달은 배회하며 지나고	縈楣日月徘徊過
이곳을 둘러싼 영주산은 아득히 이어졌네	帀域瀛壺縹緲連
촌로가 꾼 몽조는 헛된 옛일 되었는데[34]	村老夢徵虛宿昔
사군이 건축 도와[35] 경치 감상하게 되네	使君資築賞風煙
남들에게 이 즐거움을 알리고자 한다면	傍人欲識亭中樂
광풍제월 기상을 따로 전해야 하리라[36]	光霽應須別有傳

하였다. ○ 본조 고경명(高敬命)의 시[37]에,

눈앞의 싱그런 풀 비 갠 강에 잇닿았고	望中芳草接晴川
유명한 황학루는 전경을 압도하네	黃鶴名樓壓倒前
고을 길 구불대니 산은 아니 끊기었고	郡邑紆餘山不斷
들판이 드넓으니 물은 한데 이어지네	郊原夷迥水相連
푸른 하늘 그림자는 물속 달에 지고	青天影落波心月
비 갠 물가 백로는 물안개 질러가네	白鷺洲橫雨後煙
소동파 솜씨[38]로 시 지은 마당에	題品已煩蘇老手

34 촌로가……되었는데 : 옛날 곽씨 성을 가진 사람이 이 동네에 제월봉 기슭에 살았는데 꿈에 옥대를 찬 선비들이 그 집터에서 놀기에 그 집이 홍할 징조라 생각하였다. 그러나 아무런 효험이 없어 그 터를 송순에게 팔았다고 한다.

35 사군이 건축 도와 : 면앙정을 지을 때 담양 부사 오겸(吳謙)이 재물을 보조했다.

36 광풍제월(光風霽月)……하리라 : 황정견(黃庭堅)의 〈염계시서(濂溪詩序)〉에 주돈이(周敦頤)를 "인품이 매우 고상하여 가슴속 깨끗해서 마치 온화한 바람과 맑은 달빛 같다.〔人品甚高, 胸中灑落, 如光風霽月.〕"라고 한 데서 온 말로, 면앙정이 제월봉 기슭에 있으므로 광풍제월의 고사를 들어서 말한 것이다.

37 고경명(高敬命)의 시 : 〈면앙정 시를 차운하다〔次俛仰亭韻〕〉이다. 《霽峯集 卷3》

38 소동파 솜씨 : 고경명이 송순의 시를 차운하여 이 시를 지었는데, 송순을 소식(蘇軾)에 빗댄 것이다.

그림 그려 내라고 사람 보낼 것 있으랴　　寄人何必畫圖傳

하였다. ○ 본조 이안눌(李安訥)의 시[39]에,

용마루 높이 솟고 대숲 그늘 그윽하니　　畫甍高出竹陰幽
일곱 굽이는 청산의 제일 첫머리라네　　七曲靑山第一頭
서석산 북으로 오니 비 개인 산 가파르고　　瑞石北來晴嶂斷
불대산 서쪽을 보니 저녁 안개 짙어라　　佛臺西望夕嵐稠
개울 너머 붉은 비는 늦은 복사꽃이요　　隔溪紅雨桃花晚
들판 덮은 누런 구름 익은 보리 이삭이네　　覆野黃雲麥穗秋
지팡이 짚고 이리저리 둘러볼 생각하니　　想得扶藜俛仰日
복희씨 세상이라 참으로 근심 없네　　羲皇世界信無愁

하였다.

우역 郵驛

덕기역(德奇驛) 부 동남쪽 12리에 있다.

서원(西院) 부 서쪽 2리에 있다. 일명 문루(門樓)라 한다.

오례원(五禮院) 부 동남쪽 27리에 있다.

연덕원(延德院) 부 동쪽 15리에 있다.

39 이안눌(李安訥)의 시 : 〈면양정 벽에 있는 시를 차운하다〔俛仰亭次壁上韻〕〉이다. 《東岳集 卷9》

사묘 祠廟

사직단(社稷壇) 부 서쪽 3리에 있다.

문묘(文廟) 향교에 있다.

성황사(城隍祠) 부 동쪽에 있다.

여단(厲壇) 부 북쪽에 있다.

능묘 陵墓

송순(宋純) 묘 부 남쪽 10리에 있다.

유희춘(柳希春) 묘 부 남쪽 18리, 대곡(大谷)에 있다.

사찰 寺刹

용천사(龍泉寺) 용천산에 있다. 추월산이 동쪽으로 뻗어서 용천산이 되고, 또 남으로 휘돌아 금성산이 되는데, 절은 바로 그 산세가 돌아가는 곳에 있다. 절 남쪽 2, 3리쯤에 골짜기 입구가 좁아져 폭포가 되는데 지형이 섬돌과 같고 폭포 물이 수십 장이다. 폭포 위는 땅이 다시 평탄하여 만 길 높이의 산모퉁이에 있는 줄 모르게 되니 참으로 기이한 곳이다. 절의 전각이 매우 크고 화려하다.

연동사(煙洞寺) 금성산성 남쪽에 있다. 절 곁에 연동석굴(煙洞石窟)이 있다. 동굴이 넓어서 흙으로 만든 나한(羅漢), 돌미륵, 석탑이 있다. 마을 사람들이 새해에 이곳에서 제향을 올려 복을 기원한다.

옥천사(玉泉寺) 옥천산에 있다.

은선암(隱仙庵) 일명 도원암(桃源庵)이다. 추월산에 있다. 또 월규암(月圭庵)이 있는데 추월산 동쪽 절벽 아래에 있다.

보리암(菩提庵) 추월산에 있다. 가장 높은 봉우리에 위치해 있다. 사방 둘레가 매우 험하고 층층절벽 사이로 좁은 길이 굽이굽이 나 있는데, 몇 리 가지 않아 절벽이 있어 등나무 덩굴로 잔교(棧橋)를 만들어 만 길을 굽어보는데 지나가는 사람은 반드시 그곳을 빠져나와야 도달한다. 세속에서 '만 길 구름다리〔萬丈雲棧〕'라고 한다.

중련암(中蓮庵) 추월산에 있다. 중앙에 석대(石臺) 2좌(坐)가 있는데 세속에서 전해지는 말로는 불영대(佛影臺)와 연화대(蓮花臺)라 한다.

보국사(保國寺) 금성산성 안에 있다. 절에 누각이 있다.

만덕암(萬德庵) 금성(金城)의 내성 가운데 있는 대장청 앞에 있다. 승장(僧將)이 거처한다. 각관(各官)의 의승(義僧)은 초하루마다 서로 교체하여 여기에서 근무한다.

구암사(龜巖寺) 부 동쪽 20리에 있다.

용계사(龍桂寺) 부 서북쪽 20리에 있다. 옛 이름은 중방사(中房寺)이다.

마하암(摩訶庵) 부 서쪽 15리에 있다. 폭포가 있고 또 부 서쪽 10리에 화흥암(花興庵)이 있다.

고적 古蹟

원율폐현(原栗廢縣) 부 동북쪽 15리에 있다. 본래 백제 율지현(栗支縣)이다. 신라 경덕왕 때 율원(栗原)으로 고쳐서 추성군(秋成郡)의 영현(領縣)으로 삼았다. 고려에서 원율(原栗)로 고치고 뒤에 폐지하여 나주(羅州)에 편입시켰다. 본조에서 옮겨 부에 편입시켰다.

소년암(少年巖) 금성산 연동사 곁에 있다. 고려의 이영간(李靈幹)이 어려서 연동(煙洞)에 나아가 유학(遊學)하였다. 하루는 이영간이 서쪽 고개에 나가 한 동자와 바위 위에 같이 앉아 장기를 두었는데 큰 호랑이 한 마리가 바위 곁에 엎드려 있었다. 이영간이 장기를 끝내고 돌아와 그 일을 말하자, 승려가 기이하게 여기고 가서 보니 동자와 호랑이는 간 곳이 없고 바위 위에 장기판과 바위 아래에 호랑이 발자취만이 있었다. 이로 인해서 그 바위를 소년암이라 하는데, 이끼가 끼지 않는다. 또 전하는 이야기에 이영간이 그곳에서 공부할 때 승려가 술을 빚었는데, 술이 익을 때마다 꼭 훔쳐 마시는 자가 있었기에 승려가 이영간을 의심하였다. 이영간이 몰래 살펴보니 늙은 살쾡이가 와서 마시는 것이었다. 이영간이 잡아 죽이려 하니, 살쾡이가 사람의 말을 하며 말하기를 "그대가 만약 나를 풀어 주면 평생 이용할 기묘한 술수를 얻을 것이오."라고 하였다. 때마침 푸른 옷을 입은 동자가 책 한 권을 던져 주니, 이영간이 살쾡이를 놓아주고 그 책을 간직하여 마침내 비술에 통달하였다. 그가 조정에서 한 일 중에 기이한 일이 많았다고 한다.

석장(石檣) 부 동쪽 5리에 돌 돛대〔石檣〕가 있는데, 높이가 100여 자 되고 크기는 한 아름 남짓이며 철삭(鐵索)으로 그 위를 묶어 놓았다. 세속에 전하는 말에 "처음 고을을 설치할 때 둔 것이다. 추성(秋成)은 지세가 배가 가는 모양과 같아서 석장을 두어 정박하게 하였다."라고 한다.

사리역(沙里驛) 옛날에는 원율현(原栗縣)에 있었다. 세속에 전하는 말에 "용마(龍馬)가 늘 고갯마루에 숨어 있어서 마은잠(馬隱岺)이라고 하였는데 지금까지 말이 숨은 듯한 지형이 있다. 옛날에 현을 설치할 때 용마, 비인(飛人), 술사(術士)가 그 지역에서 많이 나왔다."라고 한다.

명환 名宦

본조

남계당(南季堂) 담양 부사가 되어 정사는 청렴함과 간이함을 숭상하였고, 가뭄에 정성을 다해 구제하여 한 고을이 전부 살아났다. 이 일이 알려지자 교서를 내려 포상하고 찬미하였다.

곽은(郭垠) 담양 부사가 되어 부역과 세금을 가볍게 하여 고을 사람들이 경애하고 받들었다. 관아에서 죽으니 사람들이 모두 비통해하면서 서로 조상하고 술과 고기를 끊었다. 오래도록 은혜를 잊지 못해서 기일이면 제사 지낸다.

박상(朴祥) 중종조에 응교(應敎)로서 부모를 봉양하기 위해 귀향하기를 청하여 담양 부사에 제수되었다. 정사는 청렴하고 근면한 것으로 이름나서 특별히 표리(表裏)를 하사하여 포상하고 가상히 여겼다. 당시 김정(金淨)이 순창 군수(淳昌郡守)였는데 김정과 함께 상소하여 폐비 신씨(愼氏)를 복위하여 인륜의 근본을 바로잡기를 청하자 연좌되어 관직이 추탈되었다. 공의(公議)는 공을 옳게 여겼다.

노진(盧禛) 공헌왕(恭憲王 명종) 때 담양 부사가 되었는데, 백성이 오래도록 기렸다.

유우 流寓

강호문(康好文) 고려 말 사람으로 자는 자야(子野)이고 호는 매계(梅溪)이다. 관직은 판전교시사(判典校寺事)에 이르렀다.

유희춘(柳希春) 본조 해남(海南) 사람인데 담양이 처의 고향인 까닭에 담양 땅에 자리 잡고 살았다. 공헌왕 때 정언(正言)이 되었는데 강직함으로 권간(權奸)을 거슬러서 종성(鍾城)에 20년 동안 유배되었다. 소경왕(昭敬王 선조) 때 관직이 대사헌, 지경연사(知經筵事)에 이르렀다. 지조가 곧고 행실이 바르며, 학술이 정밀하고 심오하여 조야(朝野)가 모두 중시하였다. 엮은 책으로 《국조유선록(國朝儒先錄)》이 있다.

인물 人物

고려

이영간(李靈幹) 문종 때 과거에 급제하였고, 벼슬은 참지정사(參知政事)에 이르렀다.

이성(李晟) 과거에 급제하여 수원 사록(水原司錄)이 되었다. 임기가 다 찬 뒤에는 가족을 이끌고 죽계(竹溪)의 시골집에 돌아가 벼슬을 구하지 않았다. 59세에 좌사보(左司補)에 제배되었다. 서성(西省 중서성)에 입직하면서 지은 시[40]에,

40 서성에……시 : 〈귀전영(歸田詠)〉이다. 《東文選 卷20》

작약 섬돌[41] 청풍은 늙은 나를 조롱하고　藥砌淸風欺我老
죽계의 명월은 내 마음을 이끄는데[42]　竹溪明月誘吾情
전원에서 살 생각을 어젯밤 정해 놓고　昨宵已決歸田計
눈 다 녹은 강남을 필마로 돌아가네　雪盡江南匹馬行

하고, 다음 날 벼슬을 버리고 고향에 돌아가니 일시의 명유들이 술상을 차려 전별하였다. 뒤에 충선왕이 그 명성을 듣고 순서를 뛰어넘어 내서사인(內書舍人)에 발탁하였고, 민부 전서(民部典書)로서 치사(致仕)하였다. 사람됨이 질박하고 소탈하며 게을리하지 않고 공부에 힘써서 종유하여 배우는 자들이 매우 많았다. 당시 사람이 그를 일러 '오경 상자〔五經笥〕'라 하였다.

전녹생(田祿生) 충혜왕 때 과거에 급제하였고, 공민왕 때 기거사인(起居舍人)에 제배되고 여러 관직을 거쳐 정당문학(政堂文學), 문하평리(門下評理)를 지냈다. 신우(辛禑) 초에 간관(諫官) 이첨(李詹) 등과 같이 이인임(李仁任)을 주벌하기를 청하다가 장류(杖流)되어 유배 길에 죽었다.

김근(金謹) 어려서 매우 효성스럽고 품성이 돈독하여 어머니를 늘 밝은 얼굴로 섬겼고, 어머니가 돌아가시자 상례와 장례에 정성을 다하였다. 당시 세속이 모두 불교를 숭상하였는데 김근은 불교의 법식을 쓰지 않고 한결같이 《주자가례(朱子家禮)》를 따랐다. 관직은 소윤(少尹)에 이르렀다.

41 작약 섬돌 : 중서성(中書省)을 가리킨다. 중서성에는 작약(芍藥)을 심어 두기에 이렇게 말한 것이다.

42 죽계의……이끄는데 : 자신의 집이 있는 담양의 죽계에 뜨는 달이 생각나 돌아가고 싶다는 것을 읊은 것이다.

본조

송순(宋純) 공희왕(恭禧王 중종) 때 과거에 급제하였다. 여러 관직을 거쳐 직제학, 도승지가 되었고 외직으로 나와 경상도 관찰사가 되었다. 공헌왕 때 관직은 의정부 우참찬에 이르렀다. 70세에 질병을 이유로 물러나 시골에서 노년을 보냈는데, 면앙정(俛仰亭)을 짓고 여유롭게 스스로 즐겼다. 90세에 죽었다. 호는 선촌(仙村)이다.

김응회(金應會) 젊어서 진사에 합격하였다. 선조 때 일찍이 별좌(別座)가 되었는데 성품이 순효하여 아버지가 죽자 상을 잘 치렀고 정성을 다해 어머니를 섬겼다. 왜란 때 김덕령(金德齡)과 함께 의병을 일으켜 적을 쳤다. 김덕령은 본래 김응회의 처남으로 김응회에게 글을 배웠다. 김덕령은 그 재주를 사람들이 시기할까 봐 걱정하여 감추고 드러내지 않으려 하였다. 김응회가 권면하여 말하기를 "주상이 몽진(蒙塵)을 하였고 삼경(三京)도 수비하지 못하니, 이는 뜻있는 선비가 충절을 다 바쳐야 할 때이다. 어찌 몸의 안위를 따지겠는가." 하고 군사를 일으키도록 명하였다. 그리고 도리어 그 군대의 일에 참여하는 것도 사양하지 않았다. 뒤에 남에게 무고를 받아 체포되어 고문을 매우 혹독하게 당하였는데, 김응회는 말과 낯빛이 흐트러지지 않았다. 당시 김응남(金應南)이 그 충절에 감탄하여 탄식하기를 "참으로 의사(義士)이다."라고 하고, 상께 아뢰어 풀려났다. 돌아와 어머니를 봉양하고 추월산(秋月山)에 들어가 왜적을 피하였는데, 왜적이 갑자기 이르러서 그 어머니를 잡고 해치려 하자 김응회가 크게 고함을 지르며 나와 자신의 몸으로 덮어 마침내 함께 죽었다. 일이 알려져 정려하였다.

열녀 列女

우씨(禹氏) 본조 성종 때 사람으로 학생 김유정(金惟貞)의 처이다. 20세에 김씨에게 시집와서 4년 만에 남편이 죽자, 복상(服喪)하면서 시어머니를 섬김이 매우 효성스러웠다. 밤에 실화로 불이 났는데 시어머니는 병으로 일어나지 못하니 우씨가 불을 무릅쓰고 시어머니를 업고 나왔다. 남편의 상이 끝나자 부모가 그의 뜻을 꺾고자 하니, 우씨가 말하기를 "남편이 죽을 때 노모를 부양하도록 부탁하여 이미 허락하였습니다. 사람이 되어 신의가 없다면 장차 무슨 면목으로 세상에 설 수 있겠습니까." 하고 죽기로 맹세하니 부모도 강권하지 못하였다. 시어머니가 죽자 슬프게 부르짖고 장사와 제사를 예에 따라 지냈다.

김씨(金氏) 부 사람 이순성(李順成)의 처이다. ○ 선조 때 남편을 따라 왜구를 피하여 산속에 숨었는데 적이 이르러서 잡혔는데도 꾸짖기를 그치지 않자 왜적이 먼저 왼팔을 베고 마침내 죽였다.

박씨(朴氏) 주부(主簿) 김기원(金紀元)의 처로 왜구의 난을 맞아 남편을 따라 산에 숨었다. 적을 만나 잡히자 적을 꾸짖어 굽히지 않고 죽었다. 같은 부에 또 권원공(權元公)의 처 양씨(梁氏)가 있었는데 적을 만나 굽히지 않고 물에 뛰어들어 죽었다.

순창군淳昌郡

동쪽으로 남원부(南原府) 경계까지 23리이다. 남쪽으로 옥과현(玉果縣) 경계까지 18리이다. 서쪽으로 담양부(潭陽府) 경계까지 19리, 정읍현(井邑縣) 경계까지 69리이다. 북쪽으로 임실현(任實縣) 경계까지 25리, 태인현(泰仁縣) 경계까지 43리이다. 서울과의 거리는 670리이다.

한전 旱田

수전 水田

건치연혁 建置沿革

본래 백제의 도실군(道實郡)이다. 신라 경덕왕 때 순화군(淳化郡)으로 고쳤다. 고려 초에 순창현으로 고치고 뒤에 폐지하여 남원부에 편입시켰다. 명종 때 다시 순창현을 설치하였다. 충숙왕 초에 군으로 승격시켰는데, 국통(國統)인 승려 정오(丁午)의 고향이기에 승격시켰다. 본조에서 그대로 따랐다. 관장하는 면은 18개이다.

관원

군수(郡守), 훈도(訓導) 각 1인이다.

군명 郡名

도실(道實), 순화(淳化) 별호는 옥천(玉川)이다.

형승 形勝

땅은 외지고 산은 높다. 본조 유관(柳觀)의 〈순창시(淳昌詩)〉[43]에 "땅이 궁벽하니 사는 백성이 적고, 산이 높으니 읍세가 호젓하다.〔地僻居民少 山高邑勢幽〕"라고 하였다.

산천 山川

추산(追山) 군 북쪽 3리에 있다. 광덕산(廣德山)으로부터 뱀처럼 구불구불 동쪽으로 달려서 군의 북쪽에서 우뚝 솟는다. 진산(鎭山)이다.

회문산(回文山) 군 북쪽 30리에 있다. 태인(泰仁) 운주산(雲住山)으로부터 남쪽으로 달려 장성(長城) 경계에 이르러 동쪽으로 돌아 추월산(秋月山)이 되고, 다시 북쪽으로 뻗어 이 산이 되며, 다시 운주산과 마주하여 우뚝 솟았다. 산세가 크게 돌고 굽어 있기 때문에 이렇게 이름하였다. 복흥현(福

43 순창시 : 〈순창을 읊은 시〔淳昌題詠〕〉이다. 《夏亭先生遺集》

興縣)이 그 산굽이 안에 있다.

성산(城山) 군 북쪽 24리에 있다. 산 정상에 성 모양의 지형이 있으므로 이름하였다.

환도산(環刀山) 군 동쪽 6리에 있다.

파산(巴山) 군 서쪽 7리에 있다. 혹 소미산(所美山)이라 이름한다. 동쪽 산머리가 군의 남쪽을 마주하므로 남산(南山)이라고도 칭한다.

서룡산(瑞龍山) 군 동쪽 25리에 있다.

광덕산(廣德山) 군 서쪽 30리에 있다. 담양(潭陽) 금성산(金城山)과 서로 이어져 있다. 또는 강천산(剛泉山)이라 이름한다.

적성산(赤城山) 적성현(赤城縣) 동쪽에 있다. 세 봉우리가 우뚝 솟아 절벽이 천 장(丈)이고, 중봉(中峯) 위에 작은 암자가 있다.

백방산(柏方山) 또는 성방산(城房山)이라 한다. 복흥폐현(福興廢縣) 서쪽에 있고, 군에서 서쪽으로 42리 떨어져 있다.

오산(鼇山) 군의 경천(鏡川) 곁 파산 아래에 있다. 작고 둥근 돈대가 있는데 모양이 자라와 닮아서 이름한 것이다.

강천동(剛泉洞) 광덕산 아래에 있다. 바위와 봉우리가 기괴하고 골짜기가 그윽하고 깊으며, 바위는 희고 물이 세차게 흘러 굽이굽이마다 맑고 시원하다.

순수(淳水) 곧 임실현 오원천(烏原川)의 하류이다. 군 북쪽 25리에 이르러 적성산 아래를 지나 남쪽으로 돌아 금탄(金灘)을 지나 남원과 옥과의 경계로 들어간다.

경천(鏡川) 또는 작천(鵲川)이라 이름한다. 광덕산에서 발원하여 객관(客館) 앞을 지나 군 동쪽 7리에 이르러 이천(伊川)과 합쳐져 순수로 들어간다.

이천(伊川) 군 동쪽 6리에 있다. 경천과 합쳐져 남쪽으로 흘러 순수로 들어간다.

잠계(涔溪) 복흥폐현에 있고, 군으로부터 40리 떨어져 있다. 장성부 경계에서 나와 북쪽으로 60리를 흘러 회문산을 지나서 북쪽으로 임실현 경계에 이르러 순수와 합쳐진다.

애곡지(艾谷池) 군 동쪽 10리에 있다.

적성연(赤城淵) 적성산 아래에 있다. 순수가 여기에 이르러서는 맑고 깊어져 헤아릴 수 없다. 또는 화연(花淵)이라고 이름한다. 세속에 전하기를 신물(神物)이 있어 가물면 비가 내리길 빈다고 한다.

금탄(金灘) 일명 연탄(淵灘)이라고 한다. 군 동남쪽 15리에 있다. 순수가 적성연으로부터 남쪽으로 흘러 저탄(猪灘)이 되고 또 이 여울이 된다. 빼어난 강산의 경치가 있다. 남원부에도 보인다.

토산 土産

자연동(自然銅), 철(鐵), 회문산 남쪽에서 난다. 석회(石灰), 유방(柳坊)에서 난다. 왕골자리〔莞席〕, 대나무〔竹〕, 닥나무〔楮〕, 차〔茶〕, 감〔柹〕, 복령(茯苓), 꿀〔蜂蜜〕, 황랍(黃蠟), 산무애뱀〔白花蛇〕, 은구어(銀口魚 은어), 울금(鬱金)

학교 學校

향교(鄕校) 옛날에는 군 서쪽 2리에 있었는데 군수 김수광(金秀光)이 군 북쪽 2리로 옮겼다.

화산서원(華山書院) 군 동쪽 15리에 있다. 김정(金淨)이 다스렸던 곳이라 하여 건립하였다.

궁실 宮室

순화관(淳化館) 바로 객관이다.

향사당(鄕射堂) 객관 동쪽에 있다.

관정루(觀政樓) 객관 남쪽에 있다.

북루(北樓) 객관 후원(後園)에 있다.

관덕정(觀德亭) 관정루 남쪽에 있다. 남쪽으로 임천(臨川)이 흐르고 앞에 활터가 있다.

귀래정(歸來亭) 군 남쪽 3리, 작은 봉우리 위에 있다. 본조 부윤 신말주(申末舟)의 별서(別墅)이다. 서거정(徐居正)이 이름 짓고 기문을 남겼다. ○ 강희맹(姜希孟)의 시[44]에,

어찌하여 전원에 돌아왔는가	歸去來何事
고향집 뜨락이 묵어서라네	田園三徑荒
봄이 오면 솔 국화 여전한지 묻고[45]	春還問松菊

44 강희맹(姜希孟)의 시 : 〈신 참의의 귀래정을 읊은 수미음〔申參議歸來亭首尾吟〕〉이다. 《私淑齋集 卷2》

45 고향집……묻고 : 도연명(陶淵明)의 〈귀거래사(歸去來辭)〉에 "세 개의 오솔길은 거칠어져 간다마는, 솔과 국화는 그래도 여전히 있네.〔三徑就荒, 松菊猶存.〕"라는 말이 나온다.

손이 오면 술병을 가지고 오네 客至引壺觴
샘물은 졸졸졸 흘러가고 泉脈涓涓動
꽃가지는 솔솔솔 향기롭네 花枝細細香
마음 가는 대로 즐겁게 사니 委心聊自樂
고관대작 부러울 것 없고말고 不必慕軒裳

하였다.

온진정(蘊眞亭) 이천의 끊어진 기슭 위에 있다. 판서 신공제(申公濟)의 별서이다.

창고 倉庫

군창(郡倉)

우역 郵驛

창신역(昌新驛) 군 동쪽 5리에 있다.

동원(東院) 군 동쪽 3리에 있다.

적성원(赤城院) 적성현에 있다.

우현원(牛峴院) 군 남쪽 25리에 있다.

마월원(磨月院) 군 서쪽 22리에 있다.

노현원(蘆峴院) 군 북쪽 24리에 있다.

서원(西院) 군 서쪽 3리에 있다.

관량 關梁

대석교(大石橋) 객관 남쪽에 있다.

사묘 祠廟

사직단(社稷壇) 군 서쪽에 있다.

문묘(文廟) 향교에 있다.

성황사(城隍祠) 객관 서쪽에 있다.

여단(厲壇) 군 북쪽에 있다.

사찰 寺刹

취암사(鷲巖寺), **서룡사**(瑞龍寺) 모두 서룡산에 있다.

만일사(萬日寺), **망일암**(望日庵), **망월암**(望月庵) 모두 회문산에 있다.

복천사(福川寺) 세속에서 강천사(剛川寺)라 칭한다. 광덕산에 있는데 그 골짜기가 빼어나다.

금장사(金藏寺) 회문산에 있다. 심원사(深源寺)라고 부르기도 한다.

신광사(神光寺) 회문산에 있다. 묵산사(墨山寺)라고 부르기도 한다.

영운사(靈雲寺) 회문산에 있다.

심적사(深寂寺) 신덕사(神德寺)라고도 부른다. 추월산에 있다. 그 서쪽은 복흥현(福興縣)에 속한다.

고적 古蹟

복흥폐현(福興廢縣) 군 서쪽 40리에 있다.

적성폐현(赤城廢縣) 군 동쪽 15리에 있다. '적(赤)' 자는 한편 '적(磧)'으로도 쓰고 또는 '적(硳)'으로도 쓴다. 본래 백제의 역평현(礫坪縣)이다. 신라가 적성(赤城)으로 고치고 순화군(淳化郡)의 영현으로 삼았다. 고려 초기에 폐지하여 남원부에 편입시켰고, 뒤에 다시 순창에 편입시켰다. 본조에서 그대로 따랐다.

대모성(大母城) 군 서쪽 4리, 작은 산 위에 있다. 돌로 쌓았다. 둘레가 780자이다. 안에 샘 1개와 못 1개가 있다. 옛날에 군창이 있었으나 지금은 없어졌다.

명환 名宦

고려

이무방(李茂芳) 공민왕 초기에 순창군을 다스렸다. 관직에 있을 때 청렴하기 짝이 없었다. 토산물을 요구하는 사람이 있었는데 이무방이 차고 있던 붓 주머니와 허리띠를 풀어 주며 서리에게 말하기를 "친구에게 사사로운 정으로 공적인 물건을 줄 수 없으니 요구하는 것 대신 이것을 주라." 하니, 부탁한 사람이 부끄러워하면서 떠났다.

본조

김정(金淨) 중종조에 이조 정랑으로서 외직(外職)을 청하여 순창 군수가 되었다. 담양 부사(潭陽府使) 박상(朴詳)과 함께 상소하여 폐비 신씨(愼氏)를 복위하여 인륜의 근본을 바로잡을 것을 청하였는데 죄에 걸려 관직을 박탈당하니 공의(公議)가 애석하다고 칭하였다. 뒤에 사화에 연좌되고 남쪽으로 유배되어 군을 지나갈 때, 군민이 술과 음식을 다투어 대접하고 길을 막고 울면서 말하기를 "우리 옛 사또이다."라고 하였다.

유우 流寓

신말주(申末舟) 그 선조는 고령(高靈) 사람이다. 본조 재상 신숙주(申叔舟)의 동생이다. 출사하여 전주 부윤(全州府尹)이 되었다. 신숙주가 세조를 섬겨 바야흐로 높은 지위에서 총애를 누렸는데 신말주는 영예와 현달을 구하지 않고 순창의 별장으로 물러나 편안히 즐기며 노년을 보냈다. 이천(伊川) 위에 정자를 지어 귀래정(歸來亭)이라 이름하고 스스로 귀래자(歸來子)라 불렀다.

인물 人物

고려

설공검(薛公儉) 추밀원 부사(樞密院副使) 설신(薛愼)의 아들이다. 설신의 어머니 조씨(趙氏)는 네 번 출산하여 아들 여덟을 두었는데 세 아들이 과거에 급제하여 국대부인(國大夫人)에 봉해졌다. 설신은 그 급제한 아들 중 하나이다. 설공검은 고종조에 급제하여 관직은 참리(參理)에 이르렀다. 나이를 이유로 물러날 것을 청하니 중찬(中贊)으로 더해 주었으나 치사(致仕)하였다. 시호는 문량(文良)이고 충렬왕의 묘정에 배향되었다. 설공검은 청렴하고 근신하며 정직하였고, 조관 중에 친상(親喪)이 있는 자가 있으면 비록 서로 평소 알지 못하더라도 반드시 소복을 입고 가서 조문하였으며, 만나러 오는 사람은 귀천을 막론하고 신을 거꾸로 신고 나가 맞이하였다. 일찍이 병으로 누워 있을 때 채홍철(蔡洪哲)이 가서 진찰하였는데 베옷과 왕골자리가 깔끔한 것이 마치 승려의 거처와 같았다. 나와서 탄식하며 말하기를 "우리들이 공을 보는 것은 이른바 흙 벌레가 황학(黃鶴)을 보는 것과 같다."라고 하였다.

조렴(趙廉) 충숙왕조에 과거에 급제하였다. 또 원나라 조정의 제과(制科)에 급제하여 요양등로(遼陽等路)의 총관지부사(摠管知府事)에 제수되었다. 일찍이 중국 조정의 사대부와 경전의 뜻을 강론하여 밝혔다. 뒤에 좌사의대부(左司議大夫)에 제수되었다. 여러 번 밀직부사(密直副使)를 지냈다.

조원길(趙元吉) 벼슬이 중대광(重大匡) 옥천군(玉川君)에 이르렀다. 아들 조유(趙瑜)는 효자로 정려하였다.

본조

신공제(申公濟) 신말주의 손자이다. 어려서부터 영특하였고 학문에 힘써서 과거에 급제하였다. ○ 중종조에 여러 관직을 거쳐 사인(舍人), 부제학(副提學)에 임명되었고 강원도·충청도·경상도·평안도·함경도 관찰사가 되어 5도에 모두 소문난 치적이 있었다. 관직은 이조 판서에 이르렀다. 초서와 예서에 기교가 있었으며 마음속에 품은 뜻이 고아하였고, 일을 만나면 명분과 의리로 스스로를 엄격히 단속하였다.

용담현龍潭縣

동쪽으로 금산군(錦山郡) 경계까지 29리이다. 북쪽으로 같은 군 경계까지 22리이다. 남쪽으로 장수현(長水縣) 경계까지 46리, 진안현(鎭安縣) 경계까지 31리이다. 서쪽으로 고산현(高山縣) 경계까지 36리이다. 서울과의 거리는 557리이다.

한전 **旱田**

수전 **水田**

건치연혁 **建置沿革**

본래 백제 물거현(勿居縣)이다. 신라 경덕왕 때 청거(淸渠)로 이름을 고치고 진례현(進禮縣)에 편입시켰다. 고려 충선왕 때 다시 용담현을 설치하였다. 본조에서 그대로 따랐다. 관장하는 면은 □개이다.

관원

현령(縣令), 훈도(訓導) 각 1인이다.

군명 郡名

청거(淸渠)

형승 形勝

땅은 궁벽하고 산이 깊다. 주기(州記)에 "땅은 궁벽하고 산은 깊어 구름다리가 산에 걸려 있고 돌길은 시내에 연해 있으며 골짜기가 깊숙하고 주민이 적다."라고 하였다.

풍속 風俗

백성들이 수수하고 촌스러우며 질박하고 꾸밈이 적다. 본조 윤소종(尹紹宗)의 시서(詩序)

풍속이 순박하여 다투지 않고 동네에 장수하는 노인이 많다. 허목(許穆)의 〈남행록(南行錄)〉

산천 山川

주줄산(珠崒山) 현 서쪽 30리에 있다.

구봉산(九峯山) 현 서쪽 20리에 있다.

고산(鼓山) 현 동쪽 30리에 있다.

용강산(龍岡山) 현 북쪽 3리에 있다. 진산(鎭山)이다.

마산담(馬山潭) 현 동쪽 12리에 있다. 주기에 "현 동남쪽으로 두 물줄기가 서로 만나는 중간에 용담(龍潭)이 있으므로 현 이름을 지었다."라고 한 것이다.

수성천(壽成川) 객관(客館) 남쪽에 있다. 물줄기가 주줄산에서 나와서 금수(錦水)로 들어간다.

금수(錦水) 현 동쪽 12리에 있다. 덕유산(德裕山)과 진안, 장수의 물이 만나서 이 물줄기가 되어 서쪽으로 흘러 금산군 경계로 들어간다.

토산 土産

꿀〔蜂蜜〕, 황랍(黃蠟), 옻〔漆〕, 닥나무〔楮〕, 감〔柹〕, 송이버섯〔松蕈〕, 석이버섯〔石蕈〕, 시호(柴胡)

학교 學校

향교(鄕校) 현 북쪽 2리에 있다.

궁실 宮室

객관(客館) 객관 서쪽에 수옥루(漱玉樓)가 있다. 못물이 매우 맑고 못가에서 바라보면 물에 돌이 많아 물결이 세차게 부딪쳐 일어나는 것이 마치 빙설과도 같으니 이 때문에 누각이 수옥이라는 이름을 얻었다. 그 앞에 소요대(逍遙臺)가 있고 또 그 서쪽에 만송대(萬松臺)가 있는데 모두 냇돌〔川石〕 위에 있다.

이요정(二樂亭) 현 북쪽 1리에 있다. 봉우리가 우뚝 솟아 있고 계곡물이 휘돌아 흐른다. 현령(縣令) 조정(趙鼎)이 작은 정자를 지었다.

우역 郵驛

달계역(達溪驛) 현 동쪽 5리 금수 북쪽에 있다.

이전원(里田院) 현 남쪽 35리에 있다.

구라원(仇羅院) 현 동쪽 30리에 있다.

대벌원(大伐院) 현 서쪽 40리에 있다.

송현원(松峴院) 현 북쪽 26리에 있다.

○ 이상 3개 원은 지금은 없어졌다.

관량 關梁

정자천교(亭子川橋) 현 남쪽 15리에 있다.

사묘 祠廟

사직단(社稷壇) 현 서쪽 3리에 있다.

문묘(文廟) 향교에 있다.

성황사(城隍祠) 현 북쪽 2리에 있다.

웅진명소사(熊津溟所祠) 마산담 위에 있다. 봄가을로 제사를 지낸다.

여단(厲壇) 현 북쪽에 있다.

사찰 寺刹

숭엄사(崇嚴寺) 구봉산에 있다.

안장사(安長寺), 미적사(米積寺) 모두 주줄산에 있다.

고적 古蹟

옛 산성〔古山城〕 현 동쪽 13리에 있다. 돌로 쌓았다. 둘레가 1211자이다. 지금은 없어졌다.

주줄산 사단(珠崒山祠壇) 현 서쪽 35리에 있다. 옛터가 남아 있다.

석잔(石棧) 현 동북쪽 3리에 있다. 바로 피원량(皮元亮)이 왜적을 막은 곳이다.

명환 名宦

고려

김봉린(金鳳麟) 공민왕 때 용담 현령이 되었다. 왕이 최영(崔瑩)에게 명하여 6도를 순찰하게 하였는데, 지나는 번진(藩鎭)의 목사와 군수가 근심으로 숨이 멎을 지경이어서 어찌할 바를 몰랐지만, 김봉린은 변함없이 태연하여 한 도(道)가 일제히 칭송하였다. 당시에 외직을 맡기면 2, 3년 만에 바뀌는데, 김봉린은 4년을 재임하여 용담의 백성들이 그 혜택을 입었다.

피원량(皮元亮) 용담 현령이 되었다. 고려 말에 왜적이 호남에 들어와 주군(州郡)을 약탈하였다. 피원량이 현 사람인 염군리(廉君利), 고윤덕(高允德) 등과 모의하여 목책을 현 동쪽에 세우고 돌로 만든 잔도(棧道)가 높다는 점을 이용해 여섯 군데에 돌을 쌓아 두고 왜적이 들어오기를 기다려 돌로 내리치려 하였다. 그런데 적이 그 방비가 있음을 보고 마침내 퇴각하여 한 고을 경내가 이에 힘입어 편안하였다.

본조

최사유(崔士柔)[46]

인물 人物

고려

고여경(高餘慶) 관직이 삼중대광(三重大匡)에 이르렀다.

고천백(高天伯) 관직이 판삼재(判三宰)에 이르렀다.

46 최사유(崔士柔) : 《신증동국여지승람》 권39 〈전라도 용담현〉 명환에 이름이 있는 것으로 보아 용담 현령을 지냈던 것으로 추정된다. 아들 최항(崔恒)이 지은 〈최사유 행적〉에 두 고을의 수령을 지냈다고 되어 있다.

창평현昌平縣

동쪽으로 옥과현(玉果縣) 경계까지 25리, 담양부(潭陽府) 경계까지 11리이다. 북쪽으로 같은 부 경계까지 11리이다. 남쪽으로 동복현(同福縣) 경계까지 34리이다. 서쪽으로 광산현(光山縣) 경계까지 11리이다. 서울과의 거리는 752리이다.

한전 旱田

수전 水田

건치연혁 建置沿革

본래 백제 굴지현(屈支縣)이다. 신라 경덕왕 때 기양(祈陽)으로 고쳐 무주(武州)의 영현으로 삼았다. 고려 때 창평으로 고쳤고 일명 명평(鳴平)이라 한다. 뒤에 폐지하여 나주(羅州)에 편입시켰다. 뒤에 다시 창평현을 설치하였다. 백성들의 전승에 현리(縣吏)인 탁자보(卓自寶)가 남쪽의 도적을 제압한 공이 있어서 현으로 승격시켜 현령으로 삼았다고 한다. 공양왕 때 장평(長平), 갑향(甲鄕)의 권농사(勸農使)를 겸하게 하였다. 본조에서 그대로 따라 현으로 삼았다. 성종 5년(1474)에 폐지하여 광주(光州)에 편입시켰는데, 현 사람인 강구연(姜九淵)이 현령을 능욕하였기에 혁파하였고, 10년(1479)에 다시 현으로 삼았다. 관장하는 면은 9개이다.

관원

현령(縣令), 훈도(訓導) 각 1인이다.

군명 郡名

기양(祈陽), 명평(鳴平)

산천 山川

고산(高山) 현 동쪽 5리에 있다. 진산(鎭山)이다.

무등산(無等山) 현 남쪽 15리에 있다. 광주에 자세히 나온다.

진압산(鎭壓山) 현 동쪽 5리에 있다.

반룡산(盤龍山) 현 동쪽 15리에 있다.

몽선산(夢仙山) 현 서쪽 30리에 있다.

용구산(龍龜山) 현 북쪽 35리에 있다.

목맥산(木麥山) 현 북쪽 5리에 있다.

용담암(龍潭巖) 현 남쪽 1리에 있다. 산기슭에 기이한 바위가 있는데 높이가 100자는 될 만하다. 남쪽으로 서석산(瑞石山 무등산)이 보이고 아래로는 맑은 못이 내려다보이는데 용담대(龍潭臺)라 이름하였다. 그 곁에 옛날에는 승사(僧舍)가 있었다.

죽록천(竹綠川) 현 □쪽 □리에 있다. 무등산에서 나와 용담대 아래를 지나 서쪽으로 흘러 담양부 칠천(漆川)으로 들어간다.

경지(鏡池) 현 서쪽 5리에 있다.

토산 土産

생강〔薑〕, 매실(梅實), 감〔柹〕

학교 學校

향교(鄕校) 현 북쪽 5리에 있다.

궁실 宮室

객관(客館)

소루(小樓) 객관 동쪽에 있다. 옛 객관이 낡고 좁아 현령 배계후(裵季厚)가 헐고 새로 지었는데, 이 누각과 함께 대문 바깥에 작은 정자도 지었다.

창고 倉庫

우역 郵驛

삼지천원(三之川院) 현 동쪽 14리에 있다.

선화원(宣化院) 현 서쪽 10리에 있다.

사묘 祠廟

사직단(社稷壇) 현 서쪽에 있다.

문묘(文廟) 향교에 있다.

성황사(城隍祠) 현 남쪽 3리에 있다.

여단(厲壇) 현 북쪽에 있다.

사찰 寺刹

서봉사(瑞峯寺) 무등산에 있다.

고산사(高山寺) 진압산에 있다.

월영사(月影寺) 반룡산에 있다.

상원사(上院寺) 몽선산에 있다.

용흥사(龍興寺) 용구산에 있다.

고적 古蹟

갑향(甲鄕) 현 북쪽 30리에 있다. 고려 때 떼어 내 나주에 편입시켰다. 공양왕 3년(1391) 본현에 다시 편입시켰다.

인물 人物

본조

안정명(安正命) 현감 안기(安起)의 아들이다. 어버이를 효성과 공경으로 섬겼는데 일찍이 아버지가 돌아가시자 여막에서 삼년상을 치르며 채소와 과일도 먹지 않았다. 어머니가 병으로 병석에 누워 이가 들끓어 고생하자 안정명이 가려움을 나누고자 머리카락을 어머니 머리에 대어 그 이를 옮겨왔다. 어머니의 변을 맛보아 병세를 살폈고 돌아가시자 애통해함이 이전의 부친상과 한결같아서 고을 사람들이 칭송하고 찬탄하였다.

임실현任實縣

동쪽으로 남원부(南原府) 경계까지 21리이다. 남쪽으로 같은 부 경계까지 23리이다. 서쪽으로 순창군(淳昌郡) 경계까지 57리, 태인현(泰仁縣) 경계까지 65리이다. 북쪽으로 전주부(全州府) 경계까지 24리, 진안현(鎭安縣) 경계까지 25리이다. 서울과의 거리는 581리이다.

한전 旱田

수전 水田

건치연혁 建置沿革

본래 백제 임실군이다. 신라에서 그대로 따랐다. 고려 때 폐지하여 남원부에 편입시켰고, 명종 초에 다시 임실현을 설치하였다. 본조에서 그대로 따랐다. 관장하는 면은 12개이다.

관원

현감(縣監), 훈도(訓導) 각 1인이다.

군명 郡名

임실(任實) 별호는 운수(雲水)이다.

형승 形勝

산들이 구불구불 이어지고, 강 하나가 산을 에워싸고 흐른다. 본조 정인지(鄭麟趾)의 시

산이 감싸고 물이 휘돌아 땅이 넓고 평평한 데가 드물다.

풍속 風俗

백성들이 자못 순박하다.

산천 山川

용요산(龍繞山) 일명 사요산(蛇繞山)이다. 현 북쪽 5리에 있다. 진산(鎭山)이다.

고달산(高達山) 현 동북쪽 15리에 있다. 진안현에도 보인다.

두만산(斗滿山) 현 서쪽 11리에 있다.

원통산(圓通山) 현 서남쪽 40리, 남원부 경계에 있다.

회문산(回文山) 현 서쪽 50리에 있다. 순창군에도 보인다.

영취산(靈鷲山) 현 서쪽 30리에 있다. 백련사(白蓮寺)가 있는 까닭에 백련산(白蓮山)이라고도 부른다.

사현(沙峴) 구고현(九皐縣)에 있다. 본현에서 20리 떨어져 있다.

두만천(斗滿川) 두만산에서 나와 객관 남쪽을 지나고 또 돌아서 동북쪽으로 흘러 오원천(烏原川)으로 들어간다.

구고천(九皐川) 사현에서 나와 남쪽으로 흘러 갈담역(葛覃驛)을 지나 순창군 순수(淳水)로 들어간다.

오원천(烏原川) 진안현 중대산(中臺山), 마이산(馬耳山) 등 여러 산의 물이 오원역(烏原驛) 동쪽에서 합쳐져 현 북쪽 15리를 지나고 또 돌아서 서쪽으로 흘러 순창군의 순수가 된다.

평당원천(坪堂院川) 현 남쪽 15리에 있다. 현 동쪽 대용점(代用岾)에서 나와서 서쪽으로 흘러 남원 오수역(獒樹驛) 남쪽에서 거령천(居寧川)과 합쳐진다.

토산 土産

자기(磁器), 석회(石灰), 꿀〔蜂蜜〕, 황랍(黃蠟), 모시〔苧〕, 닥나무〔楮〕, 옻〔漆〕, 생강〔薑〕, 석이버섯〔石蕈〕, 지치〔芝草〕, 울금(鬱金), 산무애뱀〔白花蛇〕, 은구어(銀口魚 은어)

학교 學校

향교(鄕校) 현 서쪽 1리에 있다.

궁실 宮室

객관(客館)

우역 郵驛

갈담역(葛覃驛) 현 서쪽 40리에 있다. 고려 이규보(李奎報)의 시[47]에,

석양에 돌아와 나무 그늘 속에 보니	夕陽歸旆樹陰中
남쪽의 산과 내가 어디나 한 가지네	南渡山川一樣同
괴로울사 수양버들 예서 제서 푸르른데	垂柳惱人隨處綠
주인 없는 고운 꽃 누굴 위해 붉게 피나	幽花無主爲誰紅
역관을 거쳐 갔던 오가는 길손 중에	郵亭閱遍經由客
야성[48]으론 구속 없는 이 어른과 뉘 같을까	野性誰如放曠翁
서둘러 역마차에 오르지 아니하고	不作悤忙乘傳態
옷 벗고 동헌 풍광에 한가히 누웠노라	解衣閑臥一軒風

하였다.

오원역(烏原驛) 현 북쪽 20리에 있다.

동우원(東隅院) 현 동쪽 5리에 있다.

만세원(萬歲院) 현 남쪽 20리에 있다.

구고원(九皐院) 구고현에 있다.

47 이규보(李奎報)의 시 : 〈순창군에서 전주로 향할 때 갈담역에 들어가 판상에 있는 제공의 시에 차운하다〔自淳昌郡向全州入葛覃驛用板上諸公韻〕〉이다. 《東國李相國集 卷9》

48 야성(野性) : 자연을 좋아하여 한적한 전원생활을 즐기는 성정을 말한다.

중지원(中止院) 현 서쪽 60리에 있다.

운암원(雲巖院) 현 서북쪽 65리에 있다.

신간원(申幹院) 현 북쪽 25리에 있다.

사묘 祠廟

사직단(社稷壇) 현 서쪽 2리에 있다.

문묘(文廟) 향교에 있다.

성황사(城隍祠) 현 북쪽 5리에 있다.

여단(厲壇) 현 북쪽에 있다.

사찰 寺刹

백련사(白蓮寺), 선암사(仙押寺), 원적암(元寂菴) 모두 영취산에 있다.

고적 古蹟

구고폐현(九皐廢縣) 현 서쪽 20리에 있다. 본래 백제 돌평현(堗坪縣)이다. 돌평(堗坪)은 일명 누평(涙坪)이라고도 한다. 신라가 구고(九皐)로 고치고 순화군(淳化郡)의 영현으로 삼았다. 고려 초에 폐지하여 남원부에 편입시켰다. 공민왕 때 현 사람인 원나라 사신 임몽고불화(林蒙古不花)가 나라에 공이 있다 하여 승격시켜 군으로 삼았다. 본조 초에 폐지하여 편입시켰다.

인물 人物

본조

박번(朴蕃) 생원에 급제하였다. 어버이를 섬김이 지극히 효성스러웠다. 아버지가 병들어 오리를 먹고 싶어 하였는데 박번이 물가에서 오리를 구하면서 가슴을 부여잡고 통곡하자 갑자기 죽은 오리가 떠올랐다. 아버지께 가지고 가서 드시게 하니 사람들은 박번의 효심에 하늘이 감응한 것이라 여겼다. 아버지가 돌아가시자 3년 동안 시묘살이를 하였다. 중종 때 정려하였다.

무주현茂朱縣

동쪽으로 경상도 지례현(知禮縣) 경계까지 49리이다. 남쪽으로 경상도 거창군(居昌郡) 경계까지 62리, 금산군(錦山郡) 경계까지 38리이다. 서쪽으로 같은 군 경계까지 13리이다. 북쪽으로 충청도 옥천군(沃川郡) 경계까지 10리이다. 서울과의 거리는 488리이다.

한전 旱田

수전 水田

건치연혁 建置沿革

본래 백제 적천현(赤川縣)이다. 신라 경덕왕 때 이름을 단천(丹川)으로 고치고 진례군(進禮郡)의 영현으로 삼았다. 고려 초에 주계(朱溪)로 고치고 이어서 병합하여 진례에 편입시켰다. 명종 때 떼어 내 무풍현(茂豐縣)에서 겸임하게 하였다. 본조 태종 때 주계를 치소로 삼고 무풍(茂豐)을 병합하여 무주현으로 삼았다. 관장하는 면은 6개이다.

관원

현감(縣監), 훈도(訓導) 각 1인이다.

군명 郡名

적천(赤川), 단천(丹川), 주계(朱溪)

형승 形勝

산이 감싸고 내가 휘돈다. 본조 유빈(柳濱)의 시에 "산이 감싸고 내가 감돌아 동네가 깊다.〔山擁川回洞府深〕"라고 하였다.

땅이 궁벽지고 산이 높다. 땅이 궁벽지고 산이 높으며 돌길이 계곡과 연해 있어 백성이 거의 살지 않는다.

풍속 風俗

질박하고 꾸밈이 적으며 백성들은 수수하고 촌스럽다.

도토리와 밤을 거둬 저장한다. 백성의 생업이 황량하여 흉년에는 도토리와 밤을 저장하여 식량으로 삼는다.

산천 山川

노산(爐山) 현 북쪽 1리에 있다. 진산(鎭山)이다.

적상산(赤裳山) 현 남쪽 15리에 있다. 세속에서는 상성산(裳城山)이라 칭한다. 사면이 돌 절벽으로 둘러싸였는데 색이 붉고 층층이 깎아 세운 듯이 높고 험한 모양이 사람이 치마를 입은 듯한 까닭에 이름하였다. 옛사람이 험한 지형을 이용하여 성을 만들었다. 거란 군사와 왜구가 침입했을 때 근방 수십 군(郡)의 백성이 모두 이에 의지하여 보전되었다.

대덕산(大德山) 무풍폐현(茂豐廢縣) 남쪽 7리에 있다.

백운산(白雲山) 무풍 북쪽 15리에 있다.

미마산(彌磨山) 현 남쪽 35리에 있다.

안렴암(按廉巖) 적상산 정상에 있다. 그 길이가 몇 장(丈)이 되어 위에 수십 사람이 앉을 만하고, 여러 군이 훤히 바라다보인다. 옛날 거란 군사가 침입하여 노략질할 때, 세 도의 안렴사가 모두 여기에 피란하였는데 그로 인하여 이름 지어졌다.

적천(赤川) 일명 주계(朱溪)라고도 한다. 덕유산(德裕山), 대덕산(大德山)의 물줄기가 합쳐져 이 냇물이 되어 현 남쪽에 이르러 객관 앞을 지나고 서쪽으로 흘러 금수(錦水)로 들어간다.

금수(錦水) 현 서쪽 14리에 있다. 세속에서 소이진(召爾津)이라 칭한다. 물이 북쪽으로 흘러 금산군 경계에 들어간다. 금산에 상세히 나온다.

토산 土産

철(鐵), 대덕산에서 난다. 옻〔漆〕, 송이버섯〔松蕈〕, 석이버섯〔石蕈〕, 꿀〔蜂蜜〕, 황랍(黃蠟), 인삼(人蔘), 잣〔海松子〕, 닥나무〔楮〕, 오미자(五味子), 대황(大黃), 당귀(當歸), 시호(柴胡)

성곽 城郭

적상산성(赤裳山城) 돌로 쌓았다. 둘레가 1만 6920자이다. 성의 사면이 모두 층층이 이루어진 바위로 만길 우뚝 솟아 있고 동쪽에 두 갈래 길이 있어 우마가 다닐 만하다. 그 가운데는 평탄하고 냇물이 사방으로 나오니 진실로 하늘이 만든 험지이다. 옛날에 성이 있었는데 고려 말 최영(崔瑩)이 산성을 쌓고 창고를 건축하여 유사시에 대비하기를 청하였다. 그 뒤에 일이 멈춰졌다가 지금 수축하였다.

학교 學校

향교(鄕校) 옛날에는 현 동쪽 3리에 있었는데, 지금 현 북쪽 3리로 옮겼다.

궁실 宮室

객관(客館)

한풍루(寒風樓) 바로 객관의 문루이다.

실록각(實錄閣) 적상산성 안에 있다.

우역 郵驛

소천역(所川驛) 현 동쪽 45리에 있다.

무제원(茂梯院) 현 동쪽 64리에 있다.

승장원(勝長院) 현 동쪽 35리에 있다.

소이원(召爾院) 현 서쪽 14리에 있다. 망풍루(望風樓)가 있다.

관량 關梁

남교(南橋) 적천(赤川) 위에 있다.

사묘 祠廟

사직단(社稷壇) 현 서쪽 1리에 있다.

문묘(文廟) 향교에 있다.

성황사(城隍祠) 현 남쪽 4리에 있다.

여단(厲壇) 현 북쪽에 있다.

사찰 寺刹

고경사(高境寺) 적상산 서쪽에 있다.

불두사(佛頭寺) 백운산에 있다.

상원사(上院寺) 적상산성 안 서쪽에 있다. 그 곁에 또한 중원사(中院寺), 하원사(下院寺)가 있다.

호국사(護國寺) 적상산성 안 남쪽에 있다.

영보사(永保寺) 적상산성 안 서쪽에 있다.

고적 古蹟

무풍폐현(茂豐廢縣) 현 동쪽 60리에 있다. 본래 신라의 무산현(茂山縣)이다. 경덕왕 때 무풍으로 고쳐서 개령군(開寧郡)의 영현으로 삼았다. 고려 초에 폐지하여 진례현에 편입시켰다. 명종 6년(1176)에 다시 무풍현을 설치하였다. 본조 태종 때 폐지하여 무주현에 병합하였다. 지금도 옛 성이 있는데 돌로 쌓았다. 둘레는 531자이고 높이는 5자이다.

명환 名宦

본조

이최(李漼), 이언(李堰) 모두 무주 현감이 되었다.

곡성현谷城縣

동쪽으로 남원부(南原府) 경계까지 30리이다. 북쪽으로 같은 부 경계까지 12리이다. 남쪽으로 순천부(順天府) 경계까지 71리이다. 서쪽으로 옥과현(玉果縣) 경계까지 26리이다. 서울과의 거리는 692리이다.

한전 旱田

수전 水田

건치연혁 建置沿革

본래 백제 욕내군(欲乃郡)이다. 신라 경덕왕 때 곡성군으로 고쳤다. 고려 초에 폐지하여 승평군(昇平郡)에 편입시키고 뒤에 나주(羅州)에 편입시켰다. 명종 초에 곡성현을 다시 설치하였다. 본조에서 그대로 따랐다. 관장하는 면은 8개이다.

관원

현감(縣監), 훈도(訓導) 각 1인이다.

군명 郡名

욕내(欲乃)

산천 山川

동락산(動樂山) 현 서쪽 4리에 있다. 진산(鎭山)이다. 일명 안산(鴳山)이라고도 한다. 옥과현에도 보인다.

동리산(桐裏山) 현 동쪽 40리에 있다.

천덕산(天德山) 현 남쪽 25리에 있다.

순수(淳水) 순자수(鶉子水)라고도 부른다. 현 북쪽 12리에 있다. 동쪽으로 흘러 구례현(求禮縣)에 이르러 잔수(潺水)와 만나 섬강(蟾江)이 된다. 남원부에 자세히 보인다.

잔수(潺水) 세속에서 대황천(大荒川)이라 칭한다. 현 동쪽 45리에 있다. 곧 순천부 잔수의 하류이다. 북쪽으로 흘러 구례현 경계에 이르러 순수와 만난다.

토산 土産

자기(磁器), 석회(石灰), 닥나무〔楮〕, 대나무〔竹〕, 감〔柹〕, 송이버섯〔松蕈〕, 꿀〔蜂蜜〕, 황랍(黃蠟), 복령(茯苓), 울금(鬱金), 산무애뱀〔白花蛇〕, 은구어(銀口魚 은어)

학교 學校

향교(鄕校) 현 서쪽 4리에 있다.

궁실 宮室

객관(客館)

우역 郵驛

지신역(知申驛) 현 남쪽 6리에 있다.

자비원(玆悲院) 현 남쪽 55리에 있다.

관음원(觀音院) 현 서쪽 5리에 있다.

순자원(鶉子院) 현 북쪽 12리에 있다.

압록원(鴨綠院) 현 동쪽 6리에 있다.

삼기원(三岐院) 현 서쪽 25리에 있다.

사묘 祠廟

사직단(社稷壇) 현 서쪽에 있다.

문묘(文廟) 향교에 있다.

성황사(城隍祠) 현 남쪽 4리에 있다.

여단(厲壇) 현 북쪽에 있다.

신숭겸사(申崇謙祠) 현 동남쪽 9리에 있다. 선조 때 현감 신옥(申沃)이 관찰사 이광(李洸)과 함께 현 토성(土姓)들로 하여금 봄가을로 제사 지내게 하였다. 뒤에 다시 중수하였다.

사찰 寺刹

미륵사(彌勒寺), 만운사(萬雲寺) 모두 천덕산에 있다.

태안사(泰安寺) 동리산에 있다.

성불사(成佛寺), 신덕사(申德寺) 모두 동락산에 있다.

고적 古蹟

고지신역(古知申驛) 현 남쪽 30리, 부로현(夫老峴)에 있다. 세속에 전하는 말에 마천목(馬天牧)이 그 마을에 살았기 때문에 역을 현 남쪽으로 옮겼다고 한다. 관사(館舍)와 담장의 터가 뚜렷하다.

유우 流寓

마천목(馬天牧) 본래 장흥(長興) 사람이다. 우리 태종조에 좌명 공신(佐命功臣)으로서 장흥부원군(長興府院君)에 봉해져 지신역 곁의 밭을 차지하고 그대로 이곳에 집을 짓고 살았다.

인물 人物

고려

신숭겸(申崇謙) 춘천부(春川府)에 상세히 나온다.

진안현鎭安縣

동쪽으로 장수현(長水縣) 경계까지 28리이다. 남쪽으로 임실현(任實縣) 경계까지 49리이다. 서쪽으로 전주부(全州府) 경계까지 35리이다. 북쪽으로 용담현(龍潭縣) 경계까지 23리이다. 서울과의 거리는 582리이다.

한전旱田

수전水田

건치연혁建置沿革

본래 백제 난진아현(難珍阿縣)이다. 일명 월량(月良)이라 한다. 신라 경덕왕 때 진안으로 고쳐 장계군(長溪郡)의 영현으로 삼았다. 고려 초에 폐지하여 전주(全州)에 편입시켰고 뒤에 다시 진안현을 설치하였다. 공양왕 때 마령현(馬靈縣)을 겸임하게 하였다. 본조 태종 때 마령을 병합하여 그대로 현으로 삼았다. 관장하는 면은 9개이다.

관원

현감(縣監), 훈도(訓導) 각 1인이다.

군명 郡名

월랑(越浪) 월랑(月良)이라는 말이 변하여 월랑(越浪)이 되었다.

형승 形勝

땅이 궁벽지고 산이 깊다.

풍속 風俗

그 백성들이 수수하고 촌스럽다. 고려 이규보(李奎報)의 기문[49]에 "마령(馬靈), 진안(鎭安)은 산골에 있는 마을이다. 그 백성이 질박하다." 하였다.

백성이 질박하고 풍속이 후하다. 한준겸(韓俊謙)의 〈장수 응벽정기(長水凝碧亭記)〉[50]에 "지경(地境)이 궁벽져 일이 한가하고, 백성들이 질박하고 풍속이 후하다." 하였다.

49 이규보(李奎報)의 기문 : 〈남행월일기(南行月日記)〉이다. 《東國李相國集 卷23》

50 한준겸(韓俊謙)의 장수응벽정기(長水凝碧亭記) : 〈장수현 응벽정 중수기(長水縣凝碧亭重修記)〉이다. 《柳川遺稿》

산천 山川

부귀산(富貴山) 현 북쪽 3리에 있다. 진산(鎭山)이다.

고달산(高達山) 현 서남쪽 30리에 있다.

마이산(馬耳山) 현 남쪽 7리에 돌산이 있는데 쌍봉이 기이하게 우뚝 솟아 있어 세속에서 용출산(聳出山)이라 이름한다. 동쪽 봉우리를 부봉(父峯)이라 하고 서쪽 봉우리를 모봉(母峯)이라 하는데 서로 마주 보는 것이 깎아서 만든 듯하다. 높이가 천 길은 될 만하고 사방이 높고 가팔라 사람이 오르지 못하고, 오직 모봉 북쪽 절벽만 부여잡고 오를 수 있다. 전해 오는 말에 동쪽 봉우리 위에 작은 못이 있으며 서쪽 봉우리 정상은 평평하여 넓고 샘이 있어 도적을 피할 만하며 가뭄에 기우제를 지내면 효험이 있다고 한다. 신라에서는 서다산(西多山)으로 칭하였고 소사(小祀)로 실려 있다. 우리 태종이 이 산 아래에 순수(巡狩)하여 머무르고 관원을 보내 제사 지냈다. 산 모양이 말 귀를 닮아서 마이산이라고 이름한다. ○ 본조 김종직(金宗直)의 시[51]에,

하늘 밖에서 떨어졌나 뾰족한 산봉우리	天外落奇峯
삐죽하게 솟은 두 봉 말 귀를 닮았구나	雙尖如馬耳
하늘 높이 몇 천 길을 뻗어 올랐을까	不知幾千仞
짙게 낀 연무 속에 우뚝하게 솟았구나	亭亭煙霧裏

하였다. ○ 본조 조위(曺偉)의 시[52]에,

51 김종직(金宗直)의 시 : 〈진안에서 마이산을 바라보다(鎭安望馬耳山)〉이다. 《佔畢齋集 卷21》

52 조위(曺偉)의 시 : 〈진안 마이산(鎭安馬耳山)〉이다. 《梅溪集 卷1》

우뚝하다 쌍으로 솟은 저 마이봉 突兀雙尖馬耳峯
구름 끝에 벽부용이 떠받쳐 있네 雲端擎出碧芙蓉
언제쯤 하늘을 치고 날 날개를 달아 何當揷得沖天翼
산꼭대기 날아올라 가슴 한번 풀어 볼꼬 飛上峯頭一盪胸

하였다.

성수산(聖壽山) 현 남쪽 40리에 있다. 일명 성적산(聖迹山)이다. 장수현에도 보인다.

중대산(中臺山) 마령폐현(馬靈廢縣)에 있다. 동쪽으로 성수산과 서로 이어져 있다.

웅령(熊嶺) 현 서쪽 37리, 전주 경계에 있다. 전주에도 보인다.

동천(東川) 현 동쪽 1리에 있다. 수원이 마이산 동봉에서 나와서 동북쪽으로 흘러 용담현 경계에 이르러서 금수(錦水)로 들어간다.

서천(西川) 현 서쪽 13리에 있다. 수원이 마이산 서봉에서 나와 임실현 오원천(烏原川)으로 들어간다.

증연(甑淵) 마령(馬靈) 동쪽에 있다. 큰 구멍이 있어 위로 산 정상과 통하는데 사람이 돌을 굴리면 곧바로 연못에 떨어진다. 물 기운이 항상 밥 짓는 김이 나는 듯하여 이름한 것이다.

토산 土産

꿀〔蜂蜜〕, **황랍**(黃蠟), **석이버섯**〔石蕈〕, **옻**〔漆〕, **닥나무**〔楮〕, **석회**(石灰), **송이버섯**〔松蕈〕, **지치**〔紫草〕

학교 學校

향교(鄕校) 옛날에는 현 북쪽 3리에 있었는데 지금은 현 동쪽 1리로 옮겼다.

궁실 宮室

객관(客館)

향사당(鄕射堂) 객관 남쪽에 있다.

하추정(夏秋亭) 현 동쪽 5리에 있다. 아래로 시냇물을 마주하여 한여름에도 서늘한 기운이 가을 같으므로 이름 지어졌다.

명월당(明月堂) 객관 동쪽에 있다. 동천(東川)이 내려다보인다.

우역 郵驛

단령역(丹嶺驛) 현 남쪽 5리에 있다.

동원(東院) 현 동쪽 1리에 있다.

율현원(栗峴院) 현 동쪽 29리에 있다.

초천원(草川院) 현 동쪽 17리에 있다.

남원(南院) 현 남쪽 1리에 있다.

요광원(要光院) 현 서쪽 32리에 있다.

좌산원(左山院) 현 남쪽 53리에 있다.

영천원(穎川院), **삼기원**(三岐院) 모두 마령폐현에 있다.

강유원(康乳院) 현 북쪽 25리에 있다.

사묘 祠廟

사직단(社稷壇) 현 서쪽 4리에 있다.

문묘(文廟) 향교에 있다.

성황사(城隍祠) 현 남쪽 5리에 있다.

여단(厲壇) 현 북쪽에 있다.

사찰 寺刹

중대사(中臺寺) 성수산에 있다.

혈암사(穴巖寺), **상원사**(上院寺) 모두 마이산에 있다.

반룡사(盤龍寺) 현 남쪽 30리, 성수산 서쪽 줄기에 있다.

고적 古蹟

마령폐현(馬靈廢縣) 현 남쪽 20리에 있다. 본래 백제 마돌현(馬突縣)이다. 일명 마진(馬珍)이라 하고, 일명 마등량(馬等良)이라 한다. 신라에서 마령(馬靈)으로 고쳐 임실군의 영현으로 삼았다. 고려 초에 폐지하여 전주에 편입시켰다. 뒤에 진안현에서 겸임하게 하였다. 본조 태종 때 그대로 따라 합병하여 편입시켰다.

인물 人物

본조

이유의(李由義) 문과에 급제하였다. 관직은 목사(牧使)에 이르렀다.

옥과현玉果縣

동쪽으로 남원부(南原府) 경계까지 20리이다. 남쪽으로 동복현(同福縣) 경계까지 26리, 곡성현(谷城縣) 경계까지 21리이다. 서쪽으로 담양부(潭陽府) 경계까지 11리이다. 북쪽으로 순창군(淳昌郡) 경계까지 11리이다. 서울과의 거리는 712리이다.

한전 旱田

수전 水田

건치연혁 建置沿革

본래 백제 과지현(果支縣)이다. 일명 과혜(果兮)라 한다. 신라 경덕왕 때 옥과로 고치고 추성군(秋成郡)의 영현으로 삼았다. 고려 초에 폐지하여 보성군(寶城郡)에 편입시켰고 명종 초에 옥과현을 다시 설치하였다. 본조에서 그대로 따랐다. 관장하는 면은 6개이다.

관원

현감(縣監), 훈도(訓導) 각 1인이다.

군명 郡名

과지(果支)

산천 山川

설산(雪山) 현 서북쪽 10리에 있다. 진산(鎭山)이다. 돌 봉우리가 우뚝 솟아 있고 위에 추천(湫泉)이 있다. 속칭은 과설산(果雪山)이다.

성덕산(聖德山) 현 남쪽 30리에 있다.

동락산(動樂山) 현 동쪽 23리에 있다. 일명 안산(鴳山)이다.

순수(淳水) 현 동쪽 22리, 남원부 경계에 있다. 속칭은 방제천(方梯川)이니 곧 순창군 순수의 하류이다. 남원, 순창에 상세히 보인다.

선각계(仙脚溪) 현 동쪽 3리에 있다. 성덕산에서 물줄기가 나와서 북쪽으로 흘러 순수에 들어간다.

토산 土産

닥나무〔楮〕, 감〔柹〕, 송이버섯〔松蕈〕, 석회(石灰), 현 남쪽 25리 여점(餘岾)에서 난다. 은구어(銀口魚 은어)

학교 學校

향교(鄕校) 현 북쪽 3리에 있다.

궁실 宮室

객관(客館)

향사당(鄕射堂) 객관 서쪽에 있다.

의운루(倚雲樓) 객관 동쪽에 있다.

남루(南樓) 객관 남쪽에 있다. 현감 방옥정(房玉精)이 세웠다.

영귀정(詠歸亭) 현 동쪽 2리, 끊어진 언덕 위에 있다. 앞으로 냇물을 마주하고 있다. 현감 최형한(崔亨漢)이 세웠는데 지금은 없어지고 옛터만 남아 있다.

우역 郵驛

대부역(大富驛) 현 동쪽 6리에 있다.

노다원(老多院) 현 남쪽 25리에 있다.

사기원(四岐院) 현 동쪽 5리에 있다.

연덕원(延德院) 현 서쪽 4리에 있다.

사묘 祠廟

사직단(社稷壇) 현 서쪽에 있다.

문묘(文廟) 향교에 있다.

성황사(城隍祠) 현 동쪽 5리에 있다.

여단(厲壇) 현 북쪽에 있다.

사찰 寺刹

금당암(金堂菴), **나암사**(蘿巖寺) 모두 설산에 있다.

금강사(金剛寺), **관음사**(觀音寺) 모두 성덕산에 있다.

명환 名宦

본조

김인후(金麟厚) 중종조에 교리로서 나와 옥과 현감이 되었다. 백성의 실정을 따라서 정사를 행하여 굳이 하는 일이 없어도 백성이 친애하였다.

인물 人物

고려

조통(趙通) 기골이 빼어나고 온갖 학자들의 학설에 통달하였다. 명종 때 과거에 급제하여 여러 관직을 지내고 태자문학(太子文學)이 되었다. 사신으로 금나라에 갔다가 힐문을 당해 3년간 억류당하였는데 금나라 사람이 그 재주를 아껴 돌려보냈다. 얼마 되지 않아 외직으로 지서북면 유수사(知西北面留守事)가 되었다. 공경하고 검소하며 사람을 미덥게 대하였다. 관직은 한림학사(翰林學士)에 이르렀다.

본조

유팽로(柳彭老) 집안에서 효행이 있었다. ○ 선조조에 과거에 급제하여 성균관 학유(成均館學諭)가 되었으나 벼슬길에 나가지 않았다. 왜구의 난리에 고경명(高敬命)을 따라 의병을 일으켜 금산(錦山)에서 적을 토벌하였다. 군대가 패전하여 장사들이 많이 죽자 유팽로는 진(陣) 밖에 있다가 말을 채찍질하여 진에 들어가 고경명을 구하려 하였다. 그 종이 말을 붙들고 눈물 흘리며 간하자 유팽로가 검으로 종을 치려 하니, 종이 어쩔 수 없이 말고삐를 놓았다. 유팽로가 말달려 들어가서 고경명과 함께 죽었다. 사간원 사간에 추증하였고 조정의 명으로 정려하였다.

운봉현雲峯縣

동쪽으로 경상도 함양군(咸陽郡) 경계까지 20리이다. 서쪽으로 남원부(南原府) 경계까지 7리이다. 남쪽으로 같은 부 경계까지 10리이다. 북쪽으로 같은 부 경계까지 9리이다. 서울과의 거리는 697리이다.

한전 旱田

수전 水田

건치연혁 建置沿革

본래 신라 모산현(母山縣)이다. 아영성(阿英城) 혹은 아막성(阿莫城)이라 한다. 경덕왕 때 운봉이라 고쳐서 천령군(天嶺郡)의 영현으로 삼았다. 고려 초에 폐지하여 남원부에 편입시켰다. 공양왕 때 떼어 내 운봉현을 설치하고 아용곡 권농병마사(阿容谷勸農兵馬使)를 겸하였다. 본조 태조 초에 그대로 따라 현으로 삼았다. 관장하는 면은 6개이다.

관원

현감(縣監), 훈도(訓導) 각 1인이다.

군명 郡名

모산(母山)

형승 形勝

고을이 큰 고개 위에 있다. 고을이 큰 고개 위에 있어 현 둘레의 모든 방면이 매우 높은데 그 위는 평평하고 넓다.

풍속 風俗

마을은 작고 백성은 순박하다. 본조 원효연(元孝然)의 시에 "작은 고을에 백성은 순박하여 옛적 풍습 남아 있네.〔十室民淳太古風〕"라고 하였다.

산천 山川

지리산(智異山) 현 남쪽 15리에 있다. 남원부 및 진주(晉州)에 상세히 나온다.

수청산(水淸山) 현 동쪽 25리에 있다. 바로 팔량령(八良嶺)이 남쪽에서 일어난 것이다. 또한 백장산(百丈山)이라 칭한다.

황산(荒山) 현 동쪽 12리에 있다. 작은 산이 우뚝 솟아 있고 그 서북쪽을 정산봉(鼎山峯)이라 하는데, 바로 우리 태조가 왜적을 격파한 곳이다. 고려 말 왜적이 함양(咸陽)을 도륙하고, 팔량령을 넘어 남원산성(南原山城)을 공격하고 물러나 운봉현을 불사르고 인월역(引月驛)에 주둔하고는 장차 북상할 것이라고 말을 퍼뜨리니 서울과 지방이 크게 놀랐다. 우리 태조와 변안열(邊安烈)이 남원에 이르러 운봉을 넘어 적과 수십 리를 사이에 두고 있었다. 황산 서북쪽에 이르러 정산봉에 올라갔는데, 태조가 길 오른쪽에 험한 길이 있는 것을 보고 적을 꾀어내려 하였다. 험한 길을 따라 나아가니 적의 기병이 과연 갑자기 튀어나왔는데 태조가 50여 발의 화살을 쏘아서 그 얼굴에 모두 명중시켰다. 모두 세 차례 접전하여 섬멸하자 적은 산에 웅거하여 굳게 지켰다. 태조가 말을 달려 올라가 공격하자 사기가 크게 올랐다. 적장 하나가 겨우 열대여섯 살에 날쌔고 용감하기 짝이 없어 춤추듯 장창을 끼고 돌격하니 향하는 곳마다 휩쓸려 무너졌는데 아지발도(阿只拔都)라 불렀다. 몸에는 단단한 갑옷을 입고 구리 가면을 쓰고 있어 쏘아 맞힐 틈이 없었다. 태조가 이두란(李豆蘭)과 약속하여 바로 투구 정수리를 맞히자 투구가 떨어지니 이두란이 바로 쏘아 죽였다. 이에 적이 기세를 빼앗기자 태조가 몸소 용맹하게 공격하여 여러 군사가 승세를 타고 적을 크게 깨뜨리니 냇물이 온통 붉은색이었다. 빼앗은 말이 수천 필에 병장기는 셀 수도 없었으며, 겨우 70여 명만이 지리산으로 달아났다.

팔량령(八良嶺) 일명 팔량현(八良峴)이라고도 한다. 현 동쪽 20리에 있다. 경상도 함양군과의 경계이다. 신라, 백제 때부터 요해처라 불렸다. 함양군에도 보인다.

영원현(嶺院峴) 일명 여원현(女院峴)이라고도 한다. 현 서쪽 7리, 남원군 경계에 있다.

우현(牛峴) 현 북쪽 8리에 있다. 산 위에 옛 석성(石城)의 터가 있다.

기현(箕峴) 현 북쪽 20리에 있다. 속칭 기기령(箕箕嶺)이다. 또한 치치령(峙峙嶺)이라고 한다. 영원현 이하 모두 밖으로 험하고 안으로 평평하다.

동천(東川) 현 동쪽 3리에 있다. 인월역을 지나 굽이굽이 동쪽으로 흘러 산골짜기와 함께 함양군 경계에 이르러서 임천(灆川)이 된다.

토산 土産

꿀〔蜂蜜〕, 황랍(黃蠟), 오미자(五味子), 인삼(人蔘), 잣〔海松子〕, 송이버섯〔松蕈〕, 석이버섯〔石蕈〕, 감〔柹〕, 지치〔紫草〕

학교 學校

향교(鄕校) 현 북쪽 2리에 있다.

궁실 宮室

객관(客館)

향사당(鄕射堂) 객관 동쪽에 있다.

우역 郵驛

인월역(引月驛) 현 동쪽 16리에 있다.

중흥원(中興院) 현 동쪽 7리에 있다.

대공원(大功院) 현 동쪽 15리에 있다.

관량 關梁

팔량령관(八良嶺關) 팔량령 위에 있다. 백제 때 관문을 만들고 수자리하였다. 지금은 석성 터가 있다. 본조 최립(崔岦)이 말한 "함양, 운봉의 경계에 하늘이 만든 요해처"[53]가 바로 이곳이다.

사묘 祠廟

사직단(社稷壇) 현 서쪽에 있다.

문묘(文廟) 향교에 있다.

성황사(城隍祠) 현 동쪽 2리에 있다.

여단(厲壇) 현 북쪽에 있다.

사찰 寺刹

백장사(百丈寺) 수청산에 있다. 냇물을 사이에 두고 남쪽으로 지리산을 마주한다.

내원사(內院寺) 지리산에 있다. 또한 대암난야(臺巖蘭若)라 칭한다.

53 최립(崔岦)이……요해처 : 〈이 제독에게 보낸 첩문(帖李提督)〉이다. 《簡易集 卷5》

고적 古蹟

성산고성(城山古城) 현 북쪽 2리, 작은 산 위에 옛 토성(土城)이 있다. 지금은 모두 황폐해졌다.

황산대첩비(荒山大捷碑) 황산에서 남쪽으로 2리 떨어진 작은 돈대 아래에 있다. 선조 초에 관찰사 박계현(朴啓賢)이 "황산은 태조가 왜적을 격파한 곳인데 연대가 오래되어 지나는 사람들이 혹 그 자리를 모릅니다."라고 장계를 올리자, 비석을 세우고 글자를 새겨 기념하도록 하였으니 만력 5년(1577, 선조10)의 일이다. 대제학 김귀영(金貴榮)이 그 글을 짓고 여성군(礪城君) 송인(宋寅)이 글씨를 썼다.

실상사(實相寺) 옛터가 지리산 북쪽 줄기에 있고, 아래에 고려 승려 수철보월(秀徹寶月)의 탑이 있다. 그 북쪽 5리에 원수사(源水寺) 옛터가 있다.

인물 人物

본조

박신(朴信) 고려 말 문과에 급제하였다. 본조 초에 안찰을 위해 강원도로 나갔다. 관직은 의정부 찬성사(議政府贊成事)에 이르렀다. 시호는 혜숙(惠肅)이다.

박종우(朴從愚) 박신의 아들이다. 태종의 딸과 혼인하였다. 세조 초에 정난공신(靖難功臣)으로서 운성부원군(雲城府院君)에 봉해졌다.

장수현長水縣

동쪽으로 경상도 안음현(安陰縣) 경계까지 50리이다. 남쪽으로 남원부(南原府) 경계까지 20리이다. 서쪽으로 같은 부 경계까지 32리, 진안현(鎭安縣) 경계까지 31리이다. 북쪽으로 용담현(龍潭縣) 경계까지 47리이다. 서울과의 거리는 668리이다.

한전 旱田

수전 水田

건치연혁 建置沿革

본래 백제 우평현(雨坪縣)이다. 신라 경덕왕 때 고택(高澤)으로 고쳐 장계군(長溪郡)의 영현으로 삼았다. 고려 초에 장수(長水)로 고쳤다가 얼마 뒤 폐지하여 남원부에 편입시켰다. 공양왕 때 장수현을 설치하고 장계(長溪)를 겸임하게 하였다. 본조 태종 때 장계를 병합하여 그대로 현으로 삼았다. 관장하는 면은 7개이다.

관원

현감(縣監), 훈도(訓導) 각 1인이다.

군명 郡名

우평(雨坪), 고택(高澤)

산천 山川

영취산(靈鷲山) 현 동쪽 10리에 있다. 진산(鎭山)이다.

덕유산(德裕山) 현 북쪽 50리에 있다. 충청도 보은의 속리산으로부터 굽이굽이 남쪽으로 300여 리 내려와서 이 산이 되었다. 매우 높고 웅장하여 수백 리를 차지하고 있으니 그 곁가지 봉우리와 딸린 골짜기는 셀 수 없이 많다. 가장 높은 봉우리를 향적봉(香積峯)이라 하는데 구름과 안개가 그 사이에 많이 생긴다. 봉우리 아래에 있는 돌샘을 감로수라 이름한다. 경상도 안음현에도 보인다.

성수산(聖壽山) 일명 성적산(聖迹山)이라 한다. 현 서남쪽 15리, 진안현 경계에 있다.

백화산(白華山) 장계폐현(長溪廢縣) 북쪽에 있다. 곧 덕유산의 남쪽 줄기이다.

육십령(六十嶺) 현 북쪽 40리, 안음현 경계에 있다. 덕유산 남쪽 자락 큰 산등성이에 길을 연 곳으로, 신라 때부터 요해처가 된 땅이다. 이곳에서 행인들이 자주 도적에게 약탈당했기에 60인이 모여야 지나가게 하였으므로 이름하였다.

수분현(水分峴) 현 남쪽 25리에 있다. 영취산과 성수산 두 산이 낮게 끊기고 산맥이 이어져 있는 곳으로, 고개 위 평평한 곳에 밭을 개간하였다. 고개에서 물이 한 줄기는 남원을 향해 흐르고 한 줄기는 본현을 향해서 남천(南川)이 되므로 이름하였다.

침현(砧峴) 현 북쪽 30리에 있다.

남천(南川) 현 남쪽 3리에 있다. 수분현에서 나와서 북쪽으로 30리를 흘러 백화산(白華山)의 물줄기와 합쳐진다. 용담현 경계에 이르러 진안의 물줄기와 안성천(安城川)을 만나 금수(錦水)가 된다. 또 북쪽으로 흘러 금산군(錦山郡) 경계에 들어간다.

토산 土產

오미자(五味子), **인삼**(人蔘), **지치**〔紫草〕, **석이버섯**〔石蕈〕, **꿀**〔蜂蜜〕, **황랍**(黃蠟), **감**〔柹〕, **당귀**(當歸), **석회**(石灰) 현 북쪽 30리, 계내면(溪內面)에서 난다.

학교 學校

향교(鄉校) 현 북쪽 3리에 있다.

궁실 宮室

객관(客館)

향사당(鄕射堂) 객관 서남쪽에 있다.

연사루(戀思樓) 객관 남쪽에 있다. ○ 성종 5년(1474)에 현감 김수강(金壽康)이 세웠다. '임금을 그리워하고 부모를 사모하는 마음'이라는 뜻을 따와서 이름 지었다.

응벽정(凝碧亭) 객관 남쪽에 있다. 아래에 연못이 있다.

창고 倉庫

우역 郵驛

득방원(得方院) 현 서쪽 3리에 있다.

수분원(水分院) 현 남쪽 18리, 수분현 위에 있다.

덕안원(德安院) 현 북쪽 31리에 있다.

홍복원(洪福院) 현 동쪽 35리에 있다.

양선원(陽善院) 현 북쪽 62리에 있다.

석북원(席北院) 현 북쪽 50리에 있다.

사묘 祠廟

사직단(社稷壇) 현 서쪽 4리에 있다.

문묘(文廟) 향교에 있다.

성황사(城隍祠) 현 남쪽 3리에 있다.

여단(厲壇) 현 북쪽에 있다.

사찰 寺刹

운점사(雲岾寺) 성적산에 있다. 신라 진평왕(眞平王)이 중수하였다. 승려 원효(元曉)의 도량(道場)이다. 남북으로 만향점(滿香岾)이 있는데, 세속의 전승에 원효와 의상(義相)이 이곳에서 강법하자 기이한 향기가 넘쳐서 이름하였다고 한다. 우리 세종조(世宗朝) 때 승려 성주(省珠)가 또 중수하였다.

석천암(釋天菴) 영취산 위에 있다.

정토암(淨土菴) 덕유산에 있다.

장안암(長安菴) 영취산에 있다.

팔공암(八功菴) 성적산에 있다. 의상이 중건하였다.

고적 古蹟

고장수(古長水) 지금의 치소(治所) 서쪽 7리에 있다.

장계폐현(長溪廢縣) 현 북쪽 29리에 있다. 본래 백제 백해군(伯海郡)이었다. 백해(伯海)는 일명 백이(伯伊)라고 한다. 신라에서 벽계군(壁溪郡)으로 고쳤다. 고려 초에 장계(長溪)로 고치고 얼마 뒤에 폐지하여 남원부에 편입시켰다. 뒤에 본현으로 옮겨 편입시켰다.

양악소(陽嶽所) 현 북쪽 60리에 있다.

성수산성(聖壽山城) 돌로 쌓았다. 둘레가 970자이다. 지금은 절반이 무너졌다.

명환 名宦

본조

최덕지(崔德之) 세종조에 장수 현감이 되었다. 청렴하고 간이하여 다스린 효과가 있었다.

조욱(趙昱) 명종 때 장수 현감이 되었다. 백성을 새롭게 하고 풍속을 선하게 만드는 것을 책무로 여겨 가혹하고 번잡한 제도를 없애고 중요한 대체(大體)는 보존하였다. 차분하지만 번거롭지 않아서 이서(吏胥)들은 복종하고 백성은 편안하였다. 선비 중 빼어난 자들을 가려 모아서 가르치니 궁벽한 시골 후생들이 자못 학문의 방법을 알게 되었고, 이웃 마을의 선비들도 풍문을 듣고 온 자들이 많았다.

인물 人物

고려

이임간(李林幹) 관직은 정승에 이르렀고 장천군(長川君)에 봉해졌다.

본조

황희(黃喜) 초명(初名)은 수로(壽老)이다. 고려 말에 과거에 급제하였다. 본조 초에 내직과 외직을 역임하였는데 모두 업적과 효과가 두드러졌다. ○ 세종조에 관직이 의정부 영의정에 이르렀다. 의정부에 24년 동안 있으면서 성헌(成憲)을 잘 지켰고 번잡하게 바꾸는 것을 좋아하지 않았다. 일 처리가 심원하고 법도가 있었으니 세종이 돌아보고 의지하면서 더욱 중시하여 궁궐의 비밀스런 사안이라도 반드시 불러 자문하였는데 한마디 말로 결정하였으며, 물러난 뒤에는 임금과 의논했던 바를 말하는 일이 없었다. 노년으로 인해 퇴직을 청하였고 90세에 졸하였다. 의론하는 자들은 나라의 현명한 재상으로 반드시 황희를 으뜸이라 말하고 그 덕량을 한기(韓琦)에 비하였다. 시호는 익성(翼成)이고 세종의 묘정에 배향되었다.

순천도호부順天都護府

동쪽으로 광양현(光陽縣) 경계까지 15리이다. 북쪽으로 같은 현 경계까지 25리, 구례현(求禮縣) 경계까지 60리, 곡성현(谷城縣) 경계까지 60리이다. 남쪽으로 해안까지 25리이다. 서쪽으로 낙안군(樂安郡) 경계까지 31리, 동복현(同福縣) 경계까지 84리이다. 서울과의 거리는 834리이다.

한전 旱田

수전 水田

건치연혁 建置沿革

본래 백제 감평군(欿平郡)이다. 대개 지형이 낮게 파이고 평평하게 뻗어 있어 이름한 것이다. 일명 사평(沙平)이라 하고 일명 무평(武平)이라 한다. 신라 경덕왕 때 승평군(昇平郡)으로 고쳤다. 고려 성종 때 승주연해군절도사(昇州兗海軍節度使)로 하였다. 일명 승화(昇化)라고 한다. 정종 2년(1036) 다시 승평군이 되었다. 충선왕 초에 승격시켜 승주목(昇州牧)으로 삼았다가 얼마 뒤에 강등되어 순천부로 삼았다. 본조에서 그대로 따랐다. 태종 13년(1413)에 도호부로 삼았다. 세조 때 진(鎭)을 설치하였다. 효종 때 강등시켜 순천현으로 삼았다가 얼마 뒤 다시 도호부로 삼았다. 관장하는 면은 19개이다.

진관

군(郡) 2개 낙안(樂安), 보성(寶城)

현(縣) 6개 광양(光陽), 흥양(興陽), 능성(綾城), 동복(同福), 화순(和順), 구례(求禮)

관원

부사(府使), 교수(敎授) 각 1인이다.

군명 郡名

감평(歃平), 승평(昇平), 승주(昇州) 별호는 평양(平陽)이다.

형승 形勝

소강남(小江南)이다. 산천이 기이하고 아름다워 세상에서 소강남이라 칭한다.

한 귀퉁이는 바다에 접하고 삼면이 산으로 이어졌다. 김길통(金吉通)은 "한 귀퉁이는 바다에 접하고 삼면이 산으로 이어졌다." 하였다. 또 《부지(府志)》에 "순천부는 호남과 영남 사이의 하나의 큰 진이다."라고 하였다.

남쪽으로는 큰 바다를 접하여서 바다 도적들이 왕래하는 요충지이다.

본조 남수문(南秀文)의 〈객관기(客館記)〉

땅이 가장 따뜻하다. 《부지》에 "땅이 가장 따뜻하여 1월 초순 뒤에 일찍 매화가 피고 3월 초순 뒤에는 온갖 꽃이 모두 진다."라고 하였다.

풍속 風俗

풍성하고 화려한 것을 숭상한다. 지지(地志)

무속과 제사를 좋아한다.

선비들의 풍습은 순후하여 괴이하고 과격한 일이 없다. 《부지》

산천 山川

인제산(麟蹄山) 부 남쪽 4리에 있다. 진산(鎭山)이다. 일명 건달산(建達山)이라고도 한다. 산에 옛 성터가 있다.

조계산(曹溪山) 부 서쪽 60리에 있다. 혹은 송광계산(松廣鷄山)이라 칭한다.

계족산(鷄足山) 부 북쪽 45리에 있다.

난봉산(鸞鳳山) 부 서쪽 4리에 있다. 옛 성터가 있다.

원산(圓山) 부 북쪽 6리에 있다. 세 봉우리가 있다.

모후산(母后山) 부유현(富有縣)에 있다. 부에서 서쪽으로 90리 떨어져 있다. 동복현에도 보인다.

진례산(進禮山) 부 동쪽 73리에 있다.

해룡산(海龍山) 부 남쪽 10리에 있다.

구현(鳩峴) 부 서북쪽 30리에 있다.

미초율령(未草栗嶺) 부 북쪽 40리에 있다. 험하고 막힌 요해처이다.

송현(松峴) 부 북쪽 27리에 있다. 냇가의 돌이 기이하고 험하다. ○ 본조 이수광(李睟光)의 시[54]에,

샘물은 굉음 내뿜고 바위는 병풍이 되니	泉噴狂雷石作屛
협곡의 버들 숲은 낮에도 어둑어둑하네	峽中煙柳午冥冥
평원의 숲 끝난 곳에 청산이 나타나니	平林斷處靑山出
백척의 산마루에 눈이 문득 뜨이네	百尺峯頭眼忽醒

하였다.

바다〔海〕 부 동남쪽 10리에 있다.

백야곶(白也串) 부 동쪽 60리에 있다. 둘레가 115리이다. 목장이 있다.

잔수(潺水) 일명 약수(藥水)라고 하고 낙수(洛水)라고도 한다. 부 서쪽 17리에 있다. 바로 보성군 잔수의 하류이다. 부유폐현(富有廢縣)을 지나 북쪽으로 흘러 구례현 경계에 이르러 순수(淳水)와 합쳐져 섬강(蟾江)이 된다.

광탄천(廣灘川) 두 근원이 있는데 하나는 미초율령에서 나오고 다른 하나는 구현에서 나와 원산 북쪽에서 합쳐진다. 부 동쪽 1리에 이르러 옥천(玉川)과 합쳐져 동쪽으로 흘러 용두포(龍頭浦)가 된다.

옥천(玉川) 성의 남문 밖에 있다. 난봉산 서쪽에서 나온다.

이사천(伊沙川) 부 서쪽 10리에 있다. 조계산 동쪽에서 나와 낙안군 화현(火峴)의 물줄기와 합쳐져 동쪽으로 흘러 용두포로 들어간다.

54 이수광(李睟光)의 시 : 〈소나무 언덕 도중에〔松峙途中〕〉이다. 《芝峯集 卷18》

내례포(內禮浦) 부 동쪽 49리에 있다.

성생포(成生浦) 부 동쪽 45리에 있다. 어량(魚梁)과 염분(鹽盆)이 있다.

굴포(掘浦) 부 동쪽 70리에 있다. 어량이 있다.

용두포(龍頭浦) 부 동쪽 20리에 있다. 어량이 있다.

동산포(東山浦) 부 동쪽 25리에 있다. 어량과 염분이 있다.

만흥포(萬興浦), 기질을포(其叱乙浦), 탄잠포(呑潛浦), 성창포(城倉浦), 조음포(助音浦) 모두 부 동쪽 60리에 있다.

마두포(馬頭浦) 부 동쪽 30리에 있다. 어량이 있다.

용문포(龍門浦) 부 동쪽 55리에 있다.

며포(旀浦) 부 동쪽 61리에 있다.

복포(伏浦) 부 동쪽 43리에 있다. 염분이 있다.

사안포(沙岸浦) 부 동쪽 30리에 있다.

장성포(長省浦) 부 동쪽 60리에 있다. 고려 때 왜구가 들어와 노략질하다 이 포구에 이르렀는데 유탁(柳濯)이 병사를 이끌고 공격하니 적이 바라보고 물러났다.[55] 군사가 크게 기뻐하여 노래를 지었다.

유포(柳浦) 부 동쪽 30리에 있다.

돌산도(突山島) 부 동쪽 170리, 바다 가운데 있다. 둘레가 135리이다. 목장이 있다.

55 유탁(柳濯)이……물러났다 : 《동사강목(東史綱目)》 제14상 〈임진년 공민경효왕(恭愍敬孝王) 원년〉에 "왜적이 만덕사(萬德社)를 침구하여 살륙과 약탈을 하고 돌아갔다. 유탁이 경기병(輕騎兵)으로 추격해 잡아서 그 포로 된 사람들을 다 돌려보냈으므로 유탁이 진을 지키고 있는 동안은 왜구가 다시 침범하지 못하였다. 장생포곡(長生浦曲)을 스스로 지었는데 악부(樂府)에 전하고 있다."라고 하였다.

추태도(愁太島) 돌산도 서쪽에 있다. 둘레가 200리이다.

송도(松島) 추태도 동쪽에 있다.

백야도(白也島) 부 남쪽 바다 가운데 있다. 둘레가 20리이다.

제리도(齊里島) 백야곶 동쪽에 있다.

개도(蓋島) 제리도 동쪽에 있다. 둘레가 20리이다.

대이지도(大伊只島) 개도 남쪽에 있다. 둘레가 150리이다.

소이지도(小伊只島) 대이지도 서쪽에 있다. 둘레가 100리이다.

금주도(金珠島), **운입이도**(雲入伊島) 모두 부 남쪽에 있다. 둘레가 150리이다.

제참도(除參島) 운입이도 북쪽에 있다. 둘레가 100리이다.

대경도(大京島), **소경도**(小京島) 모두 며포 남쪽에 있다.

다리도(多里島) 소경도 동쪽에 있다. 둘레가 105리이다.

대내발도(大乃發島) 다리도 남쪽에 있다. 둘레가 100리이다.

소내발도(小乃發島) 대내발도 동쪽에 있다.

대횡간도(大横看島), **소횡간도**(小横看島), **금오도**(金鼇島) 둘레가 200리이다. 모두 소내발도 남쪽 30리에 있다.

아마도(阿麽島) 금오도 서쪽에 있다. 둘레가 100리이다.

감물도(甘勿島), **안록도**(安鹿島) 모두 돌산현(突山縣)에 있다.

이로도(伊老島) 백야곶 서쪽에 있다.

소도(蔬島), **갈도**(葛島) 모두 복포 동남쪽에 있다.

가을두말소도(加乙頭末小島) 복포 남쪽에 있다.

다로도(多老島) 복포 북쪽에 있다.

대가씨도(大加氏島), **소가씨도**(小加氏島) 모두 며포 남쪽에 있다.

미각도(彌角島), 장고도(長鼓島) 모두 며포 서쪽에 있다.

대가장도(大加藏島), 소가장도(小加藏島), 녹도(鹿島), 우도(牛島) 모두 며포 동쪽에 있다.

장좌도(長左島), 소리도(所里島) 모두 며포 동남쪽에 있다.

둔도(芚島) 백야곶 서쪽에 있다.

저도(猪島) 백야곶 북쪽에 있다.

묘도(貓島) 부 동쪽에 있다. 둘레가 60리이다. 목장이 있다.

장도(獐島) 묘도 서쪽에 있다. ○ 본조 태종조에 길들인 코끼리를 이 섬에 풀어놓았는데, 코끼리가 수초를 먹지 않고 사람을 보면 눈물을 흘리고 울었다. 관찰사가 보고하자 상이 불쌍히 여겨 다시 육지로 보내 처음처럼 기르게 하였다.

하우산도(下于山島) 동산포 동쪽에 있다.

상우산도(上于山島) 동산포 북쪽에 있다.

말개도(末介島) 며포 북쪽에 있다.

사안도(沙岸島), 섭도(攝島), 궁도(弓島) 모두 사안포 동쪽에 있다.

우아리도(于兒里島) 사안포 서쪽에 있다.

벌탕도(伐蕩島) 사안포 서북쪽에 있다.

눌도(訥島), 외도(外島) 모두 마두포 동쪽에 있다.

오동도(梧桐島) 수영(水營) 동쪽에 있다. 암석이 있어서 유람하는 곳이 되었다.

장군도(將軍島) 수영 앞 2리에 있다.

토산 土産

종이〔紙〕, 모시〔苧〕, 자기(磁器), 도기(陶器), 석회(石灰), 대나무〔竹〕, 죽전(竹箭), 묘산도(卯山島) 및 시중당(侍中堂), 상이사리(上伊沙里), 하이사리(下伊沙里) 등의 장소에서 난다. 유자〔柚〕, 석류(石榴), 치자(梔子), 매실(梅實), 차〔茶〕, 생강〔薑〕, 천초(川椒), 표고버섯〔香蕈〕, 송이버섯〔松蕈〕, 비자(榧子), 감〔柹〕, 천문동(天門冬), 탱자〔枳實〕, 택사(澤瀉), 뽕나무겨우살이〔桑寄生〕, 방답도(防踏島)에서 난다. 소금〔鹽〕, 조기〔石首魚〕, 숭어〔秀魚〕, 농어〔鱸魚〕, 오징어〔烏賊魚〕, 문어(文魚), 낙지〔絡締〕, 전복〔鰒〕, 은구어(銀口魚 은어), 홍어(洪魚), 준치〔眞魚〕, 상어〔鯊魚〕, 삼치〔麻魚〕, 전어(錢魚), 민어(民魚), 황어(黃魚), 붕어〔鯽魚〕, 굴〔石花〕, 대하(大蝦), 자하(紫蝦 곤쟁이), 게〔蟹〕, 홍합(紅蛤), 해삼(海蔘), 콩잎〔藿〕, 김〔海衣〕, 감태(甘苔), 우뭇가사리〔牛毛〕, 참가사리〔細毛〕, 황각(黃角), 청각(靑角)

성곽 城郭

부성(府城) 돌로 쌓았다. 둘레가 3383자이다. 문을 4개 세웠는데 동쪽을 □□이라 하고, 남쪽을 □□이라 하고, 서쪽을 □□이라 하고, 북쪽을 □□이라 한다. 안에 못 4개와 우물 10개가 있다.

공서 公署

좌도 수군절도사영(左道水軍節度使營) 내례포에 있다. 부 동쪽 80리에 있다. 옛날에 만호진(萬戶鎭)이 있었다. ○ 성종 11년(1480) 만호를 혁파하고 절도사영을 처음 설치하였다. 석성(石城)이다. 둘레가 3265자이다. 네 개의 문을 세웠다.

방답 첨절제사진(防踏僉節制使鎭) 부 동쪽 150리에 있다. ○ 중종조에 적이 침입하여 오는 길목의 요해처라는 이유로 진을 설치하였다. 수군첨절제사 1인이 있다.

돌산포 만호진(突山浦萬戶鎭) 부 동쪽 79리에 있다. 석성이다. 둘레가 2313자이다. 수군만호 1인이 있다. ○ 중종조에 만호를 혁파하고 권관(權管)을 두었다. 지금은 소모진(召募陣)을 설치하고 별장(別將)이 있다.

학교 學校

향교(鄕校) 예전에는 성 동쪽 7리에 있었다. 뒤에 성 서쪽 3리로 옮겼다. ○ 명종 5년(1550)에 성 동쪽 5리로 옮겼고, 광해군 2년(1610)에 또 성 서쪽의 옛 향교 북쪽으로 옮겼다.

옥천서원(玉川書院) 부 남쪽에 있다. 경현사(景賢祠)가 있어서 김굉필(金宏弼)을 제사 지낸다. ○ 명종 때 부사 이정건(李楨建)이 건립하고 경현당(景賢堂)이라 이름하였다. ○ 선조 초에 서원으로 사액하고 아울러 사서(四書)를 반사(頒賜)하였다.

궁실 宮室

객관(客館) 세종 19년(1437) 부사 박환(朴煥)이 세웠다. 본조 남수문(南秀

文)의 기문[56]에 "객관을 짓는 것이 왕정(王政)과는 관계가 없는 것 같아도 세도의 흥쇠를 볼 수 있다. 고려 말에 정치가 잘못되어 나라가 위태로워지자 왜구가 창궐하여 내륙 깊이 쳐들어와서 경기(京畿)에까지 이르렀으니, 바닷가 수천 리의 땅이 적의 소굴로 버려지게 되었다. 순천이 가장 참혹한 화를 입어 고을은 빈터만 남고 들판은 쑥대만 우거졌으니 근심스럽다 할 만하였다. 우리 왕조가 일어나자 문덕은 밝아지고 무력은 위세를 떨쳐 섬 오랑캐가 공물을 바쳐 화친하니, 변방 백성들이 편안히 잠자고 생업을 즐길 수 있었다. 이에 이 부(府)도 너끈히 빈터를 채워 성지(城池)를 만들고 쑥대밭을 바꿔 마을을 만들어 인구가 늘고 물산이 풍부해지니 남쪽 제일의 고을이 되었다. 또 박후(朴侯) 같은 어진 태수를 얻어 백성들을 보살핀 뒤에 황폐한 것을 다시 일으키는 데 부지런히 힘써서 공역으로 백성들을 힘들게 하지 않고도 공관(公館)을 새롭게 하고 웅장한 모습을 이루어 냈다. 저 고려 말의 어지러웠던 때와 비교하면 얼마나 훌륭한가. 내가 여기에서 국가의 승평(昇平)한 혜택이 깊다는 것을 더더욱 느꼈노라. 나는 사관이라 박후의 이번 일은 실로 세도와 관련이 있으니 감히 즐겁게 기록하지 않을 수 있겠는가."라고 하였다.

세병헌(洗兵軒) 성안 동편에 있다. 예전에 군영이 있었는데 정유재란 뒤에 이 건물을 지었다.

향사당(鄕射堂) 성 동문 안에 있다.

선화루(宣化樓) 객관 동쪽에 있다. ○ 본조 성임(成任)의 시에,

56 남수문(南秀文)의 기문 : 〈순천객관기(順天客館記)〉이다. 《敬齋遺稿 卷1》

부절 잡고 와서 바닷가 구역을 순찰하느라 仗節來巡海上區
때때로 가장 높은 누각 바람 난간에 기대네 風欄時倚最高樓
비 온 뒤에 펼쳐진 청산은 푸른 소랏빛이요 山橫雨後青螺色
성 남쪽 둘러 내리는 물은 벽옥이 흐르는 듯 水繞城南碧玉流
천 리 밖 길손의 시름은 풀 따라 자라나고 千里客愁隨草長
일생 백 년의 사람 일은 뜬구름과 똑같구나 百年人事等浮雲
관청 문서 쌓인 가운데 얼굴은 쇠해만 가서 簿書叢裏客顏改
하얀 귀밑 쓸쓸도 해라 또 한 가을이로세 霜鬢蕭蕭又一秋

하였다. ○ 지금은 없어졌다.

관풍루(觀風樓) 객관 남쪽에 있다.

남루(南樓) 바로 성 남문 누각이다.

동루(東樓) 바로 성 동문 누각이다.

북루(北樓) 바로 성 북문 누각이다.

연자루(燕子樓) 옛날에 성 남쪽 옥천(玉川) 가에 있었다. 물을 가로질러 다리를 만들고 집을 이어 붙여 누각을 만들었는데, 누각을 연자루라 부르고 다리를 연자교라 불렀다. 누각은 지금은 없어졌다. ○ 고려 때 태수 손억(孫億)이 관기 호호(好好)를 사랑하였는데, 부를 순찰할 때 다시 찾았으나 호호는 이미 늙어 있었다. 판관(判官) 장일(張鎰)이 남긴 시에,

겨울밤 달빛 쓸쓸한데 연자루에 오르니 霜月凄涼燕子樓
한 번 떠난 낭관이 꿈결처럼 아득하네 郎官一去夢悠悠
그때 자리했던 손이여 늙음을 꺼리지 마시라 當時座客休嫌老
누대 위의 가인도 이제 머리 세었다오 樓上佳人亦白頭

하였다.

만월정(滿月亭) 여수현(麗水縣) 남쪽 장생포(長生浦)의 작은 섬 위에 있다. 남쪽으로 큰 바다가 내려다보인다. 지금은 없어졌다.

환선정(喚仙亭) 성 동쪽 광탄천(廣灘川) 가에 있다. 가정(嘉靖) 계묘년(1543, 중종38)에 부사 심통원(沈通源)이 창건하였다. 마루 뒤에 있는 영선각(迎仙閣), 희선관(戱仙觀)은 편안히 쉬는 장소이고, 앞에 있는 활터는 꽤 넓게 트인 곳이다. ○ 본조 송인수(宋麟壽)의 시[57]에,

강고기는 물결 불어 상아 돛배 움직이고	江魚吹浪牙檣動
모래톱 새는 떼로 날아 비단 닻줄 이끄네	沙鳥驚群錦纜牽
삼신산[58] 있는 곳을 모른다 하지 마소	莫道三山迷處所
환선정 위 신선들이 모인 곳이 거기라네	喚仙亭上會神仙

하였다. ○ 본조 노수신(盧守愼)의 시[59]에,

바야흐로 초가을 칠월 십육일 밤	二八初秋夜
삼천리 약수[60]가 흐르는 앞으로	三千弱水前
순천의 이토록 멋진 누각에	昇平好樓閣
천하의 신선이 몇이나 들렀던가	宇宙幾神仙
굽은 난간엔 맑은 바람 스쳐 가고	曲檻淸風度

57 송인수(宋麟壽)의 시 : 〈순천 환선정에 제하다〔題順天喚仙亭〕〉이다. 《圭菴集 卷1》

58 삼신산(三神山) : 동해(東海) 가운데 있다는 선경(仙境)의 세 신산으로, 봉래(蓬萊), 방장(方丈), 영주(瀛洲)를 가리킨다.

59 노수신(盧守愼)의 시 : 〈16일 밤에 환선정의 시 2수에 차운하다〔十六夜喚仙亭二首次韻〕〉이다. 《穌齋集 卷1》

60 삼천리 약수(弱水) : 약수는 서해(西海) 가운데 위치한 선경, 즉 봉린주(鳳麟洲)를 둘러싸고 있다는 강 이름인데, 이 강은 기러기 털도 가라앉는다고 하여 이렇게 이름 지었다고 한다. 여기서는 남해(南海)를 약수에 빗대서 한 말이다.

먼 하늘엔 밝은 달이 걸려 있네 長空素月懸

시름겨워 휘파람을 크게 부니 愀然發大嘯

외론 학이 빙빙 돌며 지나가네 孤鶴過蹁躚

하였다. ○ 본조 이수광의 시[61]에,

고개 너머로 구역이 나눠지니 嶠外分區域

풍광이 남다른 별천지라네 風光別洞天

인가는 높직한 대숲 속에 있고 人家脩竹裏

누각은 일찍 핀 매화 앞에 있네[62] 官閣早梅前

새벽 어스름엔 부상에 돋는 해 보이고 曉暈看桑旭

맑은 아침에는 섬의 밥 짓는 연기 보이네 朝晴辨島煙

삼신산이 참으로 이곳에 있거늘 三山端在此

먼 데서 신선을 구할 것 있으랴 何必遠求仙

하였다.

망미정(望美亭) 성 동쪽 위에 있다. 만력(萬曆) 연간에 부사 김여물(金汝岉)이 창건하였다. 지금은 없어지고 옛터만 있다.

비홍각(飛虹閣) 성 남쪽 위에 있다. 지금은 없어졌다.

망월정(望月亭) 부 남쪽 10리에 있다. 소나무와 대나무가 무성하게 숲을 이루어 경치가 좋다. 지금은 없어졌다.

양벽정(漾碧亭) 부유현 북쪽에 있다. 부 사람 조대춘(趙大春)이 살던 곳이다.

61 이수광의 시 : 〈교외(嶠外)〉이다. 《芝峯集 卷18 昇平錄》

62 누각은……있네 : 동각관매(東閣官梅)를 빗댄 것이다. 남조(南朝) 양나라 하손(何遜)이 양주(揚州) 고을 관아의 매화 한 그루를 사랑하였는데, 뒤에 이를 못 잊어 다시 양주를 자청해서 부임한 뒤 종일토록 나무 밑을 서성이며 시를 읊었다는 고사가 있다.

봉수 烽燧

돌산도 봉수(突山島烽燧) 서쪽으로 백야곶(白也串)에 응하고, 북쪽으로 진례산(進禮山)에 응한다.

백야곶 봉수(白也串烽燧) 부 동쪽 100리에 있다. 서쪽으로 흥양현(興陽縣)의 팔전산(八巔山 팔영산)에 응하고, 동쪽으로 돌산도에 응한다.

진례산 봉수(進禮山烽燧) 남쪽으로 돌산도에 응하고, 북쪽으로 광양현(光陽縣)의 건대산(件臺山)에 응한다.

성황당산 봉수(城隍堂山烽燧) 부 동쪽 10리에 있다. 동쪽으로 광양현의 건대산에 응하고, 서쪽으로 관문(官門)에 보고하기만 한다.

우역 郵驛

양률역(良栗驛) 부 남쪽 4리에 있다.

덕양역(德陽驛) 부 동쪽 63리에 있다.

낙수역(洛水驛) 옛 이름은 낙수역(樂水驛)이다. 부 서쪽 70리에 있다.

연지원(蓮池院) 부 북쪽 5리에 있다.

건천원(乾川院) 부 북쪽 15리에 있다.

심원(深院) 부 북쪽 30리에 있다.

신점원(薪岾院) 부 북쪽 50리에 있다.

잔수원(潺水院) 부 북쪽 60리, 잔수나루〔潺水渡〕 언덕에 있다.

고양원(高陽院) 부 서쪽 50리에 있다.

신당원(神堂院) 부 서쪽 65리에 있다.

광천원(廣川院) 부 서쪽 75리에 있다.

이제원(梨濟院) 부 서쪽 85리에 있다.

남원(南院) 부 남쪽 5리에 있다.

동백원(冬柏院) 부 남쪽 30리에 있다.

동원(東院) 부 동쪽 5리에 있다.

성생원(成生院) 부 동쪽 40리에 있다.

무상원(無常院) 부 동쪽 65리에 있다.

내례원(內禮院) 부 동쪽 87리에 있다.

관량 關梁

여수보(麗水堡) 부 동쪽 62리에 있다. 석성(石城)이다. 둘레가 1470자이다. 전에 절도사가 병사를 나누어 방비하게 했는데, 뒤에 돌산포(突山浦)로 옮겨 방비하게 하였다.

연자교(燕子橋) 남쪽 성문 밖 옥천(玉川) 위에 있다.

동교(東橋) 혹 사장교(射場橋 활터다리)라 부른다. 성 동쪽 광탄천 가에 있는 환선정의 남쪽에 있다.

잔수나루〔潺水渡〕 부 북쪽 60리, 구례현 경계에 있다. 바로 섬강진나루〔蟾江津渡〕로 잔수(潺水)가 흘러와서 합쳐지기 때문에 이름하였다.

사묘 祠廟

사직단(社稷壇) 부 서쪽에 있다.

문묘(文廟) 향교에 있다.

성황사(城隍祠) 진례산에 있다. 세속에 전하는 말에 부 사람 김총(金摠)이 견훤에게 벼슬하여 인가별감(引駕別監)이 되었고 죽어서 이곳의 신령이 되었다고 한다.

충민사(忠愍祠) 좌수영성(左水營城) 밖 10리에 있다. ○ 선조 때 통제사 이순신이 왜구를 막아서 크게 충훈을 세운 일이 있으므로 장수와 병사들이 추모하여 사당을 세우고 우도 수군절도사 이억기(李億祺)를 배향하였다. 충민으로 사액하고 매년 봄가을로 향축을 내려보내 제사 지낸다. 이항복(李恒福)이 그 공적을 기록한 기문이 벽에 걸려 있다. ○ 이수광의 시[63]에,

제일가는 중흥의 장수다 보니	第一中興將
어려울 제 우리 동방 살리었지	艱危活我東
산하엔 등등했던 노기가 어려 있고	山河餘怒氣
우주엔 당당했던 위풍이 남아 있네	宇宙有雄風
대마도에 봄 물결 잔잔해지고	對馬春濤息
부상에는 새벽 안개 걷히었는데[64]	扶桑曙靄空
이제는 푸른 바다 위에서	只今滄海上
누가 큰 공훈 다시 이을까	誰復嗣戎功

하였다.

여단(厲壇) 부 북쪽에 있다.

63 이수광의 시 : 〈충민사(忠愍祠)〉이다. 《芝峯集 卷18 昇平錄》
64 대마도에……걷히었는데 : 이순신의 공로로 일본으로부터 침략 위협이 사라졌음을 말한다.

사찰 寺刹

정혜사(定慧寺) 계족산에 있다. 절에 불치사리(佛齒舍利)가 있다. ○ 고려 승려 충지(沖止)는 본래 장원급제한 위원개(魏元凱)이다. 여러 요직을 지낸 뒤에 승려가 되어 원감(圓鑑)이라 이름하고 이 절에서 살았다. 그가 죽자 왕이 문한학사(文翰學士) 김훤(金晅)에 명하여 그의 비명(碑銘)을 짓게 하였다.

송광사(松廣寺) 일명 대길상사(大吉祥寺)라 한다. 조계산에 있고 절이 매우 크다. 침계루(枕溪樓)와 임경당(臨鏡堂)이 있는데 매우 아름답다. 뜰에 고목이 있는데 몇 백 년 되었는지 알 수 없지만, 가지와 줄기가 모두 온전하고 색깔이 쇠처럼 희며 향 냄새가 매우 매운데, 전하는 말에 백단이라고 한다. ○ 고려 승려 충활(冲薉)이 처음에 남성아원(南省亞元)[65]으로서 출가하여 송광사에 가서 도를 닦았다. 최이(崔怡)가 지주사(知奏事)가 되자 편지를 써서 차와 향, 《능엄경(楞嚴經)》을 보냈다. 사자(使者)가 돌아갈 때 답장을 써 달라 하니, 충활이 말하기를 "내 이미 세상과 인연을 끊었는데 어찌 편지를 써서 왕래하겠는가." 하였다. 사자가 강권하고 또 시를 지어서 주니, 충활이 곧바로 차운한 시에,

여윈 학은 소나무 꼭대기 달을 향해 조용히 날고	瘦鶴靜翹松頂月
구름은 고개 머리 바람을 가벼이 쫓네[66]	閑雲輕逐嶺頭風
이 안의 사정이야 천리가 매한가진데	箇中面目同千里

65 남성아원(南省亞元) : 남성은 예조(禮曹)를 말하고, 아원은 과거에 두 번째로 합격하였다는 말이다.

66 여윈……쫓네 : 학은 속세를 떠나 고요히 승려 생활을 하는 충활 자신을 상징하는 듯하고, 구름은 세속에서 명리를 따라 사는 사람인 최이를 상징하는 듯하다.

무엇하러 서신 한 통 다시 적어 보내랴[67]　何更新翻語一通

하고, 끝내 답장을 하지 않았다. 그 뒤에 나옹(懶翁) 역시 이 절에 있었고 의발(衣鉢)을 무학(無學)에게 전했다. ○ 이색(李穡)의 시에,

동천이 깊고 깊어 속세 멀리 있는데　洞府深深隔世塵
산승은 무위 좇아 도 얘기만 아는구나　山僧無事解談眞
앞으로 선경을 어디에서 찾을 건가　他年福地尋何處
흰 돌 푸른 계곡물 꿈에 자주 나타나리　白石淸溪入夢頻

하였다. ○ 이수광의 시[68]에,

저물녘 조계산 길에 접어들었네　暮入曹溪路
봄의 산이 겹겹으로 푸르렀구나　春山翠幾重
황량한 숲은 비 온 뒤에 무성해졌고　荒林經雨合
높은 바위는 구름 청해 막아 버렸네　危石倩雲封
골짜기엔 늙지 않는 명약이 나고　洞有長生藥
바위틈엔 옛날 옛적 소나무 자라　巖留太古松
산 앞에 가까이 절이 있나 보다　前峯知近寺
물 건너 석양의 종소리 들리네　隔水夕陽鍾

하였다.

67 이……보내랴 : 중의적 표현이다. 모든 사물은 본래면목(本來面目)이 같아 하나로 통하게 할 필요가 없다는 불교의 관점에서 충활과 최이의 본래면목이 다르지 않으니 서로 통할 필요가 없다는 의미와, 학처럼 고요히 사는 충활과 뜬구름 같은 명리를 쫓는 최이는 각자 자신의 본래면목대로 사는 것이기에 천리를 간들 변하지 않으니 굳이 세속의 사람에게 편지로 통할 필요가 없다는 의미이다.

68 이수광의 시 : 〈송광사(松廣寺)〉이다. 《芝峯集 卷18 昇平錄》

대광사(大光寺) 모후산에 있다. 이곳에 사는 승려들은 종이를 만드는 것을 업으로 삼는다.

선암사(仙巖寺) 조계산에 있다. ○ 절에 북향화가 있다. 그 가지가 모두 북쪽을 향해 굽어 있고 그 꽃은 자주색인데 필 때 반드시 북쪽을 향해 피기에 이렇게 이름하였다.

원통사(圓通寺) 부 북쪽 10리에 있다.

선적사(善積寺) 부 남쪽 30리에 있다.

흥국사(興國寺) 부 동쪽 65리에 있다.

향림사(香林寺) 부 북쪽 5리에 있다. 동백이 가장 무성하게 피어 있다. 세속에서 "동백은 향림사요, 매화는 연자교"라고 한다.

천자암(天子菴) 조계산에 있다. 송광사와 10리 떨어져 있다. 매화나무와 박달나무 두 그루가 있는데 잎이 노송 같고 가지가 모두 아래로 늘어졌다.

용대암(龍臺菴) 부 북쪽 50리에 있다.

분암(粉菴) 부 서쪽 15리에 있다.

고적 古蹟

여수폐현(麗水廢縣) 부 동쪽 60리에 있다. 본래 백제 원촌현(猿村縣)이다. 신라에서 해읍현(海邑縣)으로 고치고 뒤에 폐지하여 승평군(昇平郡)에 편입시켰다. 고려 때 여수(麗水)로 고치고 충정왕 때 여수현(麗水縣)을 다시 설치하였다. ○ 본조 초에 순천부에 다시 병합하였다.

돌산폐현(突山廢縣) 본래 백제 돌산현(突山縣)이다. 신라에서 여산(廬山)으로 고치고 이어서 순천부에 편입시켰다. 고려에서 다시 옛 호칭을 회복시켰으니 바로 돌산도이다.

부유폐현(富有廢縣) 부 북쪽 60리에 있다. 본래 백제 둔지현(遁支縣)이다. 신라에서 부유(富有)로 고치고 곡성군(谷城郡)의 영현으로 삼았다. 고려 초에 폐지하여 편입시켰다. ○ 본조에서 그대로 따랐다.

고해룡창(古海龍倉) 해룡산 조양포(潮陽浦)에 있다. 고려 초에 이곳에 창고를 설치하고 근처 주현의 조세를 거두어 저장하였다가 서울까지 배로 운반하였으니 12창(倉) 중의 하나이다. 지금은 토성(土城)의 옛터가 있다.

장군도성(將軍島城) 좌수영 앞 2리에 있다. 수사 이량(李良)이 쌓았다.

석탑(石塔) 부성 남쪽 2리, 길가에 있다. 대개 부를 설치하던 초기에 만든 것이다. 지금은 절반이 무너졌다.

조산(造山) 모두 5개이고, 모두 부성 남쪽 5리에 있다. 그 아래에 4개의 못을 팠는데 지금은 없어지고 단지 2개의 못만 있다. 세속에 전하는 말에 "부의 치소를 처음 설치할 때 남쪽 방향이 비어 있기에 만들었다."라고 한다.

임청대(臨淸臺) 옥천서원 아래에 있다. 조위(曺偉)가 귀양살이한 곳으로, 그 샘의 돌을 좋아하여 돌을 모아 대(臺)를 만들고서 임청대라고 이름하고 고을 사람들과 나날이 그 위에서 노닐었다. 한훤(寒暄) 김굉필(金宏弼)이 같은 시기 귀양을 왔는데 또한 일찍이 노닐면서 시를 읊었다. 뒤에 부사 이정(李楨)이 비석을 세우고 '임청대(臨淸臺)'라는 세 글자를 새겼는데 바로 퇴계(退溪) 이황(李滉)의 글씨이다.

망해대(望海臺) 부 동쪽 25리에 있다. 옛 이름은 왜교(倭橋)이고, 혹은 예교(曳橋)라고 칭한다. 만력 연간에 왜적이 그 땅에 주둔하여 겹으로 성을 쌓아 방비하여 지키고 돌을 쌓아 대를 만들었다. 지금도 그 터가 여전히 남아 있다. 부사 이수광(李睟光)이 그 이름을 싫어하여 망해대라고 고쳤는데 참으로 풍경이 빼어난 곳이다.

이촌부곡(梨村部曲) 부 서쪽 70리에 있다.

가음부곡(嘉音部曲) 부 서쪽 90리에 있다.

진례부곡(進禮部曲) 여수현 동쪽 25리에 있다.

삼일포향(三日浦鄕) 여수현 북쪽에 있다.

정방향(正方鄕) 부 북쪽 70리에 있다.

두잉지소(豆仍只所) 부 남쪽 60리에 있다.

명환 名宦

고려

장일(張鎰) 고종조에 승평 판관(昇平判官)이 되었다. 행정의 공적이 가장 훌륭하다고 보고되었다.

주열(朱悅) 승평 부사(昇平府使)가 되었다. 매우 청렴하고 검약하여 이름난 공적이 있었다.

최석(崔碩) 충렬왕 때 승평 부사가 되었다. 임기를 다 채우고 조정에 들어가 비서랑(秘書郎)이 되었다. 〈부고사(府故事)〉에 "태수가 교체되어 돌아갈 때 반드시 말 8필을 바쳤다. 고을 사람이 말을 바치며 좋은 말을 택하기를 청하자, 최석이 웃으면서 말하기를 '말은 도성까지 갈 수만 있으면 족하다. 어찌 택하겠는가?'라고 하고 집에 도착하자 그 말을 돌려주었다. 고을 사람들이 받지 않으려 하자, 최석이 말하기를 '너희 고을에서 바친 말이 망아지를 낳아서 그 망아지까지 데려왔는데 이는 내가 탐욕을 부린 것이다.'라고 하며 모두 주민들에게 돌려주었다. 이 뒤로는 말을 바치는 폐습이 끊어지게 되었다. 고을 사람들이 그의 덕을 기려 비석을 세우고 팔마비(八馬碑)라 하였다."라고 하였다.

권단(權㫜) 충렬왕조에 승주 부사가 되었다. 행정을 청렴하고 분명하게 하여 명령이 행해지고 금령이 지켜졌다.

최원우(崔元祐) 고려 말 순천 부사가 되었다. 은혜로운 정사가 있었다.

본조

박상(朴祥) 중종조에 순천 부사가 되었다. 청렴하고 간명하게 하여 잘 다스렸는데 오래지 않아 상을 당해 돌아가니 사민(士民)들이 안타까워하였다.

이정(李楨) 명종조에 순천 부사가 되었다. 학문을 일으키고 백성을 아껴 선정을 매우 많이 베풀었다. 떠나고 난 뒤에 백성들이 비석에 새겨 그 뜻을 기렸다.

김계(金啓) 순천 부사가 되었다. 정사에 강명함을 숭상하였다.

김여물(金汝岉) 선조조에 순천 부사가 되었다. 문무에 재략이 있고 가는 곳마다 나랏일에 마음을 써서 군민을 아끼고 은혜를 베풀었다.

이순신(李舜臣) 만력 19년(1591, 선조24) 좌도 수군절도사(左道水軍節度使)가 되었다. 다음 해 나라가 위태로운 틈을 타서 왜(倭)가 쳐들어오자, 이순신이 수군 장수들에게 한산도(閑山島)에 여러 장수를 모이게 하라고 명하여 왜적을 크게 격파하였다. 또 노량(露梁), 당포(唐浦), 율포(栗浦), 안골포(安骨浦) 등에서 여러 차례 싸웠는데, 전후로 수십 차례 싸워 모두 크게 격파하자 적이 감히 해로를 경유하여 서쪽으로 나아가지 못하였다. 한산도에 주둔하여 적의 길을 차단하였다. ○ 선조가 이순신의 관질을 올려 주어 삼도 수군통제사(三道水軍統制使)로 삼고 이어서 본직을 겸하게 하였다. 참소로 인해 이순신을 내치고 원균(元均)으로 대신하였는데 원균이 크게 패하여서 적이 승기를 타고 호남을 유린하였다. 온 나라가 매우 놀라자 다시 이순신을 등용하여 옛 직임을 회복시켰다. 이때 무기는 모두 없어지고 고을은 흩어졌는데, 이순신이 13척의 배를 수습하여 진도(珍島) 벽파정(碧波亭) 아래에서 적을 크게 격파하였다. 이로부터 적의 세력이 마침내 꺾였다. 이순신은 충의를 위해 죽기를 맹세하고, 적을 거의 격파하였을 때 전투를 독려하다 전사하였다. 군민과 사녀가 모두 부르짖고 통곡하여 말하기를 "우리 공(公)이 아니었으면 우리들은 이미 모두 죽었을 것이다." 하였다. 이순신은 군영에 있던 7년 동안 여색을 전혀 가까이하지 않고 충심과 청렴함으로 사람을 아꼈고, 상벌을 지극히 공정하게 하여 아랫사람들이 공경하고 경애하였다. 우의정에 추증되었다.

이수광(李睟光) 광해군 때 육경(六卿)으로서 나가 순천 부사가 되었다. 은혜로운 정사가 있었다. 《승평지(昇平志)》를 지었다.

이현(李袨) 순천 부사가 되었다. 백성들이 그의 덕을 기려서 비에 새기기를 "널리 사랑하는 어짊은 신령처럼 밝고, 청렴한 기풍이 천고에 남는 것은 팔마(八馬)와 이름을 나란히 한다." 하였다.

유우 流寓

김굉필(金宏弼) 본조 현풍(玄風) 사람이다. 일찍이 벼슬하여 형조 좌랑(爲刑曹佐郎)이 되었다. 연산군 때 사화에 연좌되어 희천(熙川)으로 귀양 갔다가 다시 순천으로 옮겨져 해를 당하였다. 우리나라의 도학은 실로 김굉필로부터 시작되었다. 뒤에 우의정에 추증되었다. 시호는 문경(文敬)이다. 학자들은 한훤당(寒暄堂) 선생이라고 하였다.

조위(曺偉) 본조 김산(金山 김천) 사람이다. 여러 관직을 거쳐 호조 참판이 되었다. 연산군 때 사화에 연좌되어 의주(義州)에 유배되었다가 순천으로 이배(移配)되어 죽었다. 문행(文行)으로 세상에 이름이 났다.

인물 人物

고려

박영규(朴英規) 후백제 견훤의 딸과 혼인하여 견훤의 장군이 되었다. 견훤의 아들 신검(神劍)이 반역을 일으키자 견훤이 고려에 투탁하였다. 박영규가 은밀히 처에게 말하기를 "열녀는 두 지아비를 섬기지 않고 충신은 두 임금을 섬기지 않는다. 만약 역적을 섬긴다면 무슨 낯으로 천하의 의사(義士)를 보겠는가."라고 하고, 마침내 사람을 보내 태조에게 "만약 의로운 깃발을 드신다면 왕의 군대를 맞이하겠습니다."라고 고하였다. 태조가 그 심부름꾼에게 후하게 상을 주고 돌려보냈다. 태조가 신검을 주살하고 박영규에게 이르기를 "견훤이 이미 나라를 잃었는데, 유독 경의 부부만이 아버지에게 정성을 다했고 함께 과인에게 귀부하였으니 의로운 일은 잊어서는 안 된다." 하였다. 좌승(左丞)에 제수하고 밭 1000경(頃)을 하사하였으며, 두 아들에게 벼슬을 내리고 딸을 부인으로 받아들였다. 뒤에 벼슬이 삼중대광(三重大匡)에 이르렀다.

박천상(朴天祥) 고려 초에 박난봉(朴蘭鳳)이란 사람이 있었는데 무용(武

勇)으로 이름났다. 세속에 전하기를 죽어서 인제산(麟蹄山)의 신령이 되었다고 한다. 박천상은 바로 그 후손이다. 무예로 공민왕을 섬겼고 평양부원군(平陽府院君)에 봉해졌다.

본조

박석명(朴錫命) 박천상의 손자이다. 문예로 이름이 났다. ○ 태종이 한미할 때 서로 잘 사귀었는데, 즉위하게 되자 매우 후하게 돌보았다. 지신사(知申事)를 맡은 지 10년 만에 좌참찬에 승진시켜 제배하였고, 좌명 공신(佐命功臣)으로 평양부원군(平陽府院君)에 봉해졌다. 시호는 문숙(文肅)이다.

김승주(金承霔) 무예로 평양부원군(平陽府院君)에 봉해졌다. 초명은 을보(乙寶)이다. 기우제를 지내자 바로 효험이 있었기에 태종이 승주(承霔)라는 이름을 내려 주었다. 시호는 양경(襄景)이다.

박중선(朴仲善) 박석명의 손자이다. 무과에 장원급제하여 세조와 성종을 섬겼다. 적개 좌리 공신(敵愾佐理功臣)의 반열에 들었고 관직은 판중추부사(判中樞府事)에 이르렀으며 평양군(平陽君)에 봉해졌다.

김순고(金舜皐) 김승주의 5대손이다. 무과에 급제하여 관직이 지중추부사(知中樞府事)에 이르렀고 세습하여 평양군에 봉해졌다. 손자 김광엽(金光燁)은 글로 이름이 났고 관직은 홍문관 응교가 되었다.

장윤(張潤) 선조조에 무과에 급제하였다. 자부심이 높은 성격이라 남을 찾아가려 하지 않았다. 왜구의 난에 사천 현감(泗川縣監)으로서 여러 장사들과 진주성(晉州城)을 굳게 지키다 성이 함락되자 힘껏 싸우다 전사하였다. 병조 참판에 추증되고 정려하였다.

낙안군樂安郡

동쪽으로 순천부(順天府) 경계까지 14리이다. 북쪽으로 같은 부 경계까지 23리이다. 남쪽으로 흥양현(興陽縣) 경계까지 25리이다. 서쪽으로 보성군(寶城郡) 경계까지 25리이다. 서울과의 거리는 898리이다.

한전 旱田

수전 水田

건치연혁 建置沿革

본래 백제 분차군(分嵯郡)이다. 일명 분사(分沙)라 한다. 신라 경덕왕 때 분령군(分嶺郡)으로 고쳤다. 고려 초에 낙안으로 고치고 일명 양악(陽嶽)이라 한다. 얼마 뒤 폐지하여 나주(羅州)에 편입시켰고, 명종 초기에 다시 낙안현을 설치하였고 뒤에 군으로 승격시켰다. 본조에서 그대로 따랐다. 중종 10년(1515) 현으로 강등하였다가 군 사람 중에 그 어머니를 죽인 자가 있었기 때문에 강등하였다. 얼마 뒤 다시 군으로 삼았다. 관장하는 면은 6개이다.

관원

군수(郡守), 훈도(訓導) 각 1인이다.

군명 郡名

분차(分嵯), 분령(分嶺) 별호는 낙천(洛川)이다.

형승 形勝

큰 바위산이 북쪽을 누르고, 푸른 바다가 남쪽에 펼쳐져 있다. 손순효(孫舜孝)의 기문[69]

산천 山川

금전산(金錢山) 군 북쪽 1리에 있다. 진산(鎭山)이다.

개운산(開雲山) 군 동쪽 10리에 있다.

금화산(金華山) 군 서쪽 13리에 있다. 일명 존자산(尊者山)이다.

멸악산(滅惡山) 군 동쪽 5리에 있다. 남쪽에 화현(火峴)이 있다.

서천(西川) 군 서쪽 5리에 있다. 금전산 서쪽에서 나와 남쪽으로 흘러서 바다에 들어간다.

동천(東川) 금전산 동쪽에서 나와 군 동쪽 4리를 지나 개운산 서쪽에 이르

69 손순효(孫舜孝)의 기문 : 〈빙허루기(憑虛樓記)〉이다. 《勿齋集 卷1》

러 서천과 합한다.

바다〔海〕 군 남쪽 15리에 있다.

장암포(場巖浦) 군 남쪽 30리에 있다. 어량(魚梁)과 염분(鹽盆)이 있다.

장도(獐島) 둘레가 23리이다.

지주도(蜘蛛島) 둘레가 13리이다. 소를 키우는 목장이 있다.

여주도(汝朱島) 크고 작은 두 섬이 있는데, 큰 섬은 둘레가 10리이고 작은 섬은 둘레가 5리이다.

장고도(長鼓島) 둘레가 1리이다.

해도(蟹島) 둘레가 5리이다.

가차라도(加次羅島) 둘레가 1리이다.

남매우도(娚妹友島) 둘레가 100여 보이다.

응도(鷹島) 둘레가 115리이다.

귀사라도(歸紗羅島) 둘레가 2리이다.

월음도(月音島) 둘레가 2리이다.

화주지도(火走只島) 둘레가 3리이다.

말구지도(末仇之島) 둘레가 3리이다.

말개도(末介島) 둘레가 140보이다.

○ 이상 여러 섬들은 모두 군 남쪽 바다 가운데에 있다.

토산 土産

닥나무〔楮〕, **대나무**〔竹〕, **죽전**(竹箭), 군 서쪽 옥산(玉山)과 군 남쪽 제원동(濟院洞), 군지리(軍知里) 등지에서 난다. **복령**(茯苓), **탱자**〔枳實〕, 차

〔茶〕, **표고버섯**〔香蕈〕, **송이버섯**〔松蕈〕, **유자**〔柚〕, **석류**(石榴), **감**〔柹〕, **치자**(梔子), **산무애뱀**〔白花蛇〕, **소금**〔鹽〕, **숭어**〔秀魚〕, **병어**(兵魚), **민어**(民魚), **오징어**〔烏賊魚〕, **낙지**〔絡締〕, **부레**〔魚鰾〕, **굴**〔石花〕, **대하**(大蝦)

성곽 城郭

군성(郡城) 돌로 쌓았다. 둘레가 1592자이다. 남북으로 문이 있고 성안에 샘 2개와 못 2개가 있다.

학교 學校

향교(鄕校) 예전에는 군 북쪽 1리에 있었다. 지금은 군 동쪽 2리로 옮겼다.

궁실 宮室

객관(客館)

빙허루(憑虛樓) 객관 동쪽에 있다.

쌍청루(雙淸樓) 바로 성 남쪽 문루(門樓)이다.

봉수 烽燧

개운산 봉수(開雲山烽燧) 남쪽으로 흥양현(興陽縣)의 팔전산(八巓山)에 응한다.

우역 郵驛

낙승역(洛昇驛) 군 서쪽 9리에 있다.

사근관원(沙斤館院) 군 동쪽 12리에 있다.

옥산원(玉山院) 군 남쪽 5리에 있다.

유둔원(油芚院) 군 남쪽 18리에 있다.

신장원(新場院) 군 서쪽 11리에 있다.

요광원(要光院) 군 북쪽 19리에 있다.

좌슬현원(左瑟峴院) 군 서쪽 18리에 있다.

사묘 祠廟

사직단(社稷壇) 군 서쪽에 있다.

문묘(文廟) 향교에 있다.

성황사(城隍祠) 군 남쪽 15리에 있다.

여단(厲壇) 군 북쪽에 있다.

사찰 寺刹

징광사(澄光寺) 금화산에 있다.

동화사(桐華寺) 개운산에 있다.

금둔사(金芚寺) 금전산에 있다.

고적 古蹟

명환 名宦

본조

권극화(權克和)

하숙산(河叔山) 낙안 군수(樂安郡守)가 되었다. 청렴과 절개로 강직하고 과단성 있게 스스로를 단속하여 구실아치는 두려워하고 백성들은 사랑하였다.

인물 人物

고려

김주(金湊) 과거에 급제하였고, 공민왕 때 여러 번 승진하여 성균관 직강이 되었다. 관직은 문하평리 겸 대사헌(門下評理兼大司憲)에 이르렀다.

김수(金隨) 문예로 이름이 났다. 낙천군(洛川君)에 봉해졌다.

보성군寶城郡

동쪽으로 낙안군(樂安郡) 경계까지 43리이다. 남쪽으로 흥양현(興陽縣) 경계까지 43리이다. 서쪽으로 장흥부(長興府) 경계까지 18리이다. 북쪽으로 능성현(綾城縣) 경계까지 24리, 동복현(同福縣) 경계까지 52리이다. 서울과의 거리는 828리이다.

한전 旱田

수전 水田

건치연혁 建置沿革

본래 백제 복홀군(伏忽郡)이다. 신라 경덕왕 때 보성군으로 고쳤다. 고려 성종 때 패주(貝州)로 고쳤다가 뒤에 다시 보성군이 되었다. 본조에서 그대로 따랐다. 관장하는 면은 14개이다.

관원

군수(郡守), 훈도(訓導) 각 1인이다.

군명 郡名

패주(貝州)

형승 形勝

산천이 아주 비좁고 평지가 없다. 지지(地志)에 "바닷가 일대의 보성과 낙안 사이에 산천이 아주 비좁고 평지가 없다. 풍속은 소박하고 꾸밀 줄 모르지만 드세다. 산을 의지하고 바다를 마주 보고 있다."라고 하였다.

풍속 風俗

소박하고 꾸밀 줄 모르지만 드세다. 지지

산천 山川

덕산(德山) 군 북쪽 5리에 있다. 진산(鎭山)이다.

복치산(伏雉山) 군 북쪽 25리에 있다.

가야산(伽倻山) 군 동쪽 13리에 있다.

중봉산(中峯山) 군 동북쪽 30리에 있다.

중조산(中條山) 군 동쪽 28리, 능성(綾城) 경계에 있다.

주월산(舟越山) 군 동쪽 17리에 있다.

존자산(尊者山) 군 동쪽 27리에 있다.

몽중산(夢中山) 군 남쪽 10리, 장흥부 경계에 있다.

오봉산(五峯山) 군 남쪽 30리에 있다. 산이 모두 우뚝 솟았고 다섯 봉우리가 높이 솟은 까닭에 이름하였다. 위에 옛 산성이 있고, 남쪽으로 큰 바다를 내려다본다.

이신석굴(以神石窟) 오봉산 동쪽에 있다. 동굴 구멍은 겨우 한 사람이 들어갈 수 있는데 안쪽은 다시 넓어진다. 구경하는 자가 횃불을 들고 들어가도 그 끝을 다 보지 못한다. 세속에서 전하는 말에 장흥부 득량도(得良島)에 도달한다고 한다. 왜란 때 사인(士人)들이 대부분 이 굴에 들어가 보전하였다.

잔수(潺水) 군 북쪽 8리에 있다. 일명 정자천(亭子川)이다. 장흥부 사자산(獅子山) 동쪽에서 나와 북쪽으로 순천부(順天府) 경계로 흘러 들어간다.

바다〔海〕 군 동쪽 30리에 있다.

안파보(安波浦) 일명 조양포(兆陽浦)이다.

용두포(龍頭浦) 모두 군 동쪽 28리에 있다.

토도(兔島) 군 동쪽 40리에 있다.

토산 土産

철(鐵), **숫돌**〔礪石〕, 군 동쪽 빙천(氷川)에서 난다. **수포석**(水泡石 부석), **석회**(石灰), **모시**〔苧〕, **닥나무**〔楮〕, **왕골자리**〔莞席〕, **대나무**〔竹〕, **죽전**(竹箭), 군 동쪽 초라산(草羅山)과 천동산(泉洞山), 조양당산(兆陽堂山) 등지에서 난다. **감**〔柹〕, **비자**(榧子), **탱자**〔枳實〕, **유자**〔柚〕, **차**〔茶〕, **지치**〔紫草〕, **표고버섯**〔香蕈〕, **송이버섯**〔松蕈〕, **소금**〔鹽〕, **숭어**〔秀魚〕, **준치**〔眞魚〕, **오징어**〔烏賊魚〕, **병어**(兵魚), **보개어**(寶開魚), 왜진(倭津)에서 난다. **전복**

〔鰒〕, **낙지**〔絡締〕, **대하**(大蝦), **굴**〔石花〕, **토화**(土花 미네굴), **홍합**(紅蛤), **감합**(甘蛤), **콩잎**〔藿〕, **김**〔海衣〕, **감태**(甘苔), **매생이**〔莓山〕

성곽 城郭

군성(郡城) 돌로 쌓았다. 둘레가 2953자이다. 남쪽과 북쪽에 문이 있고, 성 안에 샘 4개, 못 2개가 있다.

조양현성(兆陽縣城) 돌로 쌓았다. 둘레가 2755자이고 높이가 7자이다. 안에 우물 2개와 군창이 있다.

학교 學校

향교(鄕校) 군 동쪽 1리에 있다.

궁실 宮室

객관(客館)

향사당(鄕射堂) -원문 3, 4자 결락-에 있다.

열선루(列仙樓) 객관 북쪽에 있다. 옛 취음정(翠蔭亭)을 군수 신경(申經)이 중건하여 지금의 이름으로 고쳤다.

봉수 烽燧

정흥사 동봉 봉수(正興寺東峯烽燧) 군 남쪽 10리에 있다. 서쪽으로 장흥부의 전일현(全日峴)에 응하고, 동쪽으로 흥양현의 장기산(帳機山)에 응하고, 북쪽으로는 관문(官門)에 보고하기만 한다.

우역 郵驛

파청역(波靑驛) 군 동쪽 20리에 있다.

가신역(可申驛) 군 서쪽 12리에 있다.

사결원(蛇結院) 군 동쪽 5리에 있다.

적현원(赤峴院) 군 동쪽 25리에 있다.

사지원(斜只院) 군 동쪽 45리에 있다.

여하현원(余下峴院) 군 동쪽 45리에 있다.

가신원(可申院) 가신역 곁에 있다.

정자천원(亭子川院) 군 북쪽 7리에 있다.

수다원(水多院) 군 북쪽 17리에 있다.

초점원(草岾院) 군 동쪽 40리에 있다.

사묘 祠廟

사직단(社稷壇) 군 서쪽에 있다.

문묘(文廟) 향교에 있다.

성황사(城隍祠) 군 서쪽 3리에 있다.

여단(厲壇) 군 북쪽에 있다.

안방준사(安邦俊祠) 군 서쪽 5리에 있다. 금상(今上 현종) 8년(1667)에 고을 사람들이 사당을 짓고 제사를 지냈다. 혹 대계서원(大溪書院)으로 칭한다.

능묘 陵墓

안방준(安邦俊) 묘 군 북쪽 25리에 있다.

사찰 寺刹

대원사(大元寺) 중봉산에 있다. 고려 승려 원오(圓悟)의 부도(浮屠)가 있고 또 황희(黃喜)의 영당(影堂)이 있다.

신흥사(神興寺) 복치산에 있다.

정흥사(正興寺) 가야산에 있다.

오봉사(五峯寺), 개흥사(開興寺) 모두 오봉산에 있다.

봉갑사(鳳岬寺) 중봉산에 있다.

일월사(日月寺) 존자산에 있다.

견불암(見佛菴) 오봉산 개흥사 북쪽 산등성이에 있다. 또한 금륜암(金輪菴)이 있다.

고적 古蹟

조양폐현(兆陽廢縣) 군 동쪽 30리에 있다. 본래 백제의 동로현(冬老縣)이다. 신라에서 조양(兆陽)으로 고치고 분령군(分嶺郡)의 영현으로 삼았다. 고려에서 폐지하여 보성군에 편입시켰다. 본조 태조 4년(1395)에 고흥현(高興縣)에 편입시켰고, 세종 때 보성군에 다시 편입시켰다.

복성폐현(福城廢縣) 군 북쪽 30리에 있다. 본래 백제 파부리군(波夫里郡)이다. 신라에서 부리(富里)로 고쳐 능성군(綾城郡)의 영현으로 삼았다. 고려에서 복성(福城)으로 고치고 뒤에 폐지하여 보성군에 편입시켰다. 본조에서 그대로 따랐다.

군지역(軍知驛) 군 북쪽 30리에 있다.

민지역(民知驛) 옛터가 군 남쪽 5리에 있다.

명환 名宦

고려

함유일(咸有一) 인종조에 보성의 수령으로 나갔다. 청렴하고 근면하여 이름난 공적이 있었고 무격(巫覡)에 현혹되지 않아서 이르는 곳마다 음사(淫祀)를 모두 폐지하였다.

박원계(朴元桂) 보성 군수가 되었다. 치적이 있었다.

본조

김유양(金有讓)

이호성(李好誠) 보성 군수가 되었다. 재임 시 청렴하고 간명하였다.

정식(鄭軾) 보성 군수가 되었다. 청렴하고 정직하여 가혹하지 않았다.

조충손(趙衷孫) 보성 군수가 되었다. 청렴하고 근면하였으며, 학문을 일으켰다.

인물 人物

고려

선윤지(宣允祉) 군이 왜구로 인해 옮겨서 내지에서 더부살이할 때 선윤지가 안렴사로서 백성들을 모아 안정시켰다. 군 사람들이 지금까지 칭송한다.

본조

오몽을(吳蒙乙) 고려 말 과거에 장원급제하였다. 본조 개국 공신(開國功臣)으로 벼슬이 2품에 이르렀다.

선형(宣炯) 무예로 현달하였고 또한 시를 잘하였다. 세조조에 적개 공신(敵愾功臣)으로서 유성군(楡城君)에 봉해졌다.

오자경(吳子慶) 무과에 합격하였고, 세조조에 적개 공신으로서 보산군(寶山君)에 봉해졌다.

안방준(安邦俊)[70]

70 안방준(安邦俊) : 보성 출신이라서 기록한 듯하다.《隱峯全書 附錄上 年譜》

능성현綾城縣

동쪽으로 보성군(寶城郡) 경계까지 46리이다. 남쪽으로 장흥부(長興府) 경계까지 44리이다. 서쪽으로 남평현(南平縣) 경계까지 17리이다. 북쪽으로 화순군(和順郡) 경계까지 12리이다. 서울과의 거리는 758리이다.

한전 旱田

수전 水田

건치연혁 建置沿革

본래 백제 이릉부리군(爾陵夫里郡)이다. 일명 죽수부리(竹樹夫里)라고도 하고, 일명 인부리(仁夫里)라고도 한다. 신라 경덕왕 때 능성군으로 고쳤다. 능(綾) 자는 한편 '능(陵)'으로도 쓴다. 고려 초에 폐지하여 나주(羅州)에 편입시켰다. 인종 때 다시 능성현을 설치하였다. 본조 태종 16년(1416)에 폐지하여 화순에 병합하여 소속시키고 순성현(順城縣)이라 칭하였다. 얼마 뒤 분리하여 설치하고 다시 능성현으로 삼았다. 관장하는 면은 8개이다.

관원

현령(縣令), 훈도(訓導) 각 1인이다.

지금 증보하건대 인조 10년(1632)에 승격시켜 능주목(綾州牧)으로 삼았다. 인헌왕후(仁獻王后) 구씨(具氏)의 향관이라 하여 승격시켰다.

군명 郡名

이릉(爾陵), 죽수(竹樹) 별호는 연주(連珠)이다.

형승 形勝

북쪽으로 서석산(瑞石山)이 보이고 서쪽으로 벌판이 연해 있다. 북쪽으로 서석산이 보이고 서쪽으로 벌판이 연해 있으며, 동남쪽으로 산등성이가 겹겹으로 막고 산세가 구불구불 돈다.

산은 동남쪽으로 서려 있고 물은 서북쪽으로 가로지른다.

풍속 風俗

고을의 풍속이 순박하다.

산천 山川

운산(雲山) 현 남쪽 1리에 있다. 낮고 작으며 읍의 진산(鎭山)이다.

성산(城山) 현 서쪽 3리에 있다. 위에 옛 성이 있는데 둘레는 1리가 될 만하다. 전해 오기를 삼국 시대에 쌓은 것이라 하는데 지금은 다 무너졌다.

연주산(連珠山) 현 동쪽 2리에 있다.

금오산(金鼇山) 현 동쪽 10리에 있다. 암석이 솟아 있기 때문에 용암산(聳巖山)이라 한다. 옛 성터가 있다.

중조산(中條山) 현 남쪽 57리, 보성군 경계에 있다.

석천산(石泉山) 현 북쪽 15리에 있다.

화악산(華嶽山) 현 남쪽 42리, 장흥부 경계에 있다.

천불산(千佛山) 현 서쪽 29리에 있다. 화악산과 서로 이어져 있다.

왜성산(倭城山) 현 남쪽 15리에 있으며 화악산의 동쪽 줄기이다. 고려 시대 옛 성터가 있는데, 왜적을 막기 위해 쌓았기 때문에 이름하였다.

여점(呂岾) 현 남쪽 63리, 보성군 경계에 있다.

저점(猪岾) 현 동쪽 30리, 동복현(同福縣) 경계에 있다.

능천(綾川) 일명 차의천(車衣川)이라 하고, 여점에서 발원한다. 현 동북쪽 5리를 지나 현 서쪽 12리에 이르면 저점에서 나오는 물과 함께 화순현 냉천(冷川)과 합쳐져 서쪽으로 흘러 남평현을 지나 나주의 금수(錦水)로 들어간다.

토산 土産

무쇠〔水鐵〕, **석간주**(石間朱), **석회**(石灰), **석류**(石榴), **감**〔柹〕, **차**〔茶〕, **송이버섯**〔松蕈〕, **대나무**〔竹〕, **죽전**(竹箭), 현 북쪽 마산(馬山)에서 난다. **꿀**〔蜂蜜〕, **황랍**(黃蠟), **쏘가리**〔錦鱗魚〕, **닥나무**〔楮〕, **지황**(地黃), **천남성**(天南星), **맥문동**(麥門冬)

학교 學校

향교(鄕校) 현 서쪽 2리에 있다.

죽수서원(竹樹書院) 현 동쪽 4리, 연주산 남쪽 기슭에 있다. 중종 때 조광조(趙光祖)가 능성으로 귀양 와서 사사(賜死)되었는데, 후인들이 서원을 세우고 이어서 사당을 세워 제향하고 양팽손(梁彭孫)을 종향(從享)한다. 선조 때 사액하고 서적을 주었다. 그 서쪽 산등성이에 바다가 내려다보이는 바위 벽이 있는데 만력(萬曆) 연간에 관찰사 박승종(朴承宗)이 조광조의 절명시 가운데서 "임금을 어버이처럼 사랑하였으니, 하늘의 해가 단심을 비추리라.〔愛君如愛父 天日照丹衷〕"라는 구절을 취하여 천일대(天日臺)라 하였다.

궁실 宮室

객관(客館)

향사당(鄕射堂) 객관 북쪽에 있다.

봉서루(鳳棲樓) 객관 동쪽에 있다. ○ 본조 양팽손의 시[71]에,

멀고 긴 산수 사이에 땅의 형세 서려 있고	水遠山長地勢盤
나는 듯 높은 누각은 바람 끌어 서늘하네	危樓飛起引風寒
여름철엔 무엇보다 갈포 적삼 입고 앉아	最宜朱夏單絺坐
거기에 푸른 강 흰 물새 구경하는 맛이라오	更把青川白鳥看

71 양팽손의 시 : 〈봉서루(鳳棲樓)〉이다. 《學圃集 卷1》 또한 이 시는 〈봉서루에 제영하다〔題詠鳳棲樓〕〉라는 제목으로 봉서루에 현판으로 걸려 있다.

하였다.

영벽정(映碧亭) 현 동쪽 연주산 아래에 있다. 혹은 연주정(連珠亭)이라 칭한다. 능천이 그 앞을 지난다.

우역 郵驛

인물역(仁物驛) 현 남쪽 25리에 있다.

효양원(孝陽院) 현 남쪽 40리에 있다.

여점원(呂岾院) 현 남쪽 60리에 있다.

부락암원(浮落巖院) 현 서쪽 15리에 있다.

대림원(大林院) 현 북쪽 3리에 있다. 누각이 있다.

관량 關梁

원교(院橋) 대림원 곁에 있다.

사묘 祠廟

사직단(社稷壇) 현 서쪽에 있다.

문묘(文廟) 향교에 있다.

성황사(城隍祠) 현 서쪽 5리에 있다.

여단(厲壇) 현 북쪽에 있다.

최경회사(崔慶會祠) 죽수서원 곁에 있다.

안방준사(安邦俊祠) 주(州) 남쪽 7리에 있다. 안방준이 늙어서 이 고을에 거주하다 죽자 고을 사람들이 사당을 세웠다. 혹 월강서원(月江書院)이라 칭한다.

능묘 陵墓

구민첨(具民瞻) 묘 현 동쪽 13리, 연주산 동쪽 계곡에 있다.

주열(朱悅) 묘 현 동북쪽 10리에 있다.

사찰 寺刹

쌍봉사(雙峯寺) 중조산에 있다. 절이 매우 크고 화려하여 삼층 전각이 있고 그 곁에 동부도암(東浮屠菴)과 서부도암(西浮屠菴)도 있다. ○ 고려 김극기(金克己)의 시에,

울긋불긋 숲속에 사찰 단청 밝게 비추는데	丹雘交暉紫翠間
고즈넉한 이 경계를 나는 전에 본 적 없네	境閑俗眼未曾看
학은 하늘 높이 솟구쳐 지둔과 작별하고[72]	鶴飛碧落辭支遁

72 학은……작별하고 : 지둔(支遁)은 진 애제(晉哀帝) 때의 고승이다. 어떤 사람이 그에게 쌍학(雙鶴)을 선사했는데 학을 사랑하던 그는 그 학이 깃이 자라나 날려 하자 그 깃을 잘랐다. 학이 날려다가 자빠져 다시 일어나지 못한 채 날개를 퍼덕이며 머리를 돌려 쳐다보는데 원망하는 것과 같았다. 그러자 "이미 하늘을 날 자태가 있는데 어찌 사람의 구경거리가 되고 싶어 하겠느냐." 하고는 깃이 다시 자라자 놓아 보냈다 한다. 《梁高僧傳 卷4》

물고기는 못에 노닐며 혜관에게 감사하네[73]　　魚戲金池感惠寬

하였다.

개천사(開天寺) 천불산 동쪽에 있다. 절 뒤의 돌 봉우리를 일러 천태봉(天台峯)이라 한다. 전해 오기를 신라 때 창건하였다고 한다. 침수루(枕岫樓)가 있고 그 동쪽과 서쪽 산기슭에 또 청련(靑蓮), 백련(白蓮) 두 암자가 있다.

인량사(人良寺) 연주산 아래에 있다.

석천사(石泉寺) 석천산에 있다.

성산사(城山寺) 성산 옛 성안에 있다.

고적 古蹟

운주사(雲住寺) 천불산 서쪽에 있다. 절은 오래되어 무너졌고, 그 좌우 절벽에 크고 작은 석불과 석탑이 매우 많은데 천불천탑(千佛千塔)이라 한다. 또 석실이 하나 있는데 그 중간에 석불 두 좌(坐)가 벽을 사이에 두고 서로 등지고 앉아 있다. 세속의 전승에 신라 시대에 조성된 것이라 한다. 혹은 "고려 승려 혜명(惠明)에게 수천의 무리가 있었는데 그들에게 각각 명하여 조성한 것이다."라고 한다.

73 물고기는……감사하네 : 혜관(惠寬)이 절 근처 연못의 물고기를 잡아 먹고사는 어부들에게 수계(受戒)를 주어 이를 그만두게 하고는 연못 두둑을 손가락으로 가리키자 온통 버섯이 생겨났고, 어부들이 버섯을 채집하여 생활하게 되었다는 고사를 말한다.《太平廣記 異僧 惠寬》

명환 名宦

유우 流寓

안방준(安邦俊) 보성군 사람이다.

인물 人物

고려

구민첨(具民瞻) 아버지 구존유(具存裕)가 현리(縣吏)로 시작하여 과거에 장원급제하고 검교 상장군(校檢上將軍)이 되었다. 구민첨은 처음에 전주목 사록참군(全州牧司錄參軍)에 보임하였고 여러 번 관직을 거쳐 동평장사(同平章事)에 이르렀다. 근신하고 선비들에게 몸을 낮춰 비록 귀하게 되었어도 한미하고 천한 시절을 잊지 않았다.

주열(朱悅) 아버지 주여경(朱餘慶)은 현리로서 은사과(恩賜科)에 급제하였다. 주열은 고종 때 과거에 급제하여 지방관으로 나가 남원 사록(南原司錄)이 되었고, 나주(羅州)와 정주(靜州), 승평부(昇平府)와 장흥부(長興府)의 수령이 되어서 모두 이름난 공적이 있었다. 원종조에 연달아 충청도, 경상도, 전라도를 다스려 위명을 날로 떨치자 사람들이 모두 외경(畏敬)하였다. 관직은 지도첨의부사(知都僉議府事)에 이르렀고, 시호는 문절(文節)이다. 성격이 활달하여 집안 살림에 관여하지 않고 비록 현달한 관리가 되었어도 스스로를 봉양하는 것은 한미한 선비와 같이 하였다. 사방으로 사명(使命)을 받고 나가도 공정함과 청렴함은 한결같았다. 문장이 매우 뛰어났고 필법 또한 기이했다.

구예(具藝) 구민첨의 손자이다. 면성부원군(沔城府院君)에 봉해졌다. 충청도 면천군(沔川郡)에 보인다.

본조

양팽손(梁彭孫) 젊어서는 한미하였다. 중종조 때 과거에 급제하여 여러 관직을 거쳐 홍문관 교리에 이르렀다. 기묘사화(己卯士禍)에 연좌되어 파직되자 집에 돌아와 은거하며 스스로 학포옹(學圃翁)이라 하였다.

양응정(梁應鼎) 양팽손의 아들이다. 박람강기에 빼어난 자질이 있어 날마다 수천 마디의 말을 기억하였다. 문과에 장원급제하여 소경왕조(昭敬王朝 선조)에 여러 관직을 거쳐 성균관 대사성을 지내고 지방관으로 나가 경주 부윤(慶州府尹)이 되었다. 아들 양산숙(梁山璹)은 강개하여 의병을 모았으니, 임진왜란 때 유생으로 향병(鄕兵)을 모아 김천일(金千鎰)을 따라 적을 토벌하였다. 선조가 공조 좌랑에 특별히 제수하였다. 진주성(晉州城)이 함락될 때 김천일과 같이 죽었다.

최경회(崔慶會) 문과에 급제하였다. 선조조에 여러 관직을 거쳐 절도사에 임명되었다. 임진왜란 때 상(喪)을 당해 집에 거처하였는데, 고경명(高敬命)이 패하여 죽자 의병 장사(將士)들이 최경회를 주장(主將)으로 추대하였다. 군사를 이끌고 영남에 들어가 호령을 엄히 밝히니 사람들이 의지하여 믿었다. 진주성이 함락되자 스스로 물에 뛰어들어 죽었다. 의정부 좌찬성에 추증되었다.

광양현光陽縣

동쪽으로 경상도 진주(晉州) 경계까지 58리이다. 남쪽으로 해안까지 6리이다. 서쪽으로 순천부(順天府) 경계까지 13리이다. 북쪽으로 같은 부 경계까지 8리이다. 서울과의 거리는 870리이다.

한전旱田

수전水田

건치연혁建置沿革

본래 백제 마로현(馬老縣)이다. 신라 경덕왕 때 희양(晞陽)으로 고쳐서 승평군(昇平郡)의 영현으로 삼았다. 고려 초에 광양으로 개명하였고 이어서 승평군에 병합하여 편입시켰으며, 뒤에 다시 광양현을 설치하였다. 본조에서 그대로 따랐다. 선조 31년(1598)에 다시 폐지하여 순천부에 편입시켰다가 얼마 뒤에 또 분리하여 설치하였다. 관장하는 면은 □□개이다.

관원

현감(縣監), 훈도(訓導) 각 1인이다.

군명 郡名

마로(馬老), 희양(晞陽)

산천 山川

백계산(白鷄山) 현 북쪽 20리에 있다. 진산(鎭山)이다. 산머리에 바위가 있고 바위 아래에 샘이 있는데, 샘 바닥에서 흰 구름이 때때로 나온다. 기도를 하면 곧잘 응하고, 재계를 신중하게 하지 않으면 샘이 마른다.

증산(甑山) 현 동쪽 30리에 있다.

가요산(歌謠山) 증산 남쪽 5리에 있다.

업굴산(業窟山) 백계산 동쪽 줄기이다.

바다〔海〕 현 남쪽 6리에 있다.

섬강(蟾江) 구례현(求禮縣)에서 남쪽으로 흘러 진주 화개현(花開縣) 서쪽에서 용주연(龍王淵)이 되는데, 조수(潮水)가 여기에까지 이른다. 현 동쪽 경계를 지나고 또 현 동남쪽 59리에 이르러 섬진나루〔蟾津渡〕가 되며 진주 악양현(岳陽縣)과 경계가 나뉘어 동남쪽으로 바다에 들어간다. 고려 때 이 물줄기를 배류 삼대수(背流三大水)[74]의 하나로 삼았다.

74 배류 삼대수(背流三大水) : 낙동강, 금강, 섬진강을 말하는데, 강물이 도읍인 개성을 등

흑룡담(黑龍潭) 현 동북쪽 40리, 섬강 가에 있다. 연못의 둘레는 200보이다. 그 깊이는 헤아릴 수 없고 용이 그 안에 숨어 있다고 한다. 처음에 연못이 섬강 북쪽 기슭인 진주 악양현 경계에 있었는데, 천계(天啓) 연간에 용이 옮겨 살면서 이곳에 연못을 파자 옛 연못은 메꿔졌다.

남포(南浦) 현 남쪽 2리에 있다. 어량(魚梁)이 있다.

골약포(骨若浦) 현 동쪽 27리, 골약소(骨若所)에 있다.

섬거포(蟾居浦) 현 동쪽 40리에 있다.

차의포(車衣浦) 현 동쪽 46리, 차의소(車衣所)에 있다.

걸망포(傑望浦) 현 동쪽 59리에 있다.

보살포(菩薩浦), **천포**(穿浦) 모두 현 동쪽 59리에 있다.

굴회도(掘會島)

전경도(田耕島)

송도(松島)

외도(外島)

이상의 섬은 모두 현 남쪽 바다 가운데에 있다.

거차도(居次島)

길도도(吉道島)

부용도(芙蓉島)

우도(牛島)

아기도(阿只島)

대안도(大安島)

지고 흘러 나간다고 하여 이름 지은 것이다.

아대도(阿代島)

망우리도(望于里島)

대소치도(大所致島)

소소치도(小所致島)

이상의 섬은 모두 현 동쪽 바다 가운데에 있다.

토산 土産

은(銀), 철(鐵), 현 동쪽 10리, 목곡(木谷)에서 난다. 옻〔漆〕, 닥나무〔楮〕, 대나무〔竹〕, 죽전(竹箭), 섬거역(蟾居驛)과 계곡산(戒谷山) 등지에서 난다. 석이버섯〔石蕈〕, 표고버섯〔香蕈〕, 송이버섯〔松蕈〕, 꿀〔蜂蜜〕, 황랍(黃蠟), 차〔茶〕, 감〔柹〕, 석류(石榴), 유자〔柚〕, 생강〔薑〕, 울금(鬱金), 복령(茯苓), 소금〔鹽〕, 은구어(銀口魚 은어), 오징어〔烏賊魚〕, 조기〔石首魚〕, 숭어〔秀魚〕, 농어〔鱸魚〕, 병어(兵魚), 준치〔眞魚〕, 낙지〔絡締〕, 대하(大蝦), 홍합(紅蛤), 전복〔鰒〕, 콩잎〔藿〕, 감태(甘苔), 김〔海衣〕

성곽 城郭

현성(縣城) 돌로 쌓았다. 둘레가 974자이다. 문이 있고 성안에 우물 5개와 못 2개가 있다.

학교 學校

향교(鄕校) 현 북쪽 5리에 있다.

궁실 宮室

객관(客館)

주변루(籌邊樓) 현성 남문의 누각이다. 옛 명칭은 망해루(望海樓)이다. 태종 18년(1418)에 지금의 이름으로 고쳤다.

권가루(勸稼樓) 현 남쪽 3리에 있다.

운주루(運籌樓) 객관 동쪽에 있다.

봉수 烽燧

건대산 봉수(件臺山烽燧) 현 동쪽 18리에 있다. 남쪽으로 순천부의 진례산(進禮山)에 응하고, 서쪽으로 같은 부의 성황당산(城隍堂山)에 응한다.

우역 郵驛

익신역(益申驛) 현 동쪽 7리에 있다.

섬거역(蟾居驛) 섬거포 가에 있다.

아마대원(阿磨代院) 현 동쪽 25리, 아마대부곡(阿磨代部曲)에 있다.

섬진원(蟾津院) 현 동남쪽 58리, 섬진(蟾津) 언덕에 있다.

지장원(地藏院) 현 남쪽 3리에 있다.

관량 關梁

섬진나루〔蟾津渡〕 현 동남쪽 59리에 있으니, 곧 섬강진나루〔蟾江津渡〕이다. 그 동쪽은 진주 악양현 경계이다.

사묘 祠廟

사직단(社稷壇) 현 서쪽에 있다.

문묘(文廟) 향교에 있다.

성황사(城隍祠) 현성 동쪽에 있다.

여단(厲壇) 현 북쪽에 있다.

사찰 寺刹

옥룡사(玉龍寺) 백계산에 있다. 당나라 함통(咸通) 5년(864)에 승려 도선(道詵)이 개창하였다. 고려 최유청(崔惟淸)이 지은 도선의 비문에,

"대사의 휘는 도선이고 속성은 김씨(金氏)이다. 신라 영암(靈巖) 사람이다. 그 세계(世系)와 부조(父祖)에 대해서는 역사서에 기록이 전하지 않는데 혹 태종무열왕(太宗武烈王)의 서얼손(庶孽孫)이라고 한다. 모친 강씨(姜氏)의 꿈에 어떤 사람이 명주(明珠) 한 알을 주면서 삼키게 하였는데, 이윽고 태기(胎氣)가 있었다. 이미 젖을 먹을 때부터 보통 아이들과 매우 달랐다. 15세가 되자 총명하고 숙성(夙成)하였으며, 기예에도 해박하였다. 마침내 월유산(月遊山) 화엄사(華嚴寺)에서 삭발하였는데, 한 해가 지나지 않아 문수보살(文殊菩薩)의 오묘한 지혜와 보현보살(普

賢菩薩)의 현묘한 문[75]을 모두 남김없이 이해하니 학도들이 모두 귀신같은 총명함이라 하였다.

문성왕(文聖王) 8년(846) 스무 살에 생각하기를 '대장부라면 응당 법을 떠나서 스스로 고요히 살아야 할 것이니 어찌 올올히 문자에만 종사할 수 있겠는가.' 하였다. 이때 혜철 대사(惠徹大師)가 서당 지장 선사(西堂智藏禪師)에게서 밀인(密印)을 전해 받고 동리산(桐裏山)에 법당을 열었다. 도선스님은 곧 선문에 나아가 절하고 제자가 되기를 청하였다. 무릇 말 없는 말과 법 없는 법이라는 것을 마음속에서 전수받아 환하게 깨달았다. 23세에 천도사(穿道寺)에서 구족계를 받았다.

대사가 깊은 이치를 깨닫고 나서는 일정한 거처 없이 유랑하였는데, 안개 속을 걷고 냇물과 바위에 임하면서 그윽하고 빼어난 곳을 찾아서 일찍이 수행을 게을리 한 적이 없다. 혹은 운봉산(雲峯山) 아래에 동굴을 파서 참선을 하고, 혹은 태백산(太伯山) 바위 앞에 띳집을 짓고 여름을 나기도 하면서 불도(佛道)를 수행하며 감응하는 바가 있어서 신묘한 행적이 매우 많았다.

희양현(曦陽縣 광양) 백계산에 옥룡사라는 옛 절이 있었다. 대사가 유랑하다 이곳에 이르러 그 그윽하고 빼어난 경치를 아껴서 당우(堂宇)를 중수하고, 평생을 깨끗하게 마칠 뜻으로 좌선하여 말을 잊은 지가 35년이

75 문수보살(文殊菩薩)의……문 : 《화엄경(華嚴經)》의 내용을 말한다. 문수보살은 지혜를 위주로 하는 보살이고 보현보살은 행원(行願)을 위주로 하는 보살이다. 《화엄경》 〈입법계품(入法界品)〉에 "문수보살의 가르침을 받아 깨달음을 향한 마음을 내는 선재동자가 마지막 만나는 보살이 보현보살인데, 선재동자는 부처의 공덕은 열 가지 큰 행원을 쌓아야 가능하다는 가르침을 받는다."라고 하였다.

되었다. 헌강왕이 그 높은 덕을 존경하여 사신을 보내 맞이하여 궁궐에 머무르게 하였다. 얼마 되지 않아 도성에 있는 것을 즐거워하지 않고 본사로 돌아가기를 간절히 청하였다. 어느 날 제자들을 불러 말하기를 '나는 장차 떠날 것이다. 무릇 인연을 타고 왔으니 인연이 다하면 떠나가는 것은 당연한 이치이다. 어찌 슬퍼할 만하겠느냐.' 라고 말을 마치고 입적하였다. 때는 당나라 광화(光化) 1년(898) 3월 10일로, 향년 72세였다.

대사가 아직 옥룡사에 거처하지 않았을 때였다. 남해 바닷가에서 이인(異人)을 만났는데, 모래를 쌓아 산천의 순역(順逆)의 형세를 보여 주더니 이윽고 홀연히 사라졌다. 대사는 이로부터 환하게 깨달아 음양오행의 술법을 더욱 연마하여 모두 가슴속에 새겨 두었다. 그 뒤 신라의 정치와 교화가 점점 쇠퇴하여 위태로워지며 멸망할 조짐이 있었다.

대사가 장차 성인(聖人)이 천명을 받을 것을 알았기 때문에 송악군(松嶽郡)에 가서 유람하였다. 당시 우리 세조(世祖 고려 태조의 부친)께서 송악군에 살림집을 짓고 있었다. 대사가 그 문 앞을 지나다가 '이곳은 마땅히 왕이 될 자가 나올 곳인데 다만 집을 짓는 사람이 알지 못할 뿐이다.'라고 하였다. 마침 계집종이 듣고서 세조에게 아뢰니 세조가 바로 나아가 맞이하여 그 계책을 자문하고 집을 고쳐 지었다. 대사가 이어서 말하기를 '2년 뒤에는 반드시 귀한 아들을 낳을 것이오.' 하고, 한 권의 책을 지어 내용을 봉하며 말하기를 '이 책을 아직 태어나지 않은 그대의 아들에게 바치니, 성년이 된 뒤에 주시오.'라고 하였다. 이해에 신라 헌강왕이 즉위하였으니 당나라 건부(乾符) 2년(875)이다. 4년(877)에 태조가 과연 앞서 말한 집에서 탄강하였다. 인종 때에 이르러 대사가 성인이 날 것을 계시(啓示)하였고 천명을 이루는 공을 미리 정하였다고 하여서 선각 국사(先覺國師)에 추봉하였다."

하였다. ○ 생각건대 《고려사》 〈김위제전(金渭磾傳)〉에 "신라 말에 승려 도선이 당나라에 들어가 일행의 지리의 술법을 배우고 돌아와 비기(秘記)를 지어서 전하였다." 하였으니, 최유청이 기록한 것과 다른 점이 있다. 또 한 절에 고려 때 김정언(金廷彦)이 지은 승려 이엄(理嚴)의 비가 있다.

송천사(松川寺), 운암사(雲巖寺) 모두 백계산에 있다.

고적 古蹟

다사천소(多沙川所) 현 동쪽 65리에 있다.

문현소(蚊峴所) 현 동쪽 60리에 있다.

명환 名宦

고려

윤택(尹澤) 충정왕 초기에 나주 목사(羅州牧使)에서 광양 감무(光陽監務)로 좌천되었다. 일찍이 시를 짓기를 "진종일 관아에 아무 할 일 없으니, 두건을 젖히고 자주 계당을 완상하네.〔盡日郡齋無一事 岸巾時復賞溪堂〕"라고 하였다. 조정에 들어와 밀직제학(密直提學)이 되었다.

인물 人物

고려

김황원(金黃元) 젊어서 과거에 급제하였고, 고문(古文)을 열심히 배워 해동(海東) 제일이라 불렸다. 청렴하고 강직하여 세력가에게 아부하지 않았다. 이궤(李軌)와 함께 한림으로 있으면서 문장이 저명하여 당시에 김(金)·이(李)로 칭해졌다. 선종조에 발탁되어 우습유 지제고(右拾遺知制誥)가 되었고 지방관으로 나가서 경산(京山)의 수령이 되어 은혜로운 정사를 많이 베풀었다. 뒤에 국자 좨주(國子祭酒), 한림 학사(翰林學士), 첨서추밀원사(簽書樞密院事)를 역임하였다.

김약온(金若溫) 시중 김양감(金良鑑)의 아들이다. 공부에 힘써 과거에 급제하였고, 여러 벼슬을 거쳐 참지정사(參知政事)가 되었다. 인종이 즉위하자 수사공 상주국(守司空上柱國)에 제배되었다. 공손하고 검소하며 청렴하여 부귀로써 사람을 교만하게 대한 적이 없다. 당시 이자겸(李資謙)이 국구(國舅)로서 국정을 담당했는데 선비들 중 이익을 좋아하는 자들이 다투어 아부하였다. 그러나 김약온은 이자겸과 더불어 사촌 형제가 되면서도 서로 가까이하지 않았으니 사람들은 그가 올바름을 지킨 것을 훌륭하게 여겼다.

이무방(李茂方) 과거에 급제하였다. 공민왕 때 내외직을 역임하여 모두 이름난 공적이 있어 밀직학사(密直學士)가 되었다. 왕이 이무방이 청한하였기에 쌀 50섬을 내렸는데, 이무방은 "대신은 이유 없이 받아서는 안 됩니다."라고 하면서 사양하였다. 얼마 뒤에 정당문학(政堂文學)에 제수되었다. 왕이 늘 "정당은 나라만 생각할 뿐이니, 가문도 잊고 권세도 두려워하지 않는다."라고 하였다. 신우(辛禑)가 즉위하여 이무방을 사부(師傅)로 삼았다. 공민왕이 기르던 비둘기가 궁궐에 있어 신우가 항상 애완하였는데, 이무방이 《서경(書經)》〈여오(旅獒)〉를 진강하자 신우가 비둘기를 쫓아내 버리라고 명하였다. 시호는 문간(文簡)이다.

본조

최산두(崔山斗) 박학하여 글을 잘 지었다. 해남(海南)의 윤구(尹衢), 유성춘(柳成春)과 더불어 호남삼걸(湖南三傑)이라 칭해졌다. ○ 중종조에 과거에 급제하여 홍문관 수찬(弘文館修撰)으로 뽑혔다. 휴가를 얻어 고향에 돌아갈 때마다 친족이 군사로 열진(列鎭)에서 수자리 서고 있으면 최산두는 반드시 술과 안주를 구하여 몸소 수자리 서는 진의 관아에 나아가 부복(俯伏)하여 술잔을 돌렸고, 진장(鎭將)을 만나 보지 않고 돌아왔다. 여러 관직을 거쳐 의정부 사인이 되었다. 기묘사화에 연좌되어 동복현에 유배되었다. 나복산(蘿葍山) 아래에 거처하면서 스스로 신재(新齋)라 불렀다.

구례현求禮縣

동쪽으로 경상도 진주(晉州) 경계까지 20리이다. 남쪽으로 순천부(順天府) 경계까지 9리이다. 서쪽으로 남원부(南原府) 경계까지 29리이다. 북쪽으로 같은 부 경계까지 9리이다. 서울과의 거리는 785리이다.

한전 旱田

수전 水田

건치연혁 建置沿革

본래 백제 구차례현(仇次禮縣)이다. 신라 경덕왕 때 구례(求禮)로 고치고 곡성군(谷城郡)의 영현(領縣)으로 삼았다. 고종 초에 폐지하여 남원부에 편입시켰다. 인종 때 다시 구례현을 설치하였다. 본조에서 그대로 따랐다. 연산군 5년(1499)에 폐지하여 유곡부곡(楡谷部曲)으로 삼고 현 사람 배목인(裵目仁) 등이 참언을 꾸며 내 반역을 모의하다가 복주(伏誅)되었기에 철폐하였다. 남원부에 편입시켰다. 중종 2년(1507)에 다시 현을 설치하였다. 관장하는 면은 8개이다.

관원

현감(縣監), 훈도(訓導) 각 1인이다.

군명 郡名

구차례(仇次禮)

산천 山川

지리산(智異山) 현 동쪽 8리에 있다. 진산(鎭山)이다. 남원부에 상세히 나온다.

오산(鼇山) 현 남쪽 15리에 있다. 산꼭대기에 바위 하나가 있고 바위에 구멍이 있는데 깊이를 알 수 없다. 세속에 전하는 말에 신라 승려 도선(道詵)이 일찍이 이 산에 살면서 천하의 지리를 그렸다고 한다.

봉성산(鳳城山) 현 서쪽 1리에 있다.

순수(淳水) 현 서쪽 25리, 곡성현(谷城縣) 경계에 있다. 곧 남원부 순수의 하류이다. 현 서남쪽 □리에 이르러 잔수(潺水)와 만나 섬강(蟾江)이 된다.

잔수(潺水) 현 남쪽 12리에 있다. 곧 순천부 잔수의 하류이다. 곡성현으로부터 흘러 들어와 순수와 합쳐져 섬강이 된다.

섬강(蟾江) 현 남쪽 10리에 있다. 순수와 잔수가 합한 것을 섬강이라 이름한다. 이곳으로부터 동남쪽으로 흘러서 돌아 구연(九淵)이 되고, 또 용왕연(龍王淵)을 지나 광양현(光陽縣) 경계에 들어간다.

용왕연(龍王淵) 현 동쪽 30리, 진주 화개현(花開縣) 경계에 있다. 섬강의 물이 여기에 이르러 멈춰 감돌아서 못이 된다.

금류동(金流洞) 지리산 반곡봉(般谷峯) 아래에 있다. 골짜기가 매우 깊고 바위 봉우리가 기이하고 빼어나다. 폭포가 있는데 수십 장(丈)을 흘러 내리고, 그 위에 금류동암(金流洞菴)이 있는데 매우 깨끗하고 시원하다.

천단석벽(天壇石壁) 현 남쪽 10리, 섬강가에 있다. 석벽(石壁)이 있는데 그 높이가 수십 장이 되고 2리에 걸쳐 구불구불 병풍처럼 펼쳐져 있다. 강물이 그 아래로 흐르는데 구연(九淵)이라 이름한다.

토산 土産

닥나무〔楮〕, **치자**(梔子), **석류**(石榴), **유자**〔柚〕, **잣**〔海松子〕, **호도**(胡桃), **오미자**(五味子), **복령**(茯苓), **꿀**〔蜂蜜〕, **황랍**(黃蠟), **석이버섯**〔石蕈〕, **송이버섯**〔松蕈〕, **표고버섯**〔香蕈〕, **죽전**(竹箭), **은구어**(銀口魚 은어), **산무애뱀**〔白花蛇〕, **영양각**(羚羊角), **석유황**(石硫黃)

성곽 城郭

현성(縣城) 돌로 쌓았다. 둘레가 4680자이다. 문이 있고 성안에 우물과 샘이 9개 있다.

학교 學校

향교(鄕校) 현 서쪽 2리에 있다.

궁실 宮室

객관(客館)

봉서루(鳳棲樓) 객관 동쪽에 있다. 김작(金綽)의 기문에 "고을에 봉황이 나는 형세가 있어서 이를 취하여 이름한 것이다."라고 하였다.

우역 郵驛

잔수역(潺水驛) 현 남쪽 9리, 잔수나루〔潺水渡〕 언덕에 있다.

잔수원(潺水院) 또한 현 남쪽 9리에 있다.

관량 關梁

석주관(石柱關) 또는 석주진(石柱鎭)이라 칭한다. 현 동쪽 15리에 있다. 남쪽과 북쪽에 모두 큰 산이 있고 가운데에 강물이 관통하여 흐른다. 강물을 따라 언덕길이 수십 리 이어진다. 고려 말 진(鎭)을 설치하여 왜구를 막았다. 지금은 그 터에 석문이 있다.

압록나루〔鴨綠渡〕 현 서쪽 29리, 곡성현 경계에 있다. 곧 순수진나루〔淳水津渡〕이다.

잔수나루〔潺水渡〕 현 남쪽 9리에 있다. 곧 섬강진나루〔蟾江津渡〕이다. 그 남쪽 순천부 경계에서 잔수가 흘러와서 합쳐지기에 이렇게 이름하였다.

사묘 祠廟

사직단(社稷壇) 현 서쪽에 있다.

문묘(文廟) 향교에 있다.

성황사(城隍祠) 현 북쪽 2리에 있다.

여단(厲壇) 현 북쪽에 있다.

사찰 寺刹

화엄사(華嚴寺) 세속에서 황둔사(黃芚寺)라 칭한다. 지리산 기슭에 있다. 승려 연기(煙氣)는 어느 시대 사람인지 모르는데, 이 절을 지었다. 절 가운데에 있는 전각의 네 벽을 흙으로 바르지 않고 모두 푸른 벽돌을 써서 그 위에 《화엄경(華嚴經)》을 새겼는데 세월이 오래되자 벽돌이 깎여 글자가 지워져 읽을 수가 없다. 절에 어머니를 이고 있는 석상이 있는데 세속에서는 연기와 그 어머니가 화신(化身)하였다고 말한다. 절 앞에 큰 시내가 있고 동쪽에는 일류봉(日留峯)이, 서쪽에는 월류봉(月留峯)이 있다.

연곡사(鷰谷寺) 지리산에 있다. 고려 학사(學士) 왕융(王融)이 지은 현각선사비(玄覺禪師碑)가 있다.

고적 古蹟

유곡부곡(楡谷部曲) 현 서쪽 15리에 있다.

인물 人物

고려

손순흥(孫順興) 성종 때 사신을 여러 도에 보내 효자와 효손들을 찾았다. 당시 사람들이 상례와 제례를 몰랐는데, 구례현 백성 손순흥이 부모를 효성스럽게 섬기다가 어머니가 죽자 그 초상을 그려서 제사를 지내고, 3일에 한 번 무덤에 찾아가 살아 있는 것처럼 제사를 지냈다. 왕이 그 효성스러움을 듣고 교지를 내려 포상하게 하고 벼슬을 내렸다.

열녀 列女

지리산녀(智異山女) 지리산 아래에 살았는데 사서(史書)에는 그 성씨를 실전하였다. 집안이 가난하였으나 부도(婦道)를 다하였다. 백제왕이 그 미색을 듣고 들이려 하자 여자는 죽기를 맹세하고 따르지 않았다.

계수(桂樹) 현 백성인 고진석(高震碩)의 처이다. 남편이 죄를 얻어 원찬(遠竄)되어 가는 길에 죽자 계수는 구걸하여 먹고살았다. 시부모가 그 궁한 상황을 안타깝게 여겨 시집보내려 하자 목매어 자결하려 하니, 시부모가 놀라서 그만두었다. 본조 성종조에 일이 알려져 정려하였다.

흥양현 興陽縣

동쪽으로 사도진(蛇渡鎭)까지 43리이다. 서쪽으로 보성군(寶城郡) 경계까지 78리이다. 남쪽으로 발포(鉢浦)까지 40리이다. 북쪽으로 낙안군(樂安郡) 경계까지 82리이다. 서울과의 거리는 934리이다.

한전 旱田

수전 水田

건치연혁 建置沿革

본래 장흥부(長興府)의 고이부곡(高伊部曲)이다. 고이(高伊)라는 것은 방언으로 고양이[貓]이다. 고려 충렬왕 때 승격시켜 고흥현(高興縣)을 설치하였다. 그 지역 사람인 유청신(柳淸臣)이 역어통사(譯語通事)로 원나라에서 공이 있었기 때문에 승격시켜 현으로 삼았다. 본조 세종 때 치소(治所)를 두원현(荳原縣) 지역으로 옮기고 남양(南陽)을 병합하여 흥양현으로 삼았다. 관장하는 면은 12개이다.

관원

현감(縣監), 훈도(訓導) 각 1인이다.

군명 郡名

고흥(高興)

형승 形勝

삼면이 바다이다.

산천 山川

소산(所山) 현 북쪽 3리에 있다. 진산(鎭山)이다.

팔전산(八巓山) 현 동쪽 30리에 있다. 세속에서는 팔영산(八影山)이라 칭한다. 꼭대기에 8개의 돌 봉우리가 늘어서 있어 이렇게 이름하였다.

천등산(天燈山) 현 남쪽 20리에 있다.

장기산(帳機山) 현 서쪽 30리에 있다.

마북산(馬北山) 현 동쪽 30리에 있다.

유주산(楡朱山) 현 남쪽 40리에 있다.

조계산(曹溪山) 현 남쪽 5리에 있다.

운암산(雲菴山) 현 북쪽 15리에 있다.

지리산(地理山) 일명 지래산(支來山)이다. 현 북쪽 70리, 태강폐현(泰江廢

縣) 서북쪽에 있다.

첨산(尖山) 현 북쪽 75리, 태강폐현 북쪽에 있다. 그 형태가 뾰족하게 솟아 있어 이렇게 이름하였다.

바다〔海〕 현 동쪽 10리, 서쪽 8리, 남쪽 54리에 있다.

입포(入浦) 현 북쪽 60리에 있다. 일명 탄포(炭浦)이다.

여회포(礖會浦) 현 북쪽 15리에 있다.

장선포(長先浦) 현 북쪽 80리에 있다.

구포(狗浦) 현 서쪽 30리에 있다.

고읍포(古邑浦) 현 남쪽 15리에 있다.

차포(叉浦) 현 남쪽 15리에 있다.

오마도(吾亇島) 현 남쪽 20리에 있다. 썰물에는 육지와 연결된다. 둘레가 10리이다.

고도(姑島) 현 서쪽 30리에 있다.

절이도(折爾島) 현 남쪽 30리에 있다. 둘레가 100리이다. 목장이 있다.

외나로도(外羅老島) 둘레가 85리이다.

내나로도(內羅老島) 둘레가 60리이다.

계이도(界爾島) 둘레가 20리이다.

○ 이상 6개의 섬은 모두 현 동쪽 바다 가운데 있다.

우도(牛島) 둘레가 45리이다.

박길도(朴吉島) 둘레가 50리이다.

춘자도(春子島)

이상 3개의 섬은 모두 현 북쪽 바다 가운데 있다.

토산 土産

철(鐵), 자연동(自然銅), 대나무〔竹〕, 죽전(竹箭), 차〔茶〕, 유자〔柚〕, 탱자〔枳實〕, 비자(榧子), 표고버섯〔香蕈〕, 송이버섯〔松蕈〕, 방풍(防風), 사향(麝香), 소금〔鹽〕, 숭어〔秀魚〕, 병어(兵魚), 오징어〔烏賊魚〕, 낙지〔絡締〕, 해삼(海蔘), 대하(大蝦), 굴〔石花〕, 전복〔鰒〕, 감합(甘蛤), 홍합(紅蛤), 꼬막〔江瑤柱〕, 콩잎〔藿〕, 김〔海衣〕, 매생이〔莓山〕, 감태(甘苔), 황각(黃角)

성곽 城郭

현성(縣城) 돌로 쌓았다. 둘레가 1520자이다. 문이 4개 있다.

공서 公署

사도 첨절제사진(蛇渡僉節制使鎭) 현 동쪽 43리에 있다. 진이 관할하는 곳은 회령포(會寧浦), 마도(馬島), 녹도(鹿島), 달량(達梁), 여도(呂島), 발포(鉢浦), 돌산포(突山浦)이다. ○ 수군첨절제사(水軍僉節制使) 1인이 있다.

녹도 만호진(鹿島萬戶鎭) 현 서쪽 45리에 있다. 둘레가 30리이다. ○ 수군만호 1인이 있다.

여도 만호진(呂島萬戶鎭) 현 북쪽 59리에 있다. ○ 수군만호 1인이 있다.

발포 만호진(鉢浦萬戶鎭) 현 남쪽 40리에 있다. ○ 수군만호 1인이 있다.

학교 學校

향교(鄕校) 현 서쪽 2리에 있다.

궁실 宮室

객관(客館)

향사당(鄕射堂)

봉수 烽燧

팔전산 봉수(八巓山烽燧) 동쪽으로 순천부(順天府)의 백야곶(白也串)에 응하고, 남쪽으로 마북산에 응한다.

천등산 봉수(天燈山烽燧) 남쪽으로 유주산에 응하고, 동쪽으로 마북산에 응하고, 서쪽으로 장기산에 응한다.

장기산 봉수(帳機山烽燧) 서쪽으로 보성군(寶城郡)의 정흥사(正興寺)에 응하고, 동쪽으로 천등산에 응하고, 북쪽으로 수덕산(愁德山)에 응한다.

수덕산 봉수(愁德山烽燧) 현 서쪽 5리에 있다. 남쪽으로 장기산에 응하고, 동쪽으로 천등산에 응하고, 서쪽으로는 관문(官門)에 보고하기만 한다.

마북산 봉수(馬北山烽燧) 동쪽으로 팔전산에 응하고, 남쪽으로 유주산에 응하고, 서쪽으로 천등산에 응한다.

유주산 봉수(楡朱山烽燧) 동쪽으로 마북산에 응하고, 서쪽으로 천등산에 응한다.

신증 新增

사화랑 봉수(沙火郎烽燧) 서쪽으로 녹도에 응하고, 동쪽으로 발포에 응한다.

묵두 봉수(墨頭烽燧) 서쪽으로 사화랑에 응하고, 동쪽으로 가화(加禾)에 응한다.

다고두 봉수(多古頭烽燧) 서쪽으로 묵두에 응하고, 동쪽으로 가화에 응한다.

가화 봉수(加禾烽燧) 서쪽으로 다고두에 응하고, 동쪽으로 가내포(加乃浦)에 응한다.

가내포 봉수(加乃浦烽燧) 서쪽으로 가화에 응하고, 동쪽으로 소포(召浦)에 응한다.

소포 봉수(召浦烽燧) 서쪽으로 가내포에 응하고, 동쪽으로 사도(蛇渡)에 응하고, 북쪽으로 여도(呂島)에 응한다.

우역 郵驛

양강역(陽江驛) 현 북쪽 50리에 있다.

복제원(卜梯院) 현 북쪽 30리에 있다.

탄포원(炭浦院) 현 북쪽 60리에 있다.

금모연원(今毛淵院) 현 북쪽 15리에 있다.

송현원(松峴院) 현 북쪽 5리에 있다.

연방원(蓮坊院) 현 북쪽 7리에 있다.

관량 關梁

율현보(栗峴堡) 현 남쪽 15리에 있다. 석성(石城)이다. 둘레가 530자이다.

절도사가 권관(權管)을 파견하여 지키게 한다.

풍안평성(豐安坪城) 현 남쪽 22리에 있다. 돌로 쌓았다. 길이가 2400자이다. 또 현 남쪽 20리 백석포(白石浦)에 행성(行城)이 있는데 길이가 1600자이다. 두 성은 모두 중종조에 순찰사(巡察使) 고형산(高荊山)이 도적이 침입하는 길의 요해처(要害處)라 하여 쌓은 것이다.

홍석교(虹石橋) 현 북쪽 30리에 있다.

사묘 祠廟

사직단(社稷壇) 현 서쪽에 있다.

문묘(文廟) 향교에 있다.

성황사(城隍祠) 현 서쪽 2리에 있다.

여단(厲壇) 현 북쪽에 있다.

능묘 陵墓

유탁 조선(柳濯祖先) 묘 현 북쪽 40리, 바닷가에 있다. 그래서 그곳을 시중도(侍中島)라 이름하였다.[76]

76 그래서……이름하였다 : 유탁이 시중 벼슬을 지냈기 때문이다. 아래 인물 고려의 유탁 항목 참조.

사찰 寺刹

불대사(佛臺寺) 조계산에 있다. ○ 고려 이익배(李益培)가 지은 승려 원오(圓悟)의 비문이 있다.

보현사(普賢寺), **능가사**(楞伽寺) 모두 팔전산에 있다. 보현사 서쪽에 또한 불사의암(不思議菴)이 있는데 가장 절경이라 칭한다.

금탑사(金塔寺) 천등산에 있다.

문수암(文殊菴) 마북산에 있다.

고적 古蹟

남양폐현(南陽廢縣) 현 북쪽 50리에 있다. 본래 백제 조조례현(助助禮縣)이다. 신라에서 충렬(忠烈)로 고치고 분령군(分嶺郡)의 영현으로 삼았다. 고려에서 남양(南陽)으로 고치고 보성군에 병합하여 편입시켰다. 본조 세종 때 본현으로 옮겨 편입시켰다. 옛 산성이 있는데 둘레가 1100자이다.

태강폐현(泰江廢縣) 현 북쪽 70리에 있다. 본래 백제 비사현(比史縣)이다. 신라에서 백주(柏舟)로 고쳐서 분령군의 영현으로 삼았다. 고려에서 태강(泰江)으로 고치고 보성군에 병합하여 편입시켰다. 본조 세종 때 본현으로 옮겨 편입시켰다.

풍안폐현(豐安廢縣) 현 남쪽 25리에 있다. 본래 보성군 식촌부곡(食村部曲)이다. 충선왕 2년(1310)에 원나라에 입조한 환관 이대순(李大順)의 청으로 승격시켜 풍안현으로 삼았다. 본조 세종 때 폐지하여 편입시켰다.

도화폐현(道化廢縣) 현 동쪽 30리에 있다. 본래 보성군 타주부곡(他州部曲)이다. 고려 선종 때 승격시켜 도화현(道化縣)으로 삼았다. 본조 세종 때 폐지하여 편입시켰다.

두원폐현(荳原廢縣) 현 서쪽 15리에 있다. 본래 백제 두힐현(豆肹縣)이다. 신라에서 강원(薑原)으로 고쳐 분령군의 영현으로 삼았다. 고려에서 두원(荳原)으로 고쳐 보성군에 편입시켰다가 인종 때 다시 두원현(荳原縣)을 설치하였다. 뒤에 폐지하여 장흥부(長興府)에 편입시켰다. 본조 장헌왕(莊憲王 세종) 때 본현에 옮겨서 편입시켰다.

도양폐현(道陽廢縣) 현 서쪽 30리에 있다. 본래 장흥부 도량도부곡(道良道部曲)이었는데 뒤에 도양(道陽)으로 고쳤다. 본조 세종 때 폐지하여 목장으로 삼았다.

고고흥현(古高興縣) 곧 묘부곡(貓部曲)이다. 현 동쪽 15리에 있다. 고려 때 묘부곡 사람이 조정에 벼슬하면 나라가 망할 것이라는 참언(讖言)이 있었다. 유청신(柳淸臣)이 부곡의 구실아치 출신으로 현달하자, 충숙왕을 따라 원나라에 가서 심왕(瀋王) 고(暠)를 보고 왕실을 엿보았다. 마침내 조적(曺頔)과 더불어 왕을 배반하고 심왕에게 붙어서 온갖 모략을 꾸며 내고 또 오잠(吳潛)과 더불어 도성(都省)에 상서(上書)하여 본국 고려에 성(省)을 두어 원나라 영토와 같이 해 줄 것을 청하였다.

인물 人物

고려

유탁(柳濯) 조부 유청신이 부곡의 구실아치로 시작하여 고흥부원군(高興府院君)이 되었다. 유탁은 담략(膽略)이 있었다. 공민왕 초에 전라도 만호가 되어 군기를 엄숙하게 유지하고 사졸과 더불어 고락(苦樂)을 함께했으며, 뒤에 병사를 이끌고 원나라에 가서 태사(太師) 탈탈(脫脫)을 따라 장사성(張士誠)을 정벌하여 공이 있었다. 홍건적(紅巾賊)의 난리에 공민왕을 따라서 남쪽으로 갔고, 도읍을 수복함에 미쳐서는 전공이 제일갔다. 벼슬이 문하시중(門下侍中)에 이르렀고 고흥부원군(高興府院君)에 봉해졌다. 임금이 노국공주의 영전(影殿)을 지으며 크게 역사(役事)를 일으켰으나 수 년이 되어도 완성하지 못하였다. 유탁이 극진하고 강직하게 간언을 하자 임금이 크게 노하여 뒤에 이 일로 유탁을 죽였다. 시호는 충정(忠靖)이다.

본조

이서원(李舒原) 벼슬이 문하찬성사(門下贊成事)에 이르렀다.

이은(李垠) 이서원의 아들이다. 고려 말에 장원급제하여 여러 관직을 지내고 대사헌에 이르렀다.

이언(李堰) 이은의 아들이다. 유일(遺逸)로 천거되었고 여러 번 승진하여 남원 부사(南原府使)에 이르렀다. 정사를 청렴하고 신중하게 하자 세조가 책을 내려 포장(褒奬)하였다. 승진하여 전주 부윤(全州府尹)이 되었는데 고을 사람들이 그 덕이 있는 정사에 감동하여 생사당을 세워 제향하였다. 선산부(善山府) 우거(寓居)에도 보인다.

동복현 同福縣

동쪽으로 순천부(順天府) 경계까지 16리이다. 서쪽으로 창평현(昌平縣) 경계까지 21리이다. 남쪽으로 화순현(和順縣) 경계까지 24리이다. 북쪽으로 옥과현(玉果縣) 경계까지 28리이다. 서울과의 거리는 775리이다.

한전 旱田

수전 水田

건치연혁 建置沿革

본래 백제 두부지현(豆夫只縣)이다. 신라 경덕왕 때 동복(同福)으로 고쳐 곡성군(谷城郡)의 영현으로 삼았다. 고려 초에 폐지하여 보성군(寶城郡)에 편입시켰다. 뒤에 다시 동복현을 설치하였다. 승려 조염(祖琰)의 고향이라 하여 승격시켰다. 본조 공정왕(恭定王 태종) 5년(1405)에 현을 폐지하여 화순(和順)에 편입시켰고, 16년(1416)에 다시 각각 현으로 삼았다. 효종 때 고을 사람 중에 비석을 훼손한 자가 있어 다시 혁파하여 동복에 편입시켰다가 얼마 뒤에 복구하였다. 관장하는 면은 7개이다.

관원

현감(縣監), 훈도(訓導) 각 1인이다.

군명 郡名

두부지(豆夫只) 별호는 옹성(甕城)이다.

형승 形勝

동쪽으로 모악산(母嶽山)에 의지하고 서쪽으로 서석산(瑞石山)을 바라본다.

여러 산이 둘러싸 막아서 고을이 손바닥처럼 평평한 곳에 있다.

풍속 風俗

백성의 풍속이 순박하고 간략하며 선비들 사이에 기록과 지식 있는 현인이 없다.

산천 山川

모후산(母后山) 현 동쪽 10리에 있다. 진산(鎭山)이다.

백야산(白也山) 현 동북쪽 20리에 있다. 산에 암석이 많고 바라보면 색이

하얗기 때문에 이름하였다.

서석산(瑞石山) 현 서쪽 25리에 있다. 광주(光州)에 상세히 나온다.

경산(景山) 현 서쪽 15리에 있다. 곧 서석산의 동쪽 줄기이다. 속칭 별산(別山)이다. 화순현에도 보인다.

옹성산(甕城山) 현 북쪽 15리에 있다. 산 동북쪽 모퉁이에 세 바위가 있는데 높은 봉우리가 정립(鼎立)한 모양이 항아리 같다. 산 위에 옛 성에 있기에 이름하였다.

운알령(雲遏嶺) 현 동쪽 20리, 순천 부유현(富有縣) 경계에 있다. 일명 우랄령(于剌嶺)이다. 곧 모후산 등마루가 이어진 곳이다. 길이 높고 험하다.

송현(松峴) 현 북쪽 30리에 있다.

저점(猪岾) 현 남쪽 35리, 능성현(綾城縣) 경계에 있다.

이난령(伊難嶺) 현 남쪽 30리, 보성군(寶城郡) 경계에 있다.

도마현(刀磨峴) 현 남쪽 25리에 있다.

구봉산(九峯山) 현 남쪽 18리에 있다. 산에 9개의 봉우리가 있어서 이름하였다.

적벽(赤壁) 현 북쪽 12리에 있다. 옹성산 서쪽 기슭이 두절되고 절벽이 1000자나 서 있는데 바위 면이 푸른 빛이 도는 붉은색으로 그 아래로 창랑천(滄浪川)이 지나므로 적벽이라 이름한다. 시내를 따라서 10여 리를 올라가면, 양쪽 언덕 산기슭 사이로 물을 마주보며 벽을 이룬 것이 하나가 아니다.

창랑천(滄浪川) 일명 창랑수(滄浪水)이다. 서석산, 백야산 등 여러 산에서 수원이 나와 현 북쪽 20리에 이르러 송현의 물줄기와 합하여 창랑천이 된다. 세속에서 와지천(瓦旨川)이라 부른다. 그 상류를 물염연(勿染淵)이라 부르고, 남쪽으로 적벽 아래를 지나 현 서남쪽 9리에 이르러 달천(達川)이라 이름한다. 또 남쪽으로 흘러 용안연(龍眼淵)이 되고, 보성군 경계에 이르러 잔수(潺水)에 들어간다.

용안연(龍眼淵) 현 남쪽 20리에 있다. 창랑천 하류가 고여서 못이 되는데 깊이를 헤아릴 수 없다. 세속에서 전하는 말에 용이 그 안에 숨어 있다고 한다. 가물면 비를 빈다.

토산 土産

철(鐵), 서석산 아래에서 난다. 석회(石灰), 수촌(水村)에서 난다. 대나무〔竹〕, 닥나무〔楮〕, 감〔柹〕, 차〔茶〕, 생강〔薑〕, 송이버섯〔松蕈〕, 꿀〔蜂蜜〕, 황랍(黃蠟), 옻〔漆〕, 울금(鬱金), 은구어(銀口魚 은어), 쏘가리〔錦鱗魚〕

학교 學校

향교(鄕校) 현 서쪽 4리에 있다.

궁실 宮室

객관(客館)

향사당(鄕射堂) 객관 북쪽에 있다. 풍헌당(風憲堂)이라 한다.

응취루(凝翠樓) 객관 남쪽에 있다. 성화(成化) 갑오년(1474, 성종5)에 현감 유의(柳誼)가 건립하였다. 지금 중수하였다.

창랑정(滄浪亭) 현 북쪽 20리에 있다. 읍인 나씨(羅氏)의 별서(別墅)이다.

정자가 끊어진 언덕 위에 자리하고 창랑천이 삼면을 감싸 돌면서 그 아래에 물이 모여 물염연을 이루는데, 물을 사이에 두고 절벽이 층층이 구불구불 병풍처럼 서 있다. 하류 쪽 3리에 정자가 있는데 또한 이름이 창랑(滄浪)이다. 모두 그윽하고 기이하며 깨끗하고 시원하다. ○ 본조 고경명(高敬命)의 시에,

그윽한 흥 참지 못해 멋대로 읊으며 지팡이 짚으니	不堪幽興散吟笻
방초 핀 물가 어디서나 초록 다홍 어우러졌네	處處芳洲綠映紅
동천 길로 접어드니 대명의 일월이 떠 있고	路入洞天明日月
승지 명루에 오르니 영주 봉래산 가까워라	臺臨勝地傍瀛蓬
붉은 난간은 안개와 노을 속에 출몰하고	朱欄出沒煙霞裏
붉은 벼랑은 비단 무늬 숲속에 희미하네	丹壑依微錦繡中
옥피리 불고 나니 깃든 학이 일어나서	吹盡玉笙棲鶴起
하늘 높이 올라 곧장 장풍을 타려 하네	凌虛直欲駕長風

하였다. ○ 본조 권필(權韠)의 시에,

방장산은 삼한 밖에 있고	方丈三韓外
창랑수는 십여 리를 흐르네	滄浪十里餘
정신이 맑아 잠도 안 오는데[77]	魂淸無夢寐
소나무 사이 달빛에 창가가 훤하네	松月夜窓虛

하였다.

77 정신이……오는데 : 마치 선경에 온 것 같은 기분이 들어서 잠을 이루지 못한다는 말이다. 한유(韓愈)가 이상향인 무릉도원을 읊은 시에 "달 밝을 때 텅 빈 옥당에서 매화를 짝하여 묵었더니, 뼛속까지 시원하고 정신 맑아 잠을 이루지 못하였네.〔月明伴宿玉堂空, 骨冷魂淸無夢寐.〕"라고 하였다. 《韓昌黎集 卷3 桃源圖》

우역 郵驛

검부역(黔富驛) 현 동쪽 5리에 있다.

방석원(方席院) 현 서쪽 20리에 있다.

남덕원(南德院) 현 동쪽 5리에 있다.

사평원(沙坪院) 현 남쪽 25리에 있다.

여점원(餘岾院) 현 북쪽 48리에 있다.

관량 關梁

사묘 祠廟

사직단(社稷壇) 현 서쪽에 있다.

문묘(文廟) 향교에 있다.

성황사(城隍祠) 현 북쪽 15리에 있다.

여단(厲壇) 현 북쪽에 있다.

사찰 寺刹

유마사(維摩寺) 모후산에 있다.

영봉사(靈鳳寺) 구봉산에 있다.

안심사(安心寺) 서석산에 있다.

혈암(穴菴) 옹성산성(甕城山城) 안에 있다. 돌 절벽이 집처럼 덮고 있고 암자가 그 사이에 있어서 이름하였다. 절벽 위에 석대(石臺)가 100여 자 되는데 절벽에 잔교가 매달려 이어져서 빙글빙글 돌면서 올라가면 또 돌기둥이 있다. 돌기둥과 돌문지방을 사람들은 나한전(羅漢殿) 옛터라고 말한다.

고적 古蹟

수촌폐현(水村廢縣) 현 북쪽 20리에 있다.

압곡폐현(鴨谷廢縣) 현 북쪽 25리에 있다.

옹성산성(甕城山城) 돌로 쌓았다. 둘레는 3870자이다. 전해 오는 말에 삼국시대의 옛 성이라고 한다. 산세가 끊어져 험한 곳은 쌓지 않았고 그 절벽이 끊어진 곳 사이사이에 성을 쌓았으니, 성을 쌓은 곳은 약 3분의 1이다. 지금은 모두 무너졌다. ○ 생각건대 이 성은 사면이 험준하고 서쪽에서 북쪽까지, 다시 북쪽에서 동쪽까지 모두 돌벽으로 천 길이나 깎아질러 서 있다. 남북으로 2개의 문이 있어 인적이 겨우 통하고, 바위로 된 절벽에 길이 구불구불 나서 절벽 아래로 이어진다. 성이 절벽 위에 있어 왕래하는 자가 내려다보이므로, 한 사람이 돌을 굴리면 만 사람이 지나갈 수 없으니 참으로 천연의 험지이다. 다만 지세가 좁고 길어 동서로 6리가 될 만한데, 남북의 너비는 단지 산등성이 하나이다. 서쪽 머리가 높고 동쪽은 양 넓적다리를 이루어 형태가 디딜방아 같다. 양 넓적다리 사이는 끊어진 절벽이어서 성은 양쪽 넓적다리를 이어서 허리까지 좁혀 들어간다. 그래서 그 둘레를 헤아리면 들쭉날쭉 거의 20리가 되는데, 성안에는 실로 물자를 저장할 평지가 없다. 성안에 있는 작은 우물은 큰 가뭄을 만나면 말라 버리며 또 제방을 쌓아 물을 저장할 곳이 없으니 이것이 큰 흠이다.

석등(石燈) 현 안에 있다. 본조 김상보(金尙保)의 기문에 "옛날에 현리(縣吏) 오대승(吳大陞)이 관도(官道) 남쪽에 석등 48개를 조각해 만들고는 밤마다 불을 켜 놓고 하늘에 절을 하였더니, 그 내외의 자손들이 모두 출세하고 계속하여 재상 지위에 올랐다. 내가 그 말을 듣고 가서 보니 그 석등이 아직 남아 있었다. 그러나 세월이 오래되어 풀 속에 묻혀 있기에 사람을 시켜 석등을 수리하고 대(臺)를 쌓아 오씨(吳氏) 선세(先世)의 사적을 표시했다."라고 하였다.

명환 名宦

본조

정구(鄭逑) 소경왕조(昭敬王朝 선조)에 동복 현감(同福縣監)이 되었다. 청렴하고 방정하여 자신을 단속하고 정사는 부세를 고르게 하였다. 백성을 사랑하고 선비를 가르치고 학교를 일으키는 것을 급선무로 삼았다. 성황사나 여단 모두 몸소 제사에 임하였다.

화순현和順縣

동쪽으로 동복현(同福縣) 경계까지 28리이다. 서쪽으로 남평현(南平縣) 경계까지 21리이다. 남쪽으로 능성현(綾城縣) 경계까지 12리이다. 북쪽으로 광주(光州) 경계까지 9리이다. 서울과의 거리는 828리이다.

한전 旱田

수전 水田

건치연혁 建置沿革

본래 백제 잉리아현(仍利阿縣)이다. 신라 경덕왕 때 여미(汝湄)로 고치고 일명 여빈(汝濱)이라 한다. 능성군(綾城郡)의 영현으로 삼았다. 고려에서 화순으로 고치고 이어서 나주(羅州)에 편입시켰다. 뒤에 다시 능성에 편입시켰다. 공민왕 때 화순현을 다시 설치하였다. 본조 태종 때 폐지하여 능성에 편입시켰다가 얼마 뒤에 다시 떼어 내 현을 설치하였다. 공양왕 때 현을 설치하고 현의 감무(監務)가 남평(南平)을 겸임하게 하였다. 본조 태조 3년(1394)에 분할하여 2개 현으로 삼고, 동복 감무(同福監務)를 두어 와서 겸임하게 하였다. 태종 5년(1405)에 동복(同福)을 본현에 병합하고 화순 감무(和順監務)라 칭하였다. 7년(1407)에 복순 감무(福順監務)라 개칭하였고, 16년(1416)에 다시 동복을 분리하고 본현을 폐지하여 능성현에 편입시켰다. 얼마 뒤에 다시 분리하여 현을 설치하였다. 관장하는 면은 3개이다.

관원

현감(縣監), 훈도(訓導) 각 1인이다.

군명 郡名

여미(汝湄)

산천 山川

서석산(瑞石山) 현 북쪽 10리에 있다. 광주에 자세히 보인다. 그 남쪽 기슭을 나한산(羅漢山)이라 하는데 현의 진산(鎭山)으로 삼았다.

천운산(天雲山) 현 동쪽 25리에 있다.

대암산(大巖山) 현 동쪽 15리에 있다. 산에 큰 바위가 우뚝 솟은 까닭에 이름하였다.

오성산(吳城山) 현 동쪽 8리에 있다. 옛 성이 있는데 삼면이 모두 돌 절벽이다. 산 동쪽에 못이 있는데 옥동(玉洞)이라 한다.

경산(景山) 현 동쪽 20리, 동복현 경계에 있다.

흑토점(黑土岾) 현 동쪽 25리에 있다. 그 땅에서 검은 흙이 나오는 까닭에 이렇게 이름하였다.

각암산(角巖山) 현 서쪽 15리에 있다.

서암(西巖) 현 동쪽 15리에 있다. 냉천(冷川)이 그 아래를 지난다.

냉천(冷川) 현 남쪽 5리에 있다. 수원이 서석산과 천운산에서 나와 남쪽으로 흘러 능성현 능천(綾川)으로 들어간다.

토산 土產

철(鐵), 냉천에서 난다. 석회(石灰), 천운산 아래에서 난다. 석류(石榴), 감〔柹〕, 대나무〔竹〕, 차〔茶〕, 송이버섯〔松蕈〕, 꿀〔蜂蜜〕, 황랍(黃蠟)

학교 學校

향교(鄕校) 현 북쪽 2리에 있다.

궁실 宮室

객관(客館)

향사당(鄕射堂) 객관 남쪽에 있다.

척서루(滌暑樓) 객관 북쪽에 있다.

우역 郵驛

가림역(加林驛) 현 남쪽 12리에 있다.

신원(新院) 현 동쪽 13리에 있다.

내화원(乃火院) 현 서쪽 21리에 있다.

고자원(古者院) 현 북쪽 5리에 있다.

사묘 祠廟

사직단(社稷壇) 현 서쪽에 있다.

문묘(文廟) 향교에 있다.

성황사(城隍祠) 오성산에 있다.

여단(厲壇) 현 북쪽에 있다.

능묘 陵墓

사찰 寺刹

청공사(青空寺), 만연사(萬淵寺), 연혈암(燕穴庵) 모두 서석산에 있다.

운계사(雲溪寺) 천운산에 있다.

대흥사(大興寺) 현 서쪽 25리, 운동(雲洞)에 있다.

인물 人物

본조

최선복(崔善復) 장헌왕조(莊憲王朝 세종)에 과거에 급제하였다. 관직은 경주 부윤(慶州府尹)에 이르렀다. 경상도 김산군(金山郡)에 상세히 나온다.

祥原
成川
陽德
永豐
西王寺
東里鎮
善積鎮
大峴山城
瑞興
伊川
安峽
平康
鐵原
平山
白川
松都
長湍
朔寧
漣川
麻田
積城
坡州
楊州

제6권

황해도

黃海道

고조선 지역이다. 천문으로는 미수(尾宿)와 기수(箕宿)의 분야이다. 한나라 때 낙랑군(樂浪郡) 지역이 되었다. 경기 우도(京畿右道)와 한강(漢江) 북쪽도 모두 낙랑군 지역이었는데 뒤에 고구려 소유가 되었다. 당 고종(唐高宗)이 고구려를 멸하고 그 땅을 안동도호부(安東都護府)에 소속시켰는데 얼마 뒤에 신라가 병합하였다. 경덕왕 때 한주(漢州)에 예속시켰고 신라 말에 궁예의 근거지가 되었다. 고려 태조가 그 땅을 이어서 차지하였다. 성종 때 관내도(關內道)에 예속시켰고, 그 뒤에 서해도(西海道)를 설치하여 황주(黃州)와 해주(海州)가 관할하는 군현을 거느렸다. 뒤에 수안(遂安), 곡주(谷州), 은율(殷栗) 등의 현이 원나라에 함락되었다가 충렬왕 때 이르러 원나라가 돌려주었다. 뒤에 또 황주목(黃州牧), 안악군(安岳郡), 철화현(鐵和縣), 장명진(長命鎭)을 서북면(西北面)에 옮겨 예속시켰다가 신우(辛禑) 때 본도로 되돌려 예속시켰다. 본조 태조 초에 풍해도(豐海道)로 고쳤고 태종조에 다시 황해도(黃海道)로 고쳤다. 관할 지역은 목(牧) 2개, 도호부(都護府) 4개, 군 7개, 현 11개이다.

관원

관찰사(觀察使) 1인이다.

병마절도사(兵馬節度使) 1인으로, 관찰사가 겸한다. 옛날에는 절도사 1인만을 두어 관찰사를 겸하게 하였다. 선조조에 절도사 1인을 따로 두었다.

수군절도사(水軍節度使) 1인으로, 관찰사가 겸한다.

도사(都事), 심약(審藥), 검률(檢律) 각 1인이다.

황주목 黃州牧

동쪽으로 서흥부(瑞興府) 경계까지 51리이다. 남쪽으로 봉산군(鳳山郡) 경계까지 23리이다. 서쪽으로 해안까지 50리이다. 북쪽으로 평안도 중화군(中和郡) 경계까지 39리, 평안도 상원군(祥原郡) 경계까지 39리이다. 서울과의 거리는 488리이다.

한전 旱田

수전 水田

건치연혁 建置沿革

본래 고구려 동홀(冬忽)이다. 우동어홀(于冬於忽)이라고도 한다. 신라 헌덕왕 때 취성군(取城郡)으로 고쳤다. 고려 초에 황주로 고쳤다. 성종 2년(983)에 목(牧)을 두었고 얼마 뒤에 주(州)에 천덕군(天德軍)을 두었다. 현종 때 군(軍)을 혁파하고 다시 황주목을 두었다. 고종 때 강등시켜 고령군(固寧郡)으로 삼았다가 주(州) 사람들이 거란 병사를 막지 못하고 항복하였기 때문이다. 얼마 뒤에 다시 황주목으로 삼았다. 뒤에 서북면

(西北面)으로 옮겨 예속시켰다가 얼마 뒤에 다시 서해도(西海道)에 예속시켰다. 본조에서 그대로 따르고, 세조 때 진(鎭)을 두었다. 관장하는 면은 17개이다. 도내의 주현과 각 면을 모두 방(坊)이라 부른다. 평안도도 같다.

진관

도호부(都護府) 2개 평산(平山), 서흥(瑞興)

군(郡) 6개 봉산(鳳山), 안악(安岳), 재령(載寧), 수안(遂安), 곡산(谷山), 신천(信川)

현(縣) 5개 신계(新溪), 토산(兎山), 우봉(牛峯), 문화(文化), 장련(長連)

관원

목사(牧使), 판관(判官), 교수(敎授), 역학훈도(譯學訓導) 각 1인이다.

군명 郡名

취성(取城), 고령(固寧) 별호는 제안(齊安)이다.

형승 形勝

패수(浿水)가 서북쪽의 경계가 되고 절령(岊嶺)이 동남쪽을 막고 있다. 지지(地志)

밖으로 관새(關塞)에 닿고 안으로 기전(畿甸)에 접해 있다. 본조 이이(李

珥)의 상소[1]에 "밖으로 관새에 닿고 안으로 기전에 접해 있어 참으로 중요한 땅입니다." 하였다.

나라의 요충지이다. 본조 서거정(徐居正)의 〈객관기(客館記)〉[2]에 "주 서북쪽에 대동강(大同江)이 있고 동남쪽에 절령과 극성(棘城)이 있으니 모두 나라의 요충지이다." 하였다.

흙빛이 붉고 토질이 비옥하며 지세가 평평하고 넓다. 명나라 고윤(高閏)의 〈광원루기(廣遠樓記)〉

풍속 風俗

농사와 누에치기에 힘쓰며 풍속이 음사(淫祀)를 좋아하고 무용을 숭상한다. 모두 지지에 있다.

사람들이 질병이 많다. 수토가 좋지 않고 땅에 왕왕 파인 구덩이가 있어 사람들이 질병이 많고 소경도 많다. 평산, 봉산, 재령 등의 읍이 대개 이와 같다.

산천 山川

벽화산(碧花山) 주 동쪽 4리에 있다. 진산(鎭山)이다.

천주산(天柱山) 주 동쪽 15리에 있다.

1 이이(李珥)의 상소 : 〈진해서민폐소(陳海西民弊疏)〉이다. 《栗谷全書 卷5》

2 서거정(徐居正)의 객관기(客館記) : 〈황주객관 중신기(黃州客館重新記)〉이다. 《四佳集 四佳文集 卷2》

칠봉산(七峯山) 주 북쪽 40리에 있다.

여계산(餘界山) 주 동쪽 50리에 있다.

발산(鉢山) 주 남쪽 30리에 있다.

월라산(月羅山) 주 남쪽 40리에 있다. 산 위에 옛 성이 있는데 둘레가 650자이다.

정방산(政方山) 주 남쪽 20리에 있다. 봉산군에도 보인다.

삼방산(三方山) 주 남쪽 40리에 있다.

산산(蒜山) -원문 다수 결락-에 있다. 그 산은 그다지 높거나 험하지 않으며 벌판의 도로 한가운데에 있는데 불쑥 솟은 형세가 마늘처럼 생겼다 하여 이름하였다. 본조 선조 때 왜구가 나라 안을 휩쓸었는데 사인(士人) 이사림(李思林)이 동네 사람들을 이끌고 이 산에 올라 방책(防柵)을 설치하고 지켰다.

천진산(天眞山) 주 남쪽 15리에 있다.

봉명산(鳳鳴山), **용복산**(龍伏山), **건지산**(乾之山) 모두 주 서쪽 30리에 있다. 봉산군에도 보인다.

독산(獨山) 주 서쪽 30리에 있다.

금봉산(金鳳山) 주 동쪽 25리에 있다.

구현(駒峴) 주 북쪽 30리에 있다.

상산점(上山岾) 주 남쪽 40리에 있다.

바다〔海〕 주 서쪽에 있다.

선도(鐥島) 주 서남쪽 15리, 월당강(月唐江) 가운데에 있다. 어량(魚梁)이 있다.

철도(鐵島) 주 서쪽 25리, 월당강 가운데에 있다. 예전에는 목장이 있었는데, 성종 15년(1484년)에 물과 풀이 없다 하여 안악(安岳) 저도(猪島)와 풍천(豐川) 초도(椒島)로 옮겨서 방목하였다.

비파곶(琵琶串) 주 서쪽 20리에 있다.

월당강(月唐江) 봉산, 재령, 신천의 물이 합하여 이 강이 된다. 주 서남쪽 □□리를 지나서 안악군과 경계를 나눈다. 그 물이 바다에 이어진 곳이 매우 넓은데, 철화폐현(鐵和廢縣) 경계에 있는 것을 철화강(鐵和江)이라고 한다. 고려 공민왕 때 절강평장사(浙江平章事) 화니적(火尼赤)이 표류하여 철화현에 정박하고 수정 도끼를 바쳤는데 바로 이 강을 월당강이라고 불렀다.

어초천(於草川) 주 남쪽 2리에 있다. 남천(南川)이라고도 한다. 수원은 수안군(遂安郡) 대현(大峴)에서 나와 서쪽으로 흘러 월당강으로 들어간다.

급수문(急水門) 주 서쪽 30리에 있다. 월당강과 평양(平壤) 대동강(大同江)이 만나서 바다로 들어가는 곳이다. 해구(海口)가 좁아질수록 물살이 급해져 이렇게 이름하였다. 안악군과 평안도 용강현(龍岡縣)에도 보인다.

박배포(朴排浦) 주 서남쪽 15리에 있다. 바로 월당강 물굽이이다.

토산 土産

명주실〔絲〕, **지치**〔紫草〕, **지황**(地黃), **지모**(知母), **황금**(黃芩), **숫돌**〔礪石〕, 천진산에서 난다. **적토**(赤土), 주 남쪽 2리에서 난다. 품질이 제일 우수하다. **철**(鐵), 철화폐현에서 난다. **꿀**〔蜂蜜〕, **황랍**(黃蠟), **쏘가리**〔錦鱗魚〕, **누치**〔訥魚〕, **숭어**〔秀魚〕, **붕어**〔鯽魚〕, **웅어**〔葦魚〕, **게**〔蟹〕

성곽 城郭

주성(州城) 돌로 쌓았다.

정방산성(政方山城) 인조 때 도원수(都元帥) 김자점(金自點)이 쌓았다. 석성(石城)이다. 둘레가 -원문 다수 결락-이다.

공서 公署

절도사영(節度使營)

학교 學校

향교(鄉校) 주 동쪽 5리에 있다.

역학당(譯學堂) 주 남쪽 2리에 있다.

궁실 宮室

객관(客館) 성종 11년(1480)에 목사 김백겸(金伯謙)이 중수하였다. 서거정의 기문[3]이 있다.

광원루(廣遠樓) 객관 동쪽에 있다. 명나라 장녕(張寧)의 시에,

> 층층 누각 높다랗게 푸른 산 사이로 솟았는데　　層樓高出翠微間
> 경치가 멀리 보여 객의 안색 펴게 하네　　景物迢遙慰客顏

3 서거정의 기문 : 〈황주객관 중신기〉이다.《四佳集 四佳文集 卷2》

석양 비친 하늘 밖 길 방초가 싱그럽고 芳草夕陽天外路
잔설 쌓인 바닷속 산봉우리 어지럽네 亂峯殘雪海中山
들판에 안개 끼니 촌락이 작아지고 煙凝野色村居小
변방 소식 들려오니 기병들 돌아오네 風送邊聲獵騎還
문득 생각나네 중국 땅에 봄빛 넘실거리고 却憶帝鄕春似海
봉래전 궁궐엔 오색구름 한가로웠지 蓬萊宮闕五雲閑

하였다.

관심정(寬心亭) 주 남쪽 1리, 송령(松嶺) 아래에 있다. 동쪽으로 어초천을 굽어본다.

봉수 烽燧

천주산 봉수(天柱山烽燧) 남쪽으로 봉산군의 건지산에 응하고, 북쪽으로 평안도 중화군(中和郡)의 운봉산(雲峯山)에 응한다.

비파곶 봉수(琵琶串烽燧) 서쪽으로 안악군의 월호산(月乎山)에 응한다.

우역 郵驛

경천역(敬天驛) 주 남쪽 6리에 있다. 옛날에는 주 북쪽 30리에 있었는데 절령(岊嶺)의 길이 폐지되면서 이곳으로 옮겼다.

고석원(高石院) 주 동쪽 25리에 있다.

인제원(仁濟院) 주 동쪽 50리에 있다.

제중원(濟衆院) 극성(棘城) 북쪽 2리에 있다.

보제원(普濟院) 주 동쪽 60리에 있다.

저복지원(貯卜只院) 주 북쪽 20리에 있다.

대제원(大濟院) 주 북쪽 30리에 있다.

관량 關梁

극성관(棘城關) 주 남쪽 25리에 있다. 북쪽은 산을 베고 있고 남쪽은 바다를 베고 있다. 행성(行城) 터가 있다. 정방산 정상에서 박배포까지 길이가 4만 3600여 자이다. 고려 때 방수(防戍)하였고, 본조 문종 때 증축하였다. 명나라 동월(董越)이 '조선의……' 하였다.

어초천교(於草川橋) 봄과 여름에 비가 내려 물이 불면 배를 이용한다.

흑교(黑橋) 주 북쪽 25리에 있다.

저복지교(貯卜只橋) 저복지원 곁에 있다.

청룡나루〔青龍渡〕 주 서쪽 □리에 있다. 월당강을 건너는 나루터이다. 예전에는 아사진(阿斯津)이라 불렀다. 강물의 너비가 30리이다. 그 남쪽은 안악군 지역이다. 안악군 사람들은 늘상 사근나루〔沙斤渡〕라고 부른다.

사묘 祠廟

사직단(社稷壇) 주 서쪽에 있다.

문묘(文廟) 향교에 있다.

성황사(城隍祠) 주 동쪽 2리에 있다.

여단(厲壇) 옛날에는 주 북쪽에 있었는데 지금은 옮겨서 극성단(棘城壇)과

합하였다.

극성단(棘城壇) 극성 지역은 고려 군대가 홍건적을 막다가 패하여 들판에 죽은 자의 뼈가 나뒹굴었다. 날씨가 흐리고 비가 올 때마다 울부짖던 귀신의 원한이 역병이 되어 점점 번지다 보니 황해도 일대는 요절하는 백성들이 많았다. 이 때문에 나라에서 매년 봄가을에 향과 축문을 내려보내 치제하였다. 본조 문종 때 역병이 경기까지 퍼지자 왕이 근심하여 친히 글을 짓고 관원을 보내 치제하였다. 치제문에,

"이(理)는 순전히 양(陽)만 있는 것이 아니라 음(陰)도 있고, 물(物)은 장생불사하는 것이 아니라 죽음이 있다. 옴이 있으면 반드시 감이 있고 신(神)이 있으면 반드시 귀(鬼)가 있는 법이라서 본디 사물의 본체가 되어 빠뜨릴 수 없으니 어찌 저 역병에 주인이 없겠는가.

정(情)이 없는 것을 음양이라 하고 정이 있는 것을 귀신이라 하니, 정이 없다면 더불어 말할 수 없지만, 정이 있다면 이치로 깨우칠 수 있다. 내 생각에 물과 불은 사람을 기르는 것이지만 때로 사람을 죽이는 수가 있고, 귀신은 사람을 살리는 것이지만 때로 사람을 해치는 수가 있다. 그러나 사람을 죽이는 것은 물과 불이 아니라 바로 사람이고, 사람을 해치는 것은 귀신이 아니라 바로 사람이다. 그러므로 추위와 더위, 맑음과 흐림, 모든 음식의 맛은 천지가 사람을 기르는 능력에 해당하지만, 사람이 스스로 그 조화를 잃으면 병의 근원이 발동한다. 그러므로 귀신의 덕이 성대하여 이치가 천지와 하나인 것이니, 지금의 역병은 실로 귀신이 만들어 낸 재앙이 아니라 사람이 스스로 지은 죄악임을 알 수 있다.

그러나 마침 한 사람이 지은 죄악으로 인해 전염되고 점점 확대되어 오랜 세월 그치지 아니하니 죄 없이 억울하게 걸려 목숨을 잃는 사람이 부

지기수였다. 어찌 임금이 덕을 잃으면 선인과 악인이 함께 화를 입는다는 것이 아니겠는가. 나는 부덕한 사람으로 황송하게도 온 나라 귀신과 사람의 주인이 되어 사물 하나라도 제대로 살아가지 못할까 늘 두려워하곤 했는데, 하물며 우리 백성이 억울하게 걸려 요절하는 꼴을 차마 보고만 있겠는가. 이에 유사(有司)에게 명하여 도처에 깨끗한 처소를 가려 단(壇)을 조성하게 하고, 조정 신하를 나누어 보내 고기, 술, 밥, 국으로 제사 지내며 거듭 신신당부하여 너희를 깨우치게 하는 바이다. 너희 귀신들은 선으로 선을 이어갈 것을 생각하여 사리에 어긋나고 분노에 찬 기운을 거둬들이고 생명을 끊임없이 낳게 하는 덕을 펼지어다."

하였다.

사찰 寺刹

심원사(深源寺) 여계산에 있다.

관음사(觀音寺) 주 서쪽 평지에 있다.

송림사(松林寺), **송방사**(松房寺) 모두 건지산에 있다.

대흥사(大興寺) 정방산에 있다.

망일사(望日寺), **관정사**(觀井寺) 모두 천주산에 있다.

고정사(高井寺) 칠봉산에 있다.

고적 古蹟

철화폐현(鐵和廢縣) 고려 때 철도 사람이 육지로 나와서 주 서쪽 30리에 임시로 거주하였다. 충숙왕이 그대로 철화현(鐵和縣)으로 삼았다가 그 뒤에 폐지하였다. 본조 태조 때 다시 현을 설치하였다가 공정왕(恭定王 태종) 8년(1408)에 다시 편입되었다.

발산행성(鉢山行城) 돌로 쌓았다. 둘레가 700자이다.

심원사 남점행성(深源寺南岾行城) 돌로 쌓았다. 둘레가 2500자이다.

여계산성(餘界山城) 둘레가 305보이다. 안에 우물과 샘이 5개 있다.

사인암동성(舍人巖東城) 주 동쪽 25리에 있다. 돌로 쌓았다. 둘레가 670자이다.

서성(西城) 주 남쪽 25리에 있다. 돌로 쌓았다. 둘레가 330자이다.

덕월산성(德月山城) 주 동쪽 2리에 있다. 흙으로 쌓았다. 둘레가 5300자이다.

단림역(丹林驛) 주 남쪽 10리에 있다.

신로역(新蘆驛) 주 안에 있다.

고동선역(古洞仙驛) 옛터가 주 □리에 있다. 본조 세조 때 절령의 도로를 폐지하고 역을 봉산군으로 옮겼다. 고려 의왕(毅王 의종) 22년(1168)에 황주(黃州) 동선역(洞仙驛)에 주필(駐蹕)하여 벽파정(碧波亭)에서 연회를 열고, 또 남계(南溪)에 배를 띄워 밤새도록 잔치를 즐겼다. 또 고종 18년(1231) 몽고 원수 철례탑(撒禮塔)이 군대를 일으켜 침범해 오자 삼군이 방어하려고 동선역에 주둔하였다. 군대가 모두 안장을 풀고 쉬고 있는데 몽고군이 밤중에 기습하자 장군 이자성(李子晟) 등이 목숨을 걸고 항거하여 가까스로 지켜 낸 곳이 전부 이 지역이다.

명환 名宦

고려

이위(李瑋) 선종 때 황주 부사(黃州副使)가 되었다. 청렴하고 근면함으로 백성을 위무한다고 평가되었다.

문극겸(文克謙) 의종 때 정언(正言)이 되었다. 직간(直諫)하다 강등되어 황주 판관(黃州判官)이 되었다. 관리와 백성들이 좋아하였고 선정을 베푼다는 명성이 파다하였다.

이지명(李知命) 주의 장서기(掌書記)가 되었다. 관직에 있을 때 청렴하고 정직하였으며, 백성들이 굶주리자 마음을 다해 구제하니 유랑민들이 아이를 들쳐 업고 찾아왔다.

최보순(崔甫淳) 장서기가 되었다. 행정은 청백을 위주로 하였다.

함유일(咸有一) 명종 때 감찰어사(監察御史)로서 외직으로 나가 황주 판관이 되었다. 강직하여 흔들리지 않았으며 치적을 남겼다. 부 안에 있는 음사(淫祠)들을 모두 훼철하였다.

안경공(安景恭) 공민왕 때 황주 목사(黃州牧使)가 되었다. 백성을 위무하고 사랑하여 후세에도 사랑을 받았다.

본조

김길통(金吉通), 강로(姜老) 모두 목사가 되었다.

인물 人物

고려

황보제공(皇甫悌恭) 태조의 비(妃)인 신정왕후의 아버지이다. 관작은 태위(太尉) 삼중대광(三重大匡)에 이르렀다.

김정순(金正純) 자품이 용맹스럽고 활쏘기와 말타기를 잘하였다. 예종 때 윤관(尹瓘)을 따라 여진을 정벌하고 인종 때 김부식(金富軾)을 따라 서경의 반란군을 토벌하여 모두 공을 세웠다. 관직은 수 태위 문하시랑 동중서문하평장사 상주국(守太尉門下侍郎同中書門下平章事上柱國)에 이르렀다. 시호는 충양(忠襄)이다.

본조

이사림(李思林) 임리(林里) 사람이다. 임진왜란이 일어나 선조가 서쪽으로 몽진하자 각 도는 모두 적의 주둔지가 되었다. 이사림이 홀로 그 마을 남녀노소 400여 인을 이끌고 산산(蒜山)에 올라 방책(防柵)을 치고서 지켰는데, 화살도 무기도 없이 큰 돌만 모아 놓고 기다렸다. 적의 보루가 지척에 있어 불빛이 비칠 정도였으나 이사림은 동요하지 않았다. 왜적이 쳐들어와 공격하자 산 위에 있는 사람들이 석거(石車)로 돌을 발사하였는데 그 때마다 적은 패하여 달아났다. 얼마 뒤 왜장 평행장(平行長)이 1만 군사를 이끌고 와서 산 아래를 포위하였는데, 이들이 죽기로 지키는 모습을 보자 공격하지 못하고 퇴각하였다. 이로부터 이사림의 군대는 적에게 이골이 나고 담력이 세지자 몇 사람을 뽑아 망을 보게 하고 나머지는 하산하여 쉬지 않고 농사짓는 한편, 때로 용감한 자를 선발하여 적의 길목을 가로막고 약탈하게 하였다. 다음 해가 되어 적이 물러나고 나서야 비로소 하산하였다. 당시 다른 곳에 피난했던 백성들은 대부분 온전하지 못했는데, 이사림의 방책 안에 있던 사람들은 죽은 이가 하나도 없었다.

평산도호부平山都護府

동쪽으로 우봉현(牛峯縣) 경계까지 15리이다. 남쪽으로 해안까지 120리이다. 서쪽으로 해주(海州) 경계까지 103리, 봉산군(鳳山郡) 경계까지 100리, 강음현(江陰縣) 경계까지 22리이다. 북쪽으로 신계현(新溪縣) 경계까지 64리, 서흥부(瑞興府) 경계까지 62리이다. 서울과의 거리는 272리이다.

건치연혁 建置沿革

본래 고구려 대곡군(大谷郡)이다. 다지홀(多知忽)이라고도 한다. ○ 《동국여지승람(東國輿地勝覽)》에 "한나라 소제(昭帝) 시원(始元) 5년(기원전 82)에 두 외부(外府)를 두었는데, 조선의 옛 땅인 평나(平那)와 현도군(玄菟郡)을 평주도독부(平州都督府)로 삼았다. 지금 부 동쪽 우봉현 성거산(聖居山)이 바로 옛 평나산(平那山)이다. 부(府)는 한나라 때의 도독부인 듯하다."라고 하였다. ○ 지금 살펴보건대 《동국여지승람》의 설은 억지로 끌어댔다고 하지 않을 수 없다. 《후한서(後漢書)》에 "소제 시원 5년에 임둔(臨屯), 진번(眞番)을 혁파하고 낙랑(樂浪), 현도에 병합하였다."라고 하였고, 《일통지(一統志)》에서도 "한 무제(漢武帝)가 조선을 평정하고 진번, 임둔, 낙랑, 현도 4군을 설치하였다. 소제가 이를 낙랑, 현도 2군으로 병합하였다."라고 하였다. 그렇다면 이른바 평나는 진번이고 평주도독부는 현도군이다. 우선 지형으로 논하자면, 소제가 2부를 설치했을 당시 낙랑, 임둔을 병합하여 동부도독부(東府都督府)로 삼았으니, 지금의 평양(平壤) 이동, 강릉(江陵) 이서 지역은 일찍이 맞닿아 있었던 것이다. 본부가 그 사이에 있고 평양과 가까운데 또 어찌 한나라 때의 평주도독부가 될 수 있겠는가. 신라 경덕왕 때 영풍군(永豐郡)으로 고쳤다. 고려 초에 평주(平州)로 고쳤고 원종 때 복흥군(復興郡)에 병합하였다가 충렬왕 때 평주를 다시 설치하였다. 본조 태종 13년(1413)에 평산도호부로 고쳤다. 관장하는 면은 16개이다.

관원

부사(府使), 교수(敎授) 각 1인이다.

군명 郡名

대곡(大谷), 영풍(永豐), 평주(平州) 별호는 동양(東陽)이다.

형승 形勝

풍속 風俗

무용(武勇)을 숭상한다.

산천 山川

멸악산(滅惡山) 부 서쪽 60리에 있다. 진산(鎭山)이다.

성악산(省惡山) 부 북쪽 40리에 있다.

월봉산(月峯山) 부 남쪽 75리에 있다.

연봉산(煙峯山) 부 남쪽 70리에 있다.

운봉산(雲峯山) 부 남쪽 60리에 있다.

감악산(紺嶽山) 부 북쪽 13리에 있다.

철봉산(鐵峯山) 부 남쪽 30리에 있다. 산 위에 옛 성이 있는데 둘레는 200여 자이다.

만송산(滿松山) 부 서쪽 20리에 있다.

서봉산(西峯山) 부 북쪽 20리에 있다.

성불산(成佛山) 부 서쪽 90리에 있다.

모란산(牡丹山) 부 서쪽 69리에 있다. 산세가 높고 빼어나니, 고려 이색(李穡)의 시[4]에 "산 빛깔 푸르러 바라보니 기막히고, 산속에 앉은 절 형세 따라 높고 낮네.〔山色蒼然望已奇 山中精舍稱高卑〕"라고 읊은 곳이 바로 이 산이다.

총수산(葱秀山) 부 북쪽 30리에 있다. 예전 이름은 총수(聰秀)였는데, 명나라 동월(董越)이 사명을 받들고 이곳을 지나면서 지금의 이름으로 고치게 되었다. ○ 동월의 기문에 "보산관(寶山館)에서 서쪽으로 10리쯤 가면 산이 있다. 벼랑과 절벽은 흐르는 물을 굽어보고 있고 다복솔과 기암괴석이 휑한 바윗골 사이로 자꾸자꾸 나타났다. 바위는 가지런한 잇몸처럼 늘어서 있는데 젖은 이끼가 끼어 있고 담쟁이덩굴로 뒤덮여 있었다. 높아서 떨

4 이색(李穡)의 시 : 〈모란산(牧丹山)〉이다. 《牧隱藁 牧隱詩藁 卷6》

어질 것처럼 보이는 곳이 거의 절반이고 그 가운데는 주객을 나눈 듯이 위아래로 갈라져 있다. 북쪽에서 흘러온 물이 돌 틈 사이로 콸콸 쏟아져 나와 구르는 진주 같고 백로 떼 같은데, 빙빙 굽이돌아 동쪽으로 흘러가 멈출 줄을 몰랐다."라고 하였다. ○ 명나라 주지번(朱之蕃)이 그 샘을 옥류천(玉溜泉)이라 명하고 대자(大字)로 써서 푸른 절벽에 새겨 두었다.

운달산(雲達山) 부 남쪽 103리에 있다.

속용산(束聳山) 부 남쪽 120리에 있다.

바다〔海〕 부 남쪽 150리에 있다.

남천(南川) 보산역(寶山驛) 남쪽에 있다. 부와의 거리는 19리이다.

사매천(賜每川) 부 남쪽 20리에 있다.

삼탄천(三灘川) 부 남쪽 110리에 있다. 성불산에서 발원하여 남쪽으로 흘러 바다에 들어간다. 해주와의 경계이다.

저탄수(猪灘水) 부 동쪽 25리에 있다. 수안군 언진산(彦眞山)에서 발원하여 신계현을 지나 부 북쪽 45리에 이르러 기탄(岐灘)이 되고 부 동쪽 15리에 이르러 전탄(箭灘)이 된다. 여기에 이르러 물줄기가 비로소 커지고, 아래로 흘러 강음현(江陰縣)에 이르러서는 조읍포(助邑浦)가 되고 개성(開城)에 이르러서는 예성강(禮成江)이 된다. 《고려사(高麗史)》에 "저천(猪淺)을 패강(浿江)이라고도 한다."라고 하였다. 우봉현에도 보인다. 살펴보건대 백제 시조(始祖) 13년(기원전 6)에 위례성(慰禮城)에서 한산(漢山)으로 도읍을 옮기고 강역(彊域)을 정하여 북쪽으로 패하(浿河)와 남쪽으로 웅천(熊川)을 경계로 삼았는데, 이른바 패하가 바로 이 강이다.

온천(溫泉) 부 남쪽 55리에 있다. 목욕하면 병이 낫는다. 돌난간을 두른 욕실(浴室)이 있다.

토산 土產

명주실〔絲〕, 남석(藍石), 청려석(靑礪石), 보산역(寶山驛) 남쪽에서 난다. 적토(赤土), 성악(省惡) 남쪽에서 난다. 철(鐵), 녹반(綠礬), 총수산(葱秀山) 남쪽에서 난다. 지치〔紫草〕, 오미자(五味子), 석이버섯〔石蕈〕, 황금(黃芩), 지모(知母), 승마(升麻), 원지(遠志), 숭어〔秀魚〕, 누치〔訥魚〕, 붕어〔鯽魚〕, 조개〔蛤〕, 게〔蟹〕

공서 公署

기린도 찰방사(麒麟道察訪司) 부 서쪽 60리에 있다. 기린(麒麟), 다만(茶滿), 원산(元山), 연양(延陽), 진목(眞木), 박산(朴山), 문라(文羅), 안산(安山), 위라(位羅), 소곶(所串), 소평(所坪), 신흥(新興) 등 12개 역을 관할한다. ○ 찰방 1인이 있다. 예전에는 승(丞)으로 삼았는데 지금은 참하 찰방(參下察訪)을 두었다.

학교 學校

향교(鄕校) 예전에는 부 남쪽 30보(步)에 있었는데, 지금은 부 동쪽 10리로 옮겨 설치하였다.

궁실 宮室

객관(客館)

봉수 烽燧

독발산 봉수(禿鉢山烽燧) 부 북쪽 39리에 있다. 남쪽으로 봉자산(奉子山)에 응하고, 북쪽으로 서흥부의 회산(回山)에 응한다.

봉자산 봉수(奉子山烽燧) 부 북쪽 21리에 있다. 북쪽으로 독발산에 응하고, 남쪽으로 남산(南山)에 응한다.

남산 봉수(南山烽燧) 부 남쪽 3리에 있다. 북쪽으로 봉자산에 응하고, 남쪽으로 강음현의 산성(山城)에 응한다.

성곶 봉수(聲串烽燧) 부 남쪽 130리에 있다. 서쪽으로 해주(海州)의 피곶(皮串)에 응하고, 동쪽으로 연안(延安)의 주지곶(走之串)에 응한다.

우역 郵驛

보산역(寶山驛) 부 북쪽 20리에 있다. ○ 김극기(金克己)의 시에,

천번 서린 골짜기 대지 둘렀고	帶地千盤壑
만겹 에운 푸른 산 하늘 맞닿아	連天萬疊山
버들 다리 물 속에서 흔들리고	柳橋搖水底
솔 비탈길 구름 사이 둘러 있네	松磴繞雲間
옛 성엔 갈까마귀 모여들고	古堞寒鴉集
앞산엔 지친 새가 돌아오니	前林倦鳥還
사신 행차도 시간을 아껴	使軺猶惜日
어둠 타고 덜컹덜컹 가네	乘暝去關關

하였다.

기린역(麒麟驛) 부 서쪽 60리에 있다. 찰방사 본역이다.

금암역(金巖驛) 부 남쪽 7리에 있다. ○ 명나라 왕창(王敞)의 시에,

귀갑이 우뚝 솟고 비단 병풍 펴 놓은 듯	龜甲懸空列錦屛
고운 산 끝이 없어 눈 속에 푸르도다	好山不盡眼中靑
강물은 적벽으로 나뉜 듯 천연의 요새이고	江分赤壁天垂險
자라가 방호산[5]인 듯 지세가 빼어나네	鼇戴方壺地效靈
금곡원엔 붉은 명주로 보장을 쳐 놓았고[6]	金谷紫絲開步障
상나라 부암은 조전으로 반명을 새겼다네[7]	商巖鳥篆見盤銘
누구를 시켜 동도로 가게 하여	憑誰移入東都去
다시 중랑과 석경을 쓰게 할까[8]	更與中郞寫石經

하였다.

안성역(安城驛) 부 북쪽 50리에 있다.

저탄원(猪灘院) 부 동쪽 25리, 저탄(猪灘) 기슭에 있다.

5 방호산(方壺山) : 발해 동쪽의 신선이 산다는 섬에 있는 산이다. 방장(方丈)이라고도 한다.《列子 湯問》

6 금곡원(金谷園)엔……놓았고 : 석숭(石崇)과 왕개(王愷)는 모두 진나라 부호로서 서로 부를 과시하는 사이였다. 보장(步障)은 바람이나 먼지를 막거나 시선을 차단하는 용도로 만든 가림막이다. 왕개는 붉은색 명주로 40리 되는 보장을 만들었고, 석숭은 비단으로 50리 되는 보장을 만들었다. 금곡원은 석숭이 금곡간(金谷澗)에 지은 정원이다.《晉書 石崇列傳》 여기서는 석숭과 왕개의 일화를 섞어서 차용하고 있다.

7 상나라……새겼다네 : 상나라 부암(傅巖)은 초야의 현사(賢士)를 비유한다. 조전(鳥篆)은 고문 전서의 하나로, 자형(字形)이 새의 발자국과 같은 데서 나온 말이다. 반명(盤銘)은 은나라 탕(湯) 임금의 목욕 그릇에 새긴 잠언이다.《書經 說命》《大學》 여기서는 상나라 왕 무정(武丁)과 탕 임금의 일화를 섞어서 차용하고 있다.

8 누구를……할까 : 동도(東都)는 후한(後漢)을 가리킨다. 중랑(中郎)은 후한의 중랑장(中郎將) 채옹(蔡邕)을 말한다. 석경(石經)은 후한 영제(後漢靈帝) 희평(熹平) 4년에 육경(六經)의 정본을 확정하고 채옹의 글씨로 돌에 새겨서 태학(太學)의 문 밖에 세운 희평석경(熹平石經)을 가리킨다.《後漢書 蔡邕列傳》

구령원(龜寧院) 부 남쪽 11리에 있다.

다정원(茶井院) 부 북쪽 21리에 있다.

숭수원(崇水院) 총수산 동쪽에 있다. 산의 바위 굴에서 솟아 나온 샘물이 흘러내려 쏟아진 세 개의 물줄기가 겨울이 되면 얼어붙어 얼음 기둥이 되는데, 길게 달릴 때도 있고 짧게 달릴 때도 있다. 노련한 농부들은 이것으로 이듬해 농사의 풍흉을 점쳤는데, 각각의 기둥은 산군(山郡), 기전(畿甸), 하삼도(下三道)를 대표하여 얼음 기둥이 길면 풍년이 들고 짧으면 흉년이 든다고 여겼으며 자못 들어맞았다. 이 때문에 민간에서는 신수원(神水院)이라고 불렀다.

미륵원(彌勒院) 부 남쪽 25리에 있다.

장연원(長淵院) 부 서쪽 90리에 있다.

냉정원(冷井院) 부 서쪽 65리에 있다.

천방원(芊芳院) 부 북쪽 65리에 있다.

산수원(山首院) 부 서쪽 110리에 있다.

사묘 祠廟

사직단(社稷壇) 부 서쪽에 있다.

문묘(文廟) 향교에 있다.

성황사(城隍祠) 부 동쪽 5리에 있다.

여단(厲壇) 부 북쪽에 있다.

장절사(壯節祠) 부 서쪽 50리, 운봉리(雲峯里)에 있다. 고려 공신(功臣) 신숭겸(申崇謙)을 제향한다. 장절(壯節)은 신숭겸의 시호이다.

능묘 陵墓

민상정(閔祥正) 묘 부 -원문 2, 3자 결락-리, 두성리(斗城里)에 있다.

안극인(安克仁) 묘 저탄리(猪灘里)에 있다.

사찰 寺刹

연봉사(烟峯寺), **성불사**(成佛寺), **산암사**(山菴寺), **묵방사**(墨房寺) 모두 성불산에 있다.

용정사(龍井寺), **해운사**(海雲寺), **망월사**(望月寺), **쌍암사**(雙菴寺) 모두 모란산에 있다.

소성불사(小成佛寺) 만송산에 있다.

서림사(西林寺) 속용산에 있다.

건동사(乾洞寺) 성악산에 있다.

남방사(南方寺), **관남사**(觀南寺), **음을사**(陰乙寺) 모두 멸악산에 있다.

은적사(隱寂寺) 감악산에 있다.

고적 古蹟

성황산성(城隍山城) 부 동쪽 5리에 있다. 돌로 쌓았다. 둘레가 7525자이다. 성안에 우물 하나가 있었는데, 지금은 없어졌다.

자모산성(慈母山城) 부 남쪽 70리에 있다. 돌로 쌓았다. 둘레가 2480자이다. 성안에 우물 하나가 있었는데, 지금은 없어졌다.

청심루(淸心樓) 객관 동쪽에 있다. 지금은 없어졌다.

명환 名宦

고려

이지저(李之氐) 이자겸(李資謙)을 거스르다 좌천되어 평주사(平州使)가 되었다. 이자겸이 패하자 불러서 돌아오게 하였다.

최홍사(崔弘嗣) 숙종 때 지평주사(知平州事)였다. 은혜로운 정사를 베풀었다.

유우 流寓

신숭겸(申崇謙) 본래 광해주(光海州 곡성) 사람이다. 고려 태조 때 사성(賜姓)하여 평산 신씨(平山申氏)로 삼았다. 세간에서 전하기를, 신숭겸이 고려 태조를 수종하여 사냥하다가 삼탄(三灘)에 와서 점심을 먹는데 마침 기러기 세 마리가 공중을 선회하였다. 태조가 이르기를 "누가 쏘겠느냐?" 하니, 신숭겸이 아뢰기를 "신이 쏘겠습니다." 하였다. 태조가 활과 화살, 안장 얹은 말을 하사하자, 신숭겸이 아뢰기를 "몇 번째 기러기를 쏠까요?" 하였다. 태조가 웃으며 이르기를 "세 번째 기러기의 왼쪽 날개를 맞히라." 하였다. 신숭겸이 명에 따라 쏘아 과연 명대로 맞혔다. 태조가 찬탄하고 나서 평주를 하사하여 관향으로 삼게 하고, 기러기를 맞힌 인근의 밭 300결(結)도 같이 하사하여 대대로 그 세금을 받아먹게 하였으며, 이로 말미암아 그 땅을 궁위(弓位)라고 이름하였다. 나머지는 춘천부(春川府)에 상세하다.

인물 人物

고려

유금필(庾黔弼) 태조의 개국 공신(開國功臣)이다. 전후의 정벌에서 공을 세웠으며, 태조를 따라 후백제를 멸망시키고 여러 번 영전하여 대광도통대장군(大匡都統大將軍)이 되었다. 출정할 때마다 명을 받은 즉시 행하였고 집에서 머무르지 않았다. 개선할 때마다 태조가 반드시 영접하여 위로하였으니, 줄곧 받은 극진한 대우는 여러 장수들이 미치지 못하였다. 시호는 충절(忠節)이다. 태조의 묘정에 배향되었다.

박수경(朴守卿) 대광위(大匡尉) 박지윤(朴遲胤)의 아들이다. 태조를 섬겨 원윤(元尹)이 되었다. 이때 견훤이 신라를 자주 침략하자, 태조가 박수경에게 명하여 가서 진압하게 하였다. 견훤이 재차 공격해 오자 박수경이 기묘한 계책을 써서 무너뜨렸다. 조물군(曹物郡)과 발성(勃城) 싸움에서 모두 힘껏 싸워 공을 세웠다. 훗날 역분전을 정할 때 그 사람의 성품과 행실의 선악이나 공로의 크기로 차등을 두어 나누어 주었는데, 특별히 박수경에게 밭 200결을 하사하였다. 광종 때 여러 번 증직하여 삼중대광(三重大匡)에 이르렀다.

금준(今俊) 대대로 전하기를 "그 옛날 평주(平州)의 승려 금준이 여진(女眞)에 들어가 아지고촌(阿之古村)에 살았는데 이자가 금나라 선조이다."라고 하였다. 혹자는 "평주의 승려 김행(金幸)의 아들 극수(克守)가 처음 여진에 들어가 여진 여자에게 장가들어 고을(古乙)이라는 아들을 낳았다. 금나라 시조 아골타(阿骨打)가 바로 그의 후손이다."라고 하였다. ○《금사(金史)》에 "금나라 시조 함보(函普)가 처음 고려에서 왔을 때 나이가 이미 예순 남짓이었다. 형 아고내(阿古迺)는 불교를 좋아하여 고려에 남고 따르려 하지 않아서 아우 보활리(保活里)와 함께 왔다. 함보가 완안부(完顏部)의 복알수(僕斡水) 가에 거주하며 60세의 미혼녀에게 장가들어 두 아들을 낳았는데, 장남은 오로(烏魯)이고 차남은 알로(斡魯)였으며 결국 완안부 사람이 되었다."라고 하였으니, 금나라 선조는 고려 사람이 틀림없다. 그러나 금준과 극수 중에 누가 함보인지 알 수 없어 상고할 길이 없다.

한철충(韓哲沖) 과거에 급제하여 관직이 예의 판서(禮儀判書)에 이르렀다.

본조

신개(申槩) 신숭겸의 후손이다. 과거에 급제하여 세종조에 여러 관직을 거쳐 의정부 좌의정에 이르렀고, 황희와 더불어 마음을 같이하여 정사를 보필하였다. 시호는 문희(文僖)이다. 세종의 묘정에 배향되었다. 아들 신자승(申自繩)은 관직이 대사성에 이르렀다.

서흥도호부瑞興都護府

동쪽으로 신계현(新溪縣) 경계까지 29리이다. 서쪽으로 봉산군(鳳山郡) 경계까지 44리, 황주(黃州) 경계까지 78리이다. 남쪽으로 평산부(平山府) 경계까지 17리이다. 북쪽으로 수안군(遂安郡) 경계까지 43리이다. 서울과의 거리는 395리이다.

한전 旱田

수전 水田

건치연혁 建置沿革

본래 고구려 오곡군(五谷郡)이다. 우차탄홀(于次呑忽)이라고도 한다. 신라 경덕왕 때 오관군(五關郡)으로 고쳤다. 고려 초에 동주(洞州)로 고쳤고, 현종 때 평주(平州)에 편입시켰다. 원종 때 고쳐서 서흥현을 설치하였다. 어태(御胎)를 안장한 곳이라 하여 이름을 바꾸고 현으로 승격시켰다. 본조 태종 15년(1415)에 군으로 승격시켰고, 세종 6년(1424)에 도호부로 승격시켰다. 명나라에 들어가 환관이 된 윤봉(尹鳳)의 고향이어서 승격시켰다. 관장하는 면은 □□개이다.

관원

부사(府使), 교수(敎授) 각 1인이다.

군명 郡名

오곡(五谷), 오관(五關), 동주(洞州)

산천 山川

대현산(大峴山) 부 북쪽 7리에 있다. 진산(鎭山)이다.

나장산(羅帳山) 부 서쪽 31리에 있다.

백서산(白鼠山) 백서도(白鼠島)라고도 부른다. 부 서쪽 20리에 있다. 가뭄이 들면 이곳에서 기우제를 지낸다.

금점(金岾) 부 남쪽 35리에 있다.

자비령(慈悲嶺) 부 서쪽 60리에 있다. 일명 절령(岊嶺)이라고 한다. 고려 때 서도대로(西道大路)가 이곳을 경유하였다. 본조 세조 때 많은 호환(虎患)으로 인해 그쪽 길을 막고 극성로(棘城路)를 경유하였다. 원나라 때 일찍이 평양(平壤)에 동녕부(東寧府)를 설치하고 이 고개를 기준으로 경계를 구획하였다.

고덕산(高德山) 부 서쪽 30리에 있다.

웅파산(熊坡山) 부 북쪽에 있다.

운마산(雲磨山) 부 서쪽 50리에 있다.

오봉(五峯) 부 동쪽 30리에 있다.

정족산(鼎足山) 부 남쪽 46리에 있다.

오덕산(五德山) 부 북쪽 7리에 있다.

식점(食岾) 부 남쪽 60리에 있다.

부연천(釜淵川) 부 동쪽 30리에 있다. 수원이 부 북쪽 웅파산에서 나와 용천(龍泉)과 합류하여 봉산군을 지나 바다로 들어간다.

용천(龍泉) 부 남쪽 22리에 있다. 산기슭에서 나온 물이 솟아올라 냇물을 이루었다 하여 용천이라고 한다.

죽전(竹田) 부 동쪽 20리에 있다. 죽전수(竹箭藪)라고도 부른다.

도의평(刀衣坪) 부 북쪽 60리에 있다. 고려 원종 때 임금의 태를 안치한 곳이다.

토산 土産

노감석(爐甘石), 연철(鉛鐵), 철(鐵), 모두 식점에서 난다. 자기(磁器), 명주실〔絲〕, 삼〔麻〕, 궁간목(弓幹木 애끼찌), 구정리(俱井里)에서 난다. 옻〔漆〕, 꿀〔蜂蜜〕, 황랍(黃蠟), 잣〔海松子〕, 오미자(五味子), 지치〔紫草〕, 인삼(人蔘), 복령(茯苓), 황금(黃芩), 지모(知母), 석이버섯〔石蕈〕, 누치〔訥魚〕, 쏘가리〔錦鱗魚〕

성곽 城郭

대현산성(大峴山城) 돌로 쌓았다. 둘레가 2만 238자이다. 안에 샘 2개와 못 1개가 있다. 본부와 수안(遂安), 곡산(谷山), 신계(新溪), 우봉(牛峯), 토산(兎山), 황주(黃州), 봉산(鳳山) 등의 관창(官倉)과 군창(軍倉)이 있다.

학교 學校

향교(鄕校) 부 북쪽 2리에 있다.

□□서원(□□書院) 김굉필(金宏弼)을 제향한다.

궁실 宮室

객관(客館)

관덕루(觀德樓) 객관 동쪽에 있다.

월영대(月迎臺) 부 북쪽 7리에 있다.

봉수 烽燧

솔마산 봉수(所乙麽山烽燧) 부 서쪽 20리에 있다. 북쪽으로 봉산군의 건지산(乾之山)에 응하고, 남쪽으로 회산(回山)에 응한다.

회산 봉수(回山烽燧) 부 남쪽 30리에 있다. 남쪽으로 평산부(平山府)의 독발산(禿鉢山)에 응하고, 북쪽으로 솔마산에 응한다.

우역 郵驛

용천역(龍泉驛) 용천 서쪽 10리에 있다. 고려 김극기(金克己)의 시에,

산을 뚫어 그 누가 길을 내었나	鑿山誰闢路
기이하고 험준하기 효함[9] 같구나	奇險等崤函
굽이굽이 골짜기에 규룡 서렸고	萬轉虯盤壑
천 무더기 바윗돌엔 범 웅크렸네	千堆虎踞巖
도랑의 마름은 물고기가 쪼아 먹고	溪蘋魚共啑
길가의 잡초는 말들이 뜯어 먹네	徑草馬爭銜
가면 갈수록 주위가 한적하니	去去幽閑境
신선 유람은 범속과 멀고말고	仙遊迥隔凡

하였다.

신흥역(新興驛) 부 남쪽에 있다.

부연원(釜淵院) 부 동쪽 3리, 부연(釜淵) 곁에 있다.

용천원(龍泉院) 용천역 곁에 있다.

흥수원(興水院) 부 서쪽 60리에 있다.

독관원(禿館院) 부 남쪽 20리에 있다.

판적원(板積院) 부 북쪽 75리에 있다.

목감원(牧甘院) 부 서쪽 35리에 있다.

자비령원(慈悲嶺院) 자비령 아래에 있다.

9 효함(崤函) : 산동(山東)에서 진나라로 들어가는 길목에 함곡관(函谷關)이 있고, 그 동쪽에 효산(崤山)이 솟아 있다. 모두 험준한 요새지이다.

관량 關梁

절령책(岊嶺柵) 바로 자비령책(慈悲嶺柵)이다. 고려 공민왕(恭愍王)이 이여경(李餘慶)과 정사도(鄭思道) 등을 보내 목책을 설치하고 홍건적을 막은 곳이니 바로 평양에서 서울로 통하는 옛길이다. 세조 때 호환(虎患)이 많았고 또 중국의 사신이 모두 극성(棘城)의 길을 통해 다녔기에 마침내 그 길을 폐하였다. 고려 이장용(李藏用)의 시에,

자비령 고갯길은 열여덟 구비	慈悲嶺路十八折
검 하나 비껴들면 만군도 막지	一劍橫當萬戈絶
지금처럼 세상이 태평한 시절	如今四海自昇平
괜시리 두견새만 낙월에 우네	空有杜鵑啼落月

하였다.

학교(鶴橋) 부 남쪽 4리에 있다.

사묘 祠廟

사직단(社稷壇) 부 서쪽에 있다.

문묘(文廟) 향교에 있다.

성황사(城隍祠) 부 북쪽 5리에 있다.

여단(厲壇) 부 북쪽에 있다.

부연룡사(釜淵龍祠) 봄가을로 본읍에서 치제한다.

사찰 寺刹

성수사(星宿寺) 고덕산에 있다.

석문사(石門寺) 운마산에 있다.

고정사(高井寺) 오봉산에 있다.

석련사(石蓮寺) 정족산에 있다.

안국사(安國寺) 자비령에 있다.

월량사(月涼寺) 정족산에 있다.

자비사(慈悲寺) 자비령에 있다. 일명 나한당(羅漢堂)이라고 한다.

속명사(續命寺) 오덕산에 있다.

고적 古蹟

절령역(岊嶺驛) 옛터가 부 서쪽 40리에 있다. 고갯길이 버려져서 봉산군 검수(劍水)로 옮겼다.

인물 人物

고려

김행파(金行波) 태조를 섬겨 관직이 대광(大匡)에 이르렀다. 행파가 활쏘기와 말타기에 뛰어나므로 태조가 김(金)이라는 성을 내렸다. 태조가 서경(西京)에 행차하자 행파가 사냥꾼을 인솔하여 도중에 알현하고 자신의 집에서 이틀 밤 머물기를 청하며 두 딸에게 시침을 들게 하였다. 그 뒤로 태조가 더는 행차하지 않자 두 딸은 모두 비구니가 되었는데, 태조가 대서원부인(大西院夫人)과 소서원부인(小西院夫人)에 봉하였다.

김천록(金天祿) 전략으로 명성이 났고 여러 번 김방경(金方慶)을 따라가 토벌한 공로가 있다. 관직은 도첨의시랑 찬성사(都僉議侍郎贊成事)에 이르렀고 서흥군(瑞興君)에 봉해졌다. 원 세조(元世祖)는 그가 일본 정벌에 출정한 공로를 인정하여 관군총파(管軍摠把)에 선수(宣授)하였다.

본조

민원(閔瑗) 본래 본부의 구실아치였는데 학문에 힘써 과거에 급제하였고, 관직이 전주 부윤(全州府尹)에 이르렀다.

봉산군鳳山郡

동쪽으로 평산부(平山府) 경계까지 75리, 서흥부(瑞興府) 경계까지 34리이다. 남쪽으로 재령군(載寧郡) 경계까지 30리이다. 서쪽으로 해안까지 34리이다. 북쪽으로 황주(黃州) 경계까지 37리이다. 서울과의 거리는 422리이다.

신증新增

동쪽으로 평산부 경계까지 70리, 서흥부 경계까지 40리이다. 남쪽으로 재령군 경계까지 50리이다. 서쪽으로 해안까지 45리이다. 북쪽으로 황주 경계 극성(棘城)까지 30리이다. 서울과의 거리는 420리이다.

건치연혁 建置沿革

본래 고구려 휴암군(鵂巖郡)이다. 휴류성(鵂鶹城)이라고도 하고, 조파의(租坡衣)라고도 한다. 신라 경덕왕 때 서암군(栖巖郡)으로 고쳤다. 고려 초에 봉주(鳳州)로 고치고, 현종 때 황주(黃州)로 편입되었다. 충렬왕 때 다시 봉양군(鳳陽郡)을 두었다가 얼마 뒤 다시 봉주로 고쳤다. 본조 공정왕(恭定王 태종) 13년(1413)에 고쳐서 봉산군으로 삼았다. 중종 18년(1523)에 지금의 치소로 옮겼다. 옛 고을에 전염병이 창궐하여 이전하였다. 남쪽으로 옛 고을과의 거리가 14리이다. 관장하는 면은 14개이다.

관원

군수(郡守), 훈도(訓導) 각 1인이다.

군명 郡名

휴암(鵂巖), 서암(棲巖), 봉주(鳳州), 봉양(鳳陽)

형승 形勝

풍속 風俗

산천 山川

녹과산(祿科山) 군 서쪽 5리에 있다. 진산(鎭山)이다.

자비령(慈悲嶺) 군 동쪽 60리, 서흥부 경계에 있다. 고려 이장용(李藏用)의 시에 "자비령 고갯길은 열여덟 구비, 검 하나 비껴들면 만군도 막지.〔慈悲嶺路十八折 一劍橫當萬戈絶〕"라고 읊은 곳이 이 고개이다. 서흥부에도 보인다.

정방산(政方山) 군 북쪽 40리에 있다. 황주에도 보인다.

건지산(乾之山) 군 동쪽 60리에 있다.

계유산(鷄遊山) 군 동쪽 10리에 있다. 산에 양익봉(兩翼峯)이 있다. 고려 이

색(李穡)의 시[10]에,

두 봉우리 머리를 쳐들려 하고　雙峯如將騫
양쪽 날개 멀리로 날려고 하니　兩翼欲超忽
조물은 날아갈까 조바심 나서　天公恐飛去
바윗돌로 뼈대를 삼아 주었네　乃以石作骨

하였다.

관산(館山) 군 동쪽 9리에 있다.

소이산(所伊山) 군 동쪽 15리에 있다.

여계산(如鷄山) 군 동북쪽 52리에 있다.

발리산(鉢里山) 지금의 치소 북쪽 7리에 있다. 진산이다.

수동(水洞) 군 동쪽 30리에 있다. 동굴 안 바위틈을 따라 줄줄대며 흐르는 물소리가 패옥(珮玉)과 편경(編磬) 소리 같다 하여 수동이라 이름하였다. 이색의 시[11]에 "놀라워라 계곡 물소리, 낭랑하니 음률에 맞네.〔忽驚洞中水 鏗鏘中律呂〕"라고 하였다.

나한동(羅漢洞) 군 남쪽 20리에 있다.

적암(赤巖) 군 동쪽 50리에 있다.

봉황암(鳳凰巖) 일명 봉황대(鳳凰臺)라 한다. 군 서쪽 20리에 있다. 이색의 시[12]에,

높은 누대 임학을 굽어보니　高臺俯林壑

10 이색(李穡)의 시 : 〈봉산 십이영(鳳山十二詠)〉 중 제7수 〈양익봉(兩翼峯)〉이다. 《牧隱藁 牧隱詩藁 卷3》

11 이색의 시 : 〈봉산 십이영〉 중 제12수 〈수동(水洞)〉이다. 《牧隱藁 牧隱詩藁 卷3》

12 이색의 시 : 〈봉산 십이영〉 중 제1수 〈봉황대(鳳凰臺)〉이다. 《牧隱藁 牧隱詩藁 卷3》

뭇 산들은 평평한 책상 같고	衆山如几筵
온갖 새들 제각각 모였을 제	又如百鳥集
봉황 홀로 펄펄 나는 듯하네	孤鳳來翩翩
채색 깃털 멀어서 못 보지만	彩羽敻難見
좋은 이름 천년을 전해지리	佳名千載傳

하였다.

백학암(白鶴巖) 군 서쪽 15리에 있다. 이색의 시[13]에,

천 길 높이 가파른 푸른 바위가	翠巖峭千仞
은은하게 안개비 머금었는데	隱隱含煙霏
갑자기 불어오는 강한 바람을	長風欻然起
백학이 얼싸 타고 날아오르네	白鶴乘之飛
훨훨 날아 제자리 찾아 앉으니	回翔得其所
평생토록 내 맘에 쏙 들고말고	終歲莫我違
달 뜨는 한밤 꿈에 청전산 학이	夜月夢青田
추상같은 흰 깃을 나부끼는데	秋霜飄素衣
한스럽다 천년 전 사람이 없어	恨無千載人
함께 훌쩍 돌아가지 못함이로세	飄然與同歸

하였다.

와화곶(臥火串) 군 서쪽 15리에 있다.

대천(大川) 군 남쪽 5리에 있다.

관탄천(館灘川) 군 서쪽 19리에 있다.

13 이색의 시 : 〈봉산 십이영〉 중 제2수 〈백학암(白鶴巖)〉이다. 《牧隱藁 牧隱詩藁 卷3》

신룡담(神龍潭) 휴류암연(鵂鶹巖淵)이라고도 한다. 군 북쪽 5리에 있다. 바위틈에서 나온 샘물이 폭포를 이루고 떨어져 모인 물이 못이 되었다. 그 깊이는 끝이 안 보이고 하류에는 물을 대고 파종한 논밭이 매우 광활하다. 고려 명종(明宗) 때 함유일(咸有一)이 황주 판관(黃州判官)이 되어 속군(屬郡)을 순행하다 봉주(鳳州)에 이르렀는데, 이 고을 사람들이 못 속에 용이 산다 여겨 모두 경외한다는 말을 듣고는 고을 사람들을 모아 놓고 오물로 못을 메워 버렸다. 돌연 뇌우가 퍼붓는 바람에 사람들이 모두 놀라 허둥대다가 잠시 후 날이 개자 메웠던 오물을 모두 꺼내 멀리 기슭 쪽으로 치워 버렸다. 왕이 이 말을 듣고 사신을 보내 치제하였다. 이로부터 사전(祀典)에 기재하고 봄가을로 향축을 내려 치제하였으며, 가뭄이 들면 기우제를 지냈다. 본조에서는 그 고을 관원을 시켜 치제하였다. 고려 이제현(李齊賢)의 시[14]에,

산 앞에 푸른 바위 문처럼 열렸는데	山前翠石雙扉啓
바위 밑 맑은 못은 만 길이나 깊어라	石底澄潭萬丈深
밝게 잠긴 햇살은 번쩍번쩍 눈부시고	明浸日光紛閃閃
차게 담긴 숲 그늘 고요하게 잠겨 있네	冷涵林影靜沈沈
가뭄이 해소되길 바라는 백성에게	斯民政要滋湯旱
그 누가 부열이 되어 장맛비 내릴 건가[15]	彼相誰堪作說霖

14 이제현(李齊賢)의 시 : 〈봉주의 용추에서(鳳州龍湫)〉이다. 《益齋亂藁 卷1》

15 가뭄이……건가 : 은나라 성탕(成湯)이 7년 동안 대한(大旱)이 계속되자 상림(桑林)의 들에서 기우제를 지내며 자책하였다. 은나라 고종은 부열(傅說)에게 "큰 가뭄이 들거든 너를 장맛비로 삼을 것이다."라고 하였다. 《史記 殷本紀》《書經 說命》

출몰하는 고기 새끼 살피지 말지어다[16] 出沒魚兒休察見
신룡을 먼저 보내 인심 헤아림일세 龍應先遣試人心

하였다.

영천(靈泉) 군 서쪽 25리에 있다. 이색의 시[17]에,

학이 쫀 자리 샘물이 솟아나니 鶴啄淸泉出
상쾌한 기운 폐부를 감도는데 冷然照肺腑
마시니 몸이 신선이 되려고 해 飮之骨欲仙
현포[18]가 절로 마음에 그려지네 令人想玄圃
평소에 나는 청정함 사랑하여 平生愛淸淨
다보를 이을 속편을 쓰고 싶어 有意續茶譜
차 끓일 돌솥을 지니고 가서 當携石鼎去
솔가지에 뿌리는 빗발 보리라 松梢看飛雨

하였다.

토산 土産

명주실〔絲〕, **삼**〔麻〕, **노감석**(爐甘石), **황옥**(黃玉), 일흥창(逸興倉)에서 난다. **오석**(烏石), 묵천(墨川)에서 난다. **자기**(磁器), **철**(鐵), 백변(白邊)에서

16 출몰하는……말지어다 : 《열자(列子)》 〈설부(說符)〉에 "연못 속의 고기를 관찰하는 것은 상서롭지 않다."라고 하였으니, 군주가 신하의 은밀한 일을 모두 알게 되면 신하는 두려워서 변고를 일으킬 수도 있다는 뜻이다.

17 이색의 시 : 〈봉산 십이영〉 중 제11수 〈영천(靈泉)〉이다. 《牧隱藁 牧隱詩藁 卷3》

18 현포(玄圃) : 곤륜산(崑崙山) 정상에 있다는 선경(仙境)을 말한다. 현포(縣圃)라고도 한다.

난다. 지모(知母), 황금(黃芩), 뱅어〔白魚〕, 숭어〔秀魚〕, 붕어〔鯽魚〕, 누치〔訥魚〕, 쏘가리〔錦鱗魚〕, 게〔蟹〕

학교 學校

향교(鄕校) 군 북쪽 1리에 있다.

신증 新增

군 동쪽 2리에 있다.

궁실 宮室

객관(客館)

환취루(環翠樓) 객관 동쪽에 있다. ○ 명나라 단목지(端木智)가 건문(建文) 4년(1402, 태종2)에 사신으로 와서 올라 보고, 사면이 산으로 둘러 푸르른 것을 사랑하여 환취루라고 이름을 지은 시에,

바다 접한 가파른 산 앉은 터가 맘에 든다	海嶠愜所寓
천 길 위에 서고 보니 눈앞이 상쾌하다	千仞涼我眸
구름 뚫고 솟을 듯이 더위잡아 제끼었고	搴闞軼浮雲
긴긴 물가 덮을 듯이 구불구불 에워쌌다	灣環蔽長洲
고개 돌려 위를 보니 금빛 봉황 날고 있고	回瞻金鳳鳥
바다 건너 작은 섬은 연꽃송이 피어 있네	對嶼蓮花嶓
푸른 하늘 저 멀리에 장막을 드리웠고	空靑結帳幄
노을빛은 신선 사는 단구에 비치우네	霞光映丹丘

제비 참새 소인배 꿈 일찌감치 떨쳐 내고	擺落燕雀志
단번에 천리 나는 큰 고니가 부럽구나[19]	慕玆鴻鵠遊
사서 하는 벼슬살이 얽매었다 불평하랴	簪裾豈云縶
목을 놓아 노래하며 온갖 시름 떨쳐 보네	浩歌離百憂

하였다. ○ 명나라 진가유(陳嘉猷)의 시에,

용마루를 호위하듯 봉산이 에워싸니	鳳山環繞護飛甍
구름다리 몇째 층을 나 홀로 걷고 있나	獨步雲梯第幾層
바다 위로 해 떠올라 성가퀴를 밝혀 주고	日上滄溟明睥睨
푸른 나무 바람 불어 처마 끝을 스치우네	風來碧樹動觚稜
처마 가득 푸른 이내 흩날리는 빗물 같고	撲簷嵐翠疑飄雨
땅에 깔린 하얀 배꽃 아로새긴 얼음인 듯	滿地梨花訝翦氷
묻노니 동방에서 풍광이 좋은 곳을	借問天東佳勝處
우리들 중 몇몇이나 올라가 보았는가	不知我輩幾人登

하였다.

척서루(滌暑樓) 객관 동쪽에 있다.

19 제비……부럽구나 : "제비 참새 소인배 꿈"은 진나라 말기에 진승(陳勝)이 "제비나 참새가 어떻게 하늘 높이 나는 기러기의 뜻을 알겠는가."라고 말한 고사를 가리킨다.《史記 陳涉世家》"천리 나는 큰 고니"는 한 고조(漢高祖)가 태자를 폐위하려다 장량(張良)의 계책에 막히자 초가(楚歌)를 부르기를 "큰 고니 높이 날아 단번에 천리를 가네. 날개가 이미 자라 사해를 가로지르네. 사해를 가로지르니 또한 어찌하리오? 아무리 주살이 있은들 어디에 쓰겠는가?"라고 한 고사를 가리킨다.《漢書 張良傳》

봉수 烽燧

건지산 봉수(乾之山烽燧) 남쪽으로 서흥부의 솔마산(所乙麽山)에 응하고, 북쪽으로 황주의 천주산(天柱山)에 응한다.

우역 郵驛

검수역(劍水驛) 군 동쪽 40리에 있다. 절령역(岊嶺驛)을 폐지하자 이곳으로 옮겨 설치하였다. ○ 명나라 김식(金湜)의 시에,

이 지역을 두 번이나 비 온 뒤 지나가니	此地重經雨後過
좋은 풍경 만나기가 인력으로 쉬울쏘냐	其如風物奈人何
예전 시내 잊은 물엔 교량이 줄어 있고	水忘舊澗橋梁少
산속 깊이 뻗은 길엔 초목이 많을시고	路啓深山草樹多
높은 대문 짓는 풍속[20] 바로잡기 어려웁고	車蓋有容難矯俗
시골 말씨 전하려니 들어맞는 글자 없네	土音無字易傳訛
새로 사온 보검 값이 천금이나 나가는데	新來寶劍千金直
바위틈 샘물 길어 산뜻하게 갈아 볼까	且向巖泉試一磨

하였다.

동선역(洞仙驛) 군 북쪽 15리에 있다. 예전에 황주 절령(岊嶺)에 있었는데 길을 막자 이곳으로 옮겨 설치하였다.

20 높은……풍속 : 한나라 때 우공(于公)이 말하기를 "우리 문려(門閭)를 높여서 사마(駟馬)의 높은 거개(車蓋)가 드나들 수 있게 해야겠다. 내가 평소 옥사를 다스리면서 음덕을 많이 베풀었으니, 자손 가운데 반드시 크게 될 사람이 있을 것이다." 하더니, 과연 뒤에 아들 우정국(于定國)이 승상(丞相)이 되었다는 고사에서 온 말이다.《漢書 于定國傳》

소곶역(所串驛) 군 동쪽 5리에 있다.

관산원(館山院) 군 동쪽 10리에 있다.

사리원(沙里院) 군 북쪽 20리에 있다.

율곶원(栗串院) 군 서쪽 40리에 있다.

관음원(觀音院) 군 서쪽 5리에 있다.

관량 關梁

누교(樓橋) 군 동쪽 3리에 있다.

율곶나루〔栗串渡〕 군 서쪽 35리에 있다. 바로 □□□진나루〔□□□津渡〕이다.

사묘 祠廟

사직단(社稷壇) 군 서쪽에 있다.

신증 新增

군 남쪽 13리에 있다.

문묘(文廟) 향교에 있다.

성황사(城隍祠) 군 북쪽 1리에 있다.

신증 新增

군 남쪽 14리에 있다.

여단(厲壇) 군 북쪽에 있다.

신증 新增

군 남쪽 13리에 있다.

신룡담사(神龍潭祠) 군 북쪽 5리에 있다. 휴류암연(鵂鶹巖淵)이라고도 한다.

신증 新增

군 서남쪽 14리에 있다.

사찰 寺刹

중흥사(中興寺), **덕구사**(德仇寺), **보리암**(菩提菴), **심적암**(深積菴), **불지사**(佛智寺) 모두 자비령에 있다.

정림사(淨林寺), **정수사**(淨水寺), **망일암**(望日菴), **회산사**(檜山寺) 모두 계유산에 있다.

성불사(成佛寺), **관불사**(觀佛寺), **도증암**(道證菴), **상원사**(上院寺), **일출사**(日出寺), **고산사**(高山寺) 모두 정방산에 있다.

관성암(寬性菴), **견성암**(見性菴), **만지사**(萬只寺) 모두 계유산에 있다.

고적 古蹟

휴류성(鵂鶹城) 군 북쪽 2리에 있다. 돌로 쌓았다. 둘레가 8656자이다. 성안에 우물 1개가 있고 또 군창(軍倉)이 있다. 신라 경덕왕 21년(762)에 쌓았다. 지금은 반이 무너졌다.

고당성(古唐城) 군 서쪽 12리에 있다. 흙으로 쌓았다. 둘레가 2리이다.

명환 名宦

본조

장만(張晩) 선조 때 지평을 거쳐 외직으로 나가 봉산 군수(鳳山郡守)가 되었다. 당시는 막 병란을 겪은 뒤라 나라와 백성 모두 극도로 빈곤하였는데, 왜군을 정벌하러 온 명나라 군관들의 왕래가 빈번하다 보니 이따금 고을 수령을 결박하여 모욕을 주기도 하였다. 장만이 부임하고 나서는 충분한 여유를 갖고 상황에 맞춰 대응하자 오는 이들마다 모두 기뻐하여 사방이 평온해졌다. 치적이 온 도에서 으뜸이라 포상을 받아 통정대부(通政大夫)로 승진하였고, 내직으로 들어와 승지에 임명되었다.

인물 人物

고려

지채문(智蔡文) 현종 1년(1010)에 중랑장(中郞將)에 보임되었다. 당시 거란군이 대거 몰려오자 지채문은 서경을 지원하면서 적을 맞아들여 투항하려 한 자를 처벌하였고 누차 싸워 거란군을 물리쳤다. 왕이 거란군을 피해 남쪽으로 가게 되자 지채문이 수행하여 환난 속에서 호위하였으니 그 충심과 근면함이 드러났다. 왕이 토지 30결을 하사하고, 상장군 우복야(上將軍右僕射)에 임명하였다.

본조

이수(李隨) 박식하고 문장을 잘 지었으며, 과거에 급제하여 관직에 나아갔다. 장헌왕(莊憲王 세종)이 잠저에 있을 때 그에게 수학하였는데, 즉위해서는 요직에 등용하였다. 관직이 이조 판서에 이르렀다. 시호는 문정(文靖)이다. 장헌왕의 묘정에 배향되었다.

안악군安岳郡

동쪽으로 월당강(月唐江)까지 40리이다. 남쪽으로 신천군(信川郡) 경계까지 15리이다. 서쪽으로 문화현(文化縣) 경계까지 18리이다. 북쪽으로 장련현(長連縣) 경계까지 46리이다. 서울과의 거리는 486리이다.

건치연혁 建置沿革

본래 고구려 양악군(楊岳郡)이다. 고려 초에 안악군으로 고쳤고 현종 때 풍주(豐州)에 편입시켰다가 예종 초에 다시 떼어 내 안악현을 설치하였고 충목왕 때 군으로 승격시켰다. 본조에서 그대로 따랐다. 선조 때 현으로 강등하였고 얼마 뒤에 다시 군으로 삼았다. 관장하는 면은 □개이다.

관원

군수(郡守), 훈도(訓導) 각 1인이다.

군명 郡名

양악(楊岳) 별호는 양산(楊山)이다.

형승 形勝

풍속 風俗

산천 山川

양산(楊山) 군 북쪽 5리에 있다. 진산(鎭山)이다. ○ 본조 이상의(李尙毅)의 시[21]에,

양산의 수려함을 사랑하노니	愛爾楊山秀
세상에 너만 한 곳 다시 없어라	更無山與儔
하늘 끝 북쪽에서 내려오더니	來從天北極
해서의 앞머리에 눌러앉았네	坐壓海西頭
저녁 풍경 새로운 그림 펼치고	暝色開新畫
맑은 그늘 저 멀리 고을에 지네	淸陰落遠洲
산의 진면목을 구경하려면	欲看眞面目
가을비 속의 저녁 운무 걷혀야 하리	秋雨暮煙收

하였다.

구월산(九月山) 군 서쪽 30리에 있다. 드높고 우뚝하여 한 지방의 요충지이다. 바위 봉우리가 하늘 높이 우뚝 솟아 있다. 문화현에 자세히 나온다.

21 이상의(李尙毅)의 시 : 〈양산(楊山)〉이다. 《少陵集 卷1》

○ 본조 김효원(金孝元)의 시[22]에,

광석산을 필두로 행장을 꾸려	廣石始理履
구월산에 마침내 당도해 보니	行盡九月山
명승지라 빼어난 경치도 많아	山中多勝景
인간 세상 아닐세 별천지라네	別區非人間
지축은 바위 눌려 부러지겠고	石壓坤軸弱
천추는 산에 갈려 부서지겠네	徑磨天樞蟠
절벽은 깎아질러 물소리 크고	岸斷水聲喧
서릿발 매서워라 단풍잎 붉어	霜寒楓葉殷
분옥협 입구로 가 물을 마시고	噴玉峽口飮
정곡사 절간에 와 잠을 청하네	亭谷寺中宿
저물녘 마연 가로 돌아가려니	歸來馬淵上
그윽한 산사 뒤로 해가 기운다	煙蘿日西夕

하였다.

소산(所山) 군 남쪽 5리에 있다.

월호산(月乎山) 군 북쪽 30리에 있다.

감적산(甘積山) 군 북쪽 45리에 있다.

바다〔海〕 군 서쪽 10리에 있다. 동쪽으로 급수문(急水門)과 이어진다.

저도(猪島) 군 북쪽 바다 가운데에 있다. 예전에 목장이 있었는데 지금은 없어졌다.

성초곶(省草串) 군 동쪽 60리에 있다.

22 김효원(金孝元)의 시 : 〈구월산에서 승려에게 주다〔九月山贈僧〕〉《省菴遺稿 卷1》

도곶(桃串) 군 동쪽 29리에 있다.

월당강(月唐江) 재령군(載寧郡) 경계에서 흘러들어 군 동쪽 40리에 이르러 영진포(迎津浦)와 합류한다. 물줄기가 갈수록 커져서 서쪽으로 해구(海口)와 통하니 사실상 작은 바다이다. 지역민들이 원당포(元唐浦)라고 부르는데 바로 월당(月唐)이 바뀐 것이다. 《대명일통지(大明一統志)》에는 월당강(月唐江)이라고 하였다.

급수문(急水門) 군 서북쪽 □리에 있다. 월당강과 평양(平壤) 대동강(大同江)이 합류하여 바다로 흘러 들어가는 곳으로, 평안도 용강현(龍岡縣)과 강을 사이에 두고 마주 보고 있다. 황주(黃州)에 자세히 나온다.

영진포(迎津浦) 군 동쪽 28리에 있다. 구월산에서 발원하여 동쪽으로 흘러 신천군 우포(牛浦)와 합류하여 이 포(浦)가 된다. 또 북쪽으로 흘러 군 동쪽 40리에 이르러 월당강과 합류하며 조수가 서로 통한다.

요현포(要玄浦) 바로 해포(海浦)이다. 군 동쪽 15리에 있다. 어량(魚梁)이 있다.

석통지(石筒池) 군 남쪽 9리에 있다. 물을 대고 파종하는 논밭이 1만 경(頃)이다. 속담에 "겨울에 신룡(神龍)이 얼음밭을 세로나 가로로 가는데, 가로로 갈면 그해엔 비가 많이 온다."라고 하였다.

온천(溫泉) 군 북쪽 27리, 동음리(洞陰里)에 있다.

토산 土産

명주실〔絲〕, 삼〔麻〕, 철(鐵), 군 북쪽 자광동(慈光洞)에서 난다. 자기(磁器), 석고(石膏), 지치〔紫草〕, 송이버섯〔松蕈〕, 꿀〔蜂蜜〕, 황랍(黃蠟), 인

삼(人蔘), **소금**〔鹽〕, **숭어**〔秀魚〕, **게**〔蟹〕, **뱅어**〔白魚〕, **붕어**〔鯽魚〕, **토화**(土花 미네굴), **윤화**(輪花 굴의 일종), **자하**(紫蝦 곤쟁이)

학교 學校

향교(鄕校) 군 북쪽 3리에 있다.

궁실 宮室

객관(客館) 본조 어세겸(魚世謙)의 시에,

국사 위해 임명받자 말을 달려서	爲君行跨馬
타향살이 누대 위로 잘도 올랐지	作客慣登樓
저기 멀리 가는 구름 걸림이 없고	望遠雲無繫
산에 올라 보는 대지 물에 뜬 배네	憑高地若浮
임금 향한 일편단심 한결같은데	心懸天北極
서쪽 고을 내달리는 신세 고달펴	身走國西州
3년 동안 역참 관리 괴롭히자니	三載煩郵吏
벼슬한다 말하기가 부끄럽구나	多慙說官遊

하였다.

이요루(二樂樓) 객관 동쪽에 있다. 연못이 있다.

우련당(友蓮堂) 동헌(東軒) 곁에 있다. 군수 정숙은(鄭叔垠)이 세웠다.

청심당(淸心堂) 객관 서쪽에 있다. 군수 심광문(沈光門)이 세웠다.

봉수 烽燧

소산 봉수(所山烽燧) 동쪽으로 월호산에 응하고, 북쪽으로 감적산에 응한다.

월호산 봉수(月乎山烽燧) 남쪽으로 소산에 응하고, 동쪽으로 황주의 비파곶(琵琶串)에 응한다.

감적산 봉수(甘積山烽燧) 남쪽으로 소산에 응하고, 북쪽으로 장련현의 금복산(今卜山)에 응한다.

우역 郵驛

진목역(眞木驛) 군 북쪽 7리에 있다.

영진원(迎津院) 군 동쪽 25리에 있다.

신구리원(薪仇里院) 군 북쪽 45리에 있다.

관량 關梁

□교(□橋) -원문 다수 결락-에 있다.

영진나루〔迎津渡〕 군 동쪽 26리에 있다. 길이 재령(載寧)과 봉산(鳳山)으로 통한다.

사근나루〔沙斤渡〕 군 동북쪽 40리에 있다. 월당강 나루터로, 예전에는 아사진(阿斯津)이라고 불렀다. 강물의 너비는 30리이다. 그 북쪽과 황주 지역을 황주 사람들은 청룡나루〔靑龍渡〕라고 부른다.

사묘 祠廟

사직단(社稷壇) 군 서쪽에 있다.

문묘(文廟) 향교에 있다.

성황사(城隍祠) 군 북쪽에 있다.

여단(厲壇) 군 북쪽에 있다.

도곶신사(桃串神祠), **성초곶신사**(省草串神祠) 고려 때 모두 사전(祀典)에 실려 있었다. 지금까지 본읍에서 치제하고 있다.

사찰 寺刹

연등사(燃燈寺) 구월산에 있다.

청암사(靑菴寺) 양산에 있다.

남산사(南山寺) 홍암산(紅巖山)에 있다.

자광사(慈光寺), **두라사**(豆羅寺) 모두 구월산에 있다.

고적 古蹟

양산고성(楊山古城) 흙으로 쌓았다. 둘레가 1618자이다. 지금은 없어졌다.

명환 名宦

본조

하연(河演) 지안악군사(知安岳郡事)가 되었다. 부지런히 농사를 장려하고 다그쳤으며, 영춘정(迎春亭), 편월정(片月亭), 대수정(大樹亭), 어약정(魚躍亭), 필봉정(筆峯亭)을 지었다. 전야(田野)를 순행할 때마다 직접 농가(農歌) 몇 곡조를 지어 장려하였다.

윤탕(尹宕) 안악 군수가 되었다. 정사를 함에 있어 청렴결백을 중시하였다.

김효원(金孝元) 선조 때 안악 군수가 되었다. 당시에 도 전체가 연달아 흉년이 들자 김효원이 기근 구제 정책에 마음을 다하여 진휼에 방도를 마련하니 거듭 표리(表裏)를 하사하여 표창하였다.

한백겸(韓百謙) 선조 때 천거로 안악 현감(安岳縣監)에 제수되었다. 행정이 늘 최고 등급이었다. 승진하여 함종 현령(咸從縣令)에 제수되자 안악 백성들이 관사에 나아가 호소하며 머물기를 원하니, 명을 내려 품계를 올려 주고 잉임(仍任)하게 하였다.

인물 人物

본조

김조(金稠) 과거에 급제하여 관직이 성균관 대사성에 이르렀다.

이평(李枰) 과거에 급제하여 관직이 사간원 대사간에 이르렀다.

정계주(鄭繼周) 어려서 아버지를 잃고 어머니를 지극한 효성으로 섬겼는데, 조금도 긴장을 풀지 않고 살뜰히 보살펴 드렸다. 어머니가 돌아가시자 3년간 시묘살이를 하였고, 또 아버지를 위해 3년간 추복(追服)하였다. 종신토록 슬퍼하고 그리워하였으며 제사에는 반드시 정성을 다하였다. 공희왕조(恭僖王朝 중종)에 예빈시 참봉에 제수하고 정려하였다.

재령군 載寧郡

동쪽으로 평산부(平山府) 경계까지 30리이다. 남쪽으로 해주(海州) 경계까지 32리이다. 서쪽으로 신천군(信川郡) 경계까지 31리이다. 북쪽으로 봉산군(鳳山郡) 경계까지 31리이다. 서울과의 거리는 379리이다.

신증 新增

동쪽으로 봉산군 경계까지 30리, 평산부 경계까지 90리이다. 남쪽으로 해주 경계까지 75리이다. 서쪽으로 신천군 경계까지 15리이다. 북쪽으로 봉산군 경계까지 20리, 안악군(安岳郡) 경계까지 25리이다. 서울과의 거리는 439리이다.

한전 旱田

수전 水田

건치연혁 建置沿革

본래 고구려 식성군(息城郡)이다. 한성군(漢城郡)이라고도 하고, 내홀(乃忽)이라고도 하고, 한홀(漢忽)이라고도 한다. **신라 경덕왕 때 중반군(重盤**

郡)으로 고쳤다. 고려 초에 고쳐서 안주(安州)가 되었다가 현종 때 안서도호부(安西都護府)에 편입시켰고, 예종 때 다시 안주를 떼어 내 현으로 삼았고, 고종 때 고쳐서 재령현으로 삼았다. 본조 태조 6년(1397)에 풍주(豐州) 경내 삼지현(三支縣)과 병합하였다. 태종 15년(1415)에 승격시켜 군으로 삼았고, 중종 14년(1519)에 지금의 치소로 옮겼다. 고을에 전염병이 많았던 까닭에 옮겼다. 동쪽으로 옛 군과 60리 거리이다. 관장하는 면은 □개이다.

관원

군수(郡守), 훈도(訓導) 각 1인이다.

군명 郡名

식성(息城), 중반(重盤), 안주(安州) 별호는 안릉(安陵)이다.

형승 形勝

북쪽으로 봉산(鳳山)이 하늘과 맞닿아 있고, 남쪽으로 수양산(首陽山)이 치솟아 있다. 신정리(申丁理)의 서문

풍속 風俗

그 풍속이 다투어 빼앗기를 좋아한다. 최립(崔岦)이 말하기를 "재령군, 신

천군, 안악군 세 지역은 풍속이 다투어 빼앗기 일쑤고 법을 잘 어기니, 대체로 다스리기 어렵고 어지럽기 쉽다."라고 하였다.

산천 山川

장수산(長壽山) 군 북쪽 5리에 있다. 진산(鎭山)이다. ○ 배환(裵桓)의 시에 "북쪽을 지키는 바위산 우뚝 솟았는데, 가운데 봉우리 빼어난 정기로 이름난 고을 만들었네.〔鎭北石山高崒嵂 中巒鍾秀創名州〕"라고 하였다.

금장산(金藏山) 군 서쪽 30리에 있다.

남지산(南枝山) 군 남쪽 5리에 있다.

천마산(天磨山) 군 남쪽 30리에 있다.

백활산(白活山) 군 동쪽 1리에 있다.

금점산(金岾山) 군 남쪽 25리에 있다.

조우산(棗隅山) 군 동쪽 5리에 있다.

검산(劒山) 지금의 군 북쪽 1리에 있다. 진산이다.

월당강(月唐江) 수원이 해주 북쪽 경계에서 나와서 북쪽으로 흘러 군 동쪽에 이르며, 조수가 여기까지 들어온다. 군 북쪽 20리 삼지폐현(三支廢縣)에 이르면 삼지강(三支江)이라고 부르며, 율곶나루〔栗串渡〕를 지나 안악군 경계로 흘러든다.

영진포(迎津浦) 군 북쪽 35리에 있다. 수원이 문화현(文化縣) 구월산(九月山)에서 나와 신천군 우포(牛浦)와 합류하여 이 포가 되는데, 조수가 여기까지 넘나든다. 안악군에 상세히 나온다.

전방천(箭防川) 군 동쪽 90리에 있다.

기탄(岐灘) 군 동쪽 10리에 있다. 바로 월당강 상류의 여울이다. 그 위쪽에 또 합탄(蛤灘), 입석탄(立石灘)이 있는데 모두 흐름이 얕다. 이 여울 아래까지 조수가 넘나들고 봉산군의 물줄기도 흘러와서 모인다.

토산 土產

명주실〔絲〕, 삼〔麻〕, 석철(石鐵), 조우산에서 난다. 석고(石膏), 지치〔紫草〕, 오미자(五味子), 송이버섯〔松蕈〕, 하수오(何首烏), 누치〔訥魚〕, 게〔蟹〕, 뱅어〔白魚〕, 붕어〔鯽魚〕, 숭어〔秀魚〕

성곽 城郭

장수산성(長壽山城) 돌로 쌓았다. 둘레가 8915자이다. 성문이 있다. 암석이 험준하다. 안에 샘 7개가 있고 군창(軍倉)이 있다.

학교 學校

향교(鄕校) 군 동쪽 2리에 있다.

신증 新增

군 동쪽 1리에 있다.

□□서원(□□書院)

궁실 宮室

객관(客館)

전덕루(全德樓) 객관 동쪽에 있다. ○ 본조 유계문(柳季聞)의 시에,

장수산 앞 높이 솟은 백 척의 누대 위를	長壽山前百尺樓
올라가서 바라보니 두 눈이 확 트인다	登臨四顧豁雙眸
암벽 사이 늙은 나무 천 길 높이 우뚝하고	巖排老樹千尋直
계곡 사이 나는 폭포 한 갈래로 흘러간다	谷瀉飛泉一派流
끊긴 언덕 새풀 돋아 송아지가 뜯다 졸고	斷壟草生眠乳犢
오솔길 가 오디 익어 비둘기가 취했구나	荒蹊椹熟醉鳴鳩
오고가[23]가 불려지니 여염가에 일이 없고	民歌五袴閭閻靜
봄바람에 도리화만 온 고을에 가득하다	桃李春風滿一州

하였다.

창고 倉庫

우역 郵驛

달만역(達滿驛) 군 서쪽 1리에 있다.

23 오고가(五袴歌) : 오고는 다섯 벌의 바지라는 뜻이다. 염범(廉范)이 촉군 태수(蜀郡太守)가 되어 화재에 대한 대비책과 야간 작업 금지법 등을 제정하여 백성들의 생활을 윤택하게 하자, 백성들이 태수가 부임한 뒤로 저고리 하나 없던 시절에서 벗어나 지금은 바지만 다섯 벌이라고 노래하였다는 고사에서 온 말이다.《後漢書 廉范列傳》

광제원(廣濟院) 군 동쪽 9리에 있다.

수철원(水鐵院) 군 서쪽 25리에 있다.

기탄원(岐灘院) 기탄(岐灘) 언덕에 있다.

제흥원(濟興院) 군 동쪽 21리에 있다.

관량 關梁

합탄교(蛤灘橋) 군 동쪽 15리에 있다. 합탄에 있다.

율곶나루〔栗串渡〕 군 북쪽 20리에 있다. 바로 월당강진나루〔月唐江津渡〕이다. 봉산군으로 통하는 길목이다.

사묘 祠廟

사직단(社稷壇) 군 서쪽에 있다.

문묘(文廟) 향교에 있다.

성황사(城隍祠) 장수산에 있다.

신증 新增

검산(劍山)에 있다.

여단(厲壇) 군 북쪽에 있다.

사찰 寺刹

묘음사(妙陰寺), 운점사(雲岾寺), 쌍문사(雙門寺), 자복사(資福寺) 모두 장수산에 있다.

불지사(佛知寺), 석천사(石泉寺) 모두 천마산에 있다.

고적 古蹟

삼지폐현(三支廢縣) 군 북쪽 20리에 있다. 그 곁에 또 삼지역(三支驛) 옛터가 있다.

고재령(古載寧) 군 동쪽 60리에 있다. 중종 때 옛 고을에 전염병이 창궐하여 지금의 치소로 옮겼고, 그 지역은 폐해져서 진촌(眞村)이 되었다.

인물 人物

본조

강진(康晉) 장헌왕조(莊憲王朝 세종)에 과거에 급제하여 검교 호조 판서(檢校戶曹判書)가 되었다.

수안군遂安郡

동쪽으로 곡산군(谷山郡) 경계까지 45리이다. 남쪽으로 신계현(新溪縣) 경계까지 25리, 서흥부(瑞興府) 경계까지 34리이다. 서쪽으로 같은 부 경계까지 35리이다. 북쪽으로 평안도 상원군(祥原郡) 경계까지 48리, 삼등현(三登縣) 경계까지 91리이다. 서울과의 거리는 410리이다.

한전 旱田

수전 水田

건치연혁 建置沿革

본래 고구려 장새현(獐塞縣)이다. 고소어(古所於)라고도 한다. 신라 때 서암군(栖巖郡)의 영현으로 삼았다. 고려 초에 수안으로 고쳤고 현종 때 곡주(谷州)에 편입시켰다가 뒤에 복구하여 수안현을 두었다. 충선왕 초기에 승격시켜 수주(遂州)로 삼았다. 원나라에서 총애받는 환관 이대순(李大順)의 청으로 승격시켰다. 일설에는 이곳 사람인 이연송(李連松)이 나라에 공을 세웠다 하여 군으로 승격시켰다고도 한다. 본조 초기에 다시 고쳐서 수안군으로 삼았다. 관장하는 면은 □개이다.

관원

군수(郡守), 훈도(訓導) 각 1인이다.

군명 郡名

수주(遂州)

산천 山川

요동산(遼東山) 군 동북쪽 4리에 있다. 진산(鎭山)이다.

아달산(阿達山) 군 북쪽 60리에 있다.

대청산(大靑山) 군 북쪽 10리에 있다.

웅산(熊山) 군 남쪽 5리에 있다.

언진산(彦眞山) 군 동쪽 45리에 있다. 신계(新溪) 기달산(箕達山)에서 서쪽으로 뻗어 나온 한 줄기가 내려가다 끊겨 40리까지 평지를 이루다가 다시 솟아 이 산이 되었다. 높고 크게 8, 9리를 뻗어 있다. 저탄수(猪灘水) 서쪽과 대동강(大同江) 동쪽의 산들은 모두 여기서 갈라져 나왔다.

가납산(加納山) 군 동남쪽 30리에 있다.

능성강(能成江) 군 북쪽 93리에 있다. 평안도 삼등현과의 경계 지역이다. 바로 곡산군 능성강 하류이다. 또 서쪽으로 평양부(平壤府) 대동강에 흘러 들어간다.

춘탄수(春灘水) 언진산에서 발원한다. 군 동쪽 24리에 이르러서는 흑석탄(黑石灘)이라 부르고, 군 남쪽 25리에 이르러서는 춘탄(春灘)이라 부른다. 또 남쪽으로 우봉현(牛峯縣)에 흘러 들어가 저탄수가 된다.

대교천(大橋川) 군 남쪽 10리에 있다. 군 북쪽 도동(陶洞)에서 나와 남쪽으로 춘탄수로 흘러 들어간다.

용담(龍潭) 군 □쪽[24] 1리에 있다. 입처럼 생긴 바위에서 뿜어 나온 맑은 샘이 흘러 모여서 못이 된 것으로, 비가 와도 넘치지 않고 가물어도 마르지 않는다. 절벽이 우뚝 솟아 있는데 대여섯 명이 앉을 수 있으며 터럭까지 비춘다. 동굴은 아래로 내려갈수록 좁아져 형상이 목구멍과 같은데, 그 수원을 감히 아무도 엿볼 수 없으니 용담이라고 한다. ○ 본조 이석형(李石亨)의 시에,

안개 잠긴 석문은 낮에도 어두컴컴	石門蒼霧晝暝濛
은하 닿은 물줄기 비이슬 적시는데	潤接星河雨露通
신령스런 수원은 맑고도 풍부하여	一派靈源澄不竭
이 사이에 교룡이 버티고 있는 듯도	此間疑是有蛟龍

하였다.

토산 土産

명주실〔絲〕, **삼**〔麻〕, **옥석**(玉石), 괘항산(掛項山), 웅암(熊巖) 두 곳에서 난

24 □쪽 : 대본에는 없는데, 《동국여지지》 산천(山川) 서술 투식에 근거하여 보충하여 번역하였다.

다. **철**(鐵), 견조산(見造山)에서 난다. **동철**(銅鐵), 동리포산(銅里浦山)에서 난다. **궁간목**(弓幹木 애끼찌), 언진산에서 난다. **인삼**(人蔘), **복령**(茯苓), **지치**〔紫草〕, **영양**(羚羊), **매**〔鷹〕, **꿀**〔蜂蜜〕, **황랍**(黃蠟), **오미자**(五味子), **송이버섯**〔松蕈〕, **누치**〔訥魚〕

학교 學校

향교(鄕校) 군 동쪽 3리에 있다.

궁실 宮室

객관(客館)

동환정(同歡亭) 객관 동쪽에 있다. 지금은 공취정(拱翠亭)으로 개명하였다.

풍화루(風和樓) 바로 객관의 문루(門樓)이다.

우역 郵驛

위라역(位羅驛) 군 남쪽 15리에 있다.

조산원(造山院) 군 남쪽 35리에 있다.

지천원(紙川院) 군 북쪽 60리에 있다.

서효원(徐孝院) 군 북쪽 35리에 있다.

여의원(如意院) 군 동쪽 5리에 있다.

춘원(春院) 춘탄 기슭에 있다.

판적원(板積院) 군 서쪽 35리에 있다.

관량 關梁

방원진(防垣鎭) 군 북쪽 24리에 있다. 옛날에는 관문을 방어하는 진을 두었었다. 진 좌우에는 행성(行城)을 두었는데, 돌로 쌓았다. 둘레가 600여 자이다.

사묘 祠廟

사직단(社稷壇) 군 서쪽에 있다.

문묘(文廟) 향교에 있다.

성황사(城隍祠) 군 서쪽 1리에 있다.

요동산사(遼東山祠) 봄가을에 본읍에서 제향한다.

여단(厲壇) 군 북쪽에 있다.

사찰 寺刹

불각사(佛角寺), 영대암(靈臺菴), 반야암(般若菴), 은적사(隱積寺), 수정사(水淨寺) 모두 언진산에 있다.

청암(靑菴) 아달산에 있다.

송림사(松林寺) 대청산에 있다.

상암(上菴) 남갈산(南碣山)에 있다.

고적 古蹟

사암역(射巖驛) 옛터가 군 북쪽 15리에 있다.

요동산 봉수(遼東山烽燧) 군 동쪽 2리에 있다.

마지암산 봉수(馬之巖山烽燧) 옛터 군 북쪽 60리에 있다.

명환 名宦

본조

최중겸(崔仲謙)

인물 人物

고려

이수산(李壽山) 충혜왕 때 밀직부사(密直副使)에 임명되었다. 공민왕 때 첨의평리(僉議評理)에 임명되었고 승진하여 찬성사(贊成事)가 되었다. 수춘군(壽春君)에 봉해졌다. 동북면 도순문사(東北面都巡問使)로 나가 여진의 강역(彊域)을 평정하였다. 시호는 공량(恭良)이다.

이연송(李連松) 충숙왕 때 여러 해 동안 흉년이 들자, 이연송이 원나라에서 곡식을 들여오자고 건의하여 쌀 3만여 섬을 요청하고 몸소 진휼하였다. 왕이 기뻐하며 추충 보정 공신(推忠輔靖功臣)의 호를 하사하고 수안군에 봉하였다. 본읍에는 본래 노비가 없었는데 이연송이 가비(家婢)를 본읍에

귀속시키니 그 자손들이 매우 번성하여 지금까지 도움이 되고 있다.

이휴(李庥) 이연송의 아들이다. 관직은 중대광(重大匡)에 이르렀고 수안군(遂安君)에 봉해졌다. 동생 이완(李完)도 대광 정윤(大匡正尹)이 되었고 수안군에 봉해졌다.

이념(李恬) 이수산의 아들이다. 공민왕 때 과거에 급제하였고, 여러 번 승진하여 판전의시사(判典議寺事)가 되었다. 관직은 경상도 도절제사(慶尚道都節制使)에 이르렀다.

곡산군谷山郡

동쪽으로 함경도 안변부(安邊府) 경계까지 92리이다. 남쪽으로 신계현(新溪縣) 경계까지 45리이다. 서쪽으로 수안군(遂安郡) 경계까지 30리이다. 북쪽으로 평안도 성천부(成川府) 경계까지 93리, 평안도 양덕현(陽德縣) 경계까지 109리이다. 서울과의 거리는 434리이다.

건치연혁 建置沿革

본래 고구려 십곡성(十谷城)이다. 덕돈홀(德頓忽)이라고도 하고, 곡성(谷城)이라고도 하고, 고곡군(古谷郡)이라고도 한다. 신라 경덕왕 때 진서(鎭瑞)로 이름을 고치고 영풍군(永豐郡)의 영현으로 삼았다. 고려 초에 곡주(谷州)로 고쳤다. 본조 태조 2년(1393)에 고쳐 곡부(谷府)로 삼았고, 공정왕(恭定王 태종) 2년(1402)에 다시 강등시켜 곡주로 삼았다가 곧이어 곡산군으로 삼았다. 관장하는 면은 □개이다.

관원

군수(郡守), 훈도(訓導) 각 1인이다.

군명 郡名

고곡(古谷), 진서(鎭瑞) 별호는 상산(象山)이다.

형승 形勝

동쪽으로 교주(交州 강원도)에 접하고, 북쪽으로 평양과 교통한다. 고려 이색(李穡)의 〈척서루기(滌暑樓記)〉[25]에 "곡주는 서해도(西海道 황해도)의 궁벽한 지역이다.…… 산 높고 물 맑은 가운데, 한 구역이 평평하게 펼쳐진 곳이 주(州)의 소재지이다." 하였다.

풍속 風俗

풍속이 누에치기에 힘쓴다. 지지(地志)

산천 山川

남산(南山) 군 남쪽 8리에 있다. 진산(鎭山)이다.

협올산(峽屼山) 군 동쪽 6리에 있다.

증격산(甑擊山) 군 서쪽 2리에 있다.

미륵산(彌勒山) 군 동쪽 1리에 있다.

25 이색(李穡)의 척서루기(滌暑樓記) : 〈곡주 공관의 새 누각에 대한 기문〔谷州公館新樓記〕〉이다. 《牧隱藁 牧隱文藁 卷3》

신류산(神留山) 군 동쪽 2리에 있다.

무산(霧山) 군 서쪽 22리에 있다.

고달산(高達山) 군 동쪽 55리에 있다.

청량산(淸涼山) 군 북쪽 50리에 있다.

달보산(達寶山) 일명 달운(達雲)이라고 한다. 군 북쪽 35리에 있다.

운련산(雲連山) 군 동쪽 25리에 있다.

오륜산(五倫山) 군 북쪽 30리에 있다.

감둔산(甘芚山), 백운산(白雲山) 모두 군 북쪽 60리에 있다.

은금동대령(銀金洞大嶺) 군 북쪽 65리에 있다.

능성강(能成江) 군 북쪽 27리에 있다. 그 원류는 평안도 양덕현에서 나와 남쪽으로 흘러 군 지경에 들어오고, 또 서쪽으로 흘러 수안(遂安)과 삼등(三登)의 경계를 지나 평양(平壤) 대동강(大同江)에 들어간다.

당저탄천(堂底灘川) 군 동쪽 5리에 있다. 원류는 고달산에서 나와 북쪽으로 흘러 능성강에 들어간다.

말흘탄(末訖灘) 군 북쪽 25리에 있다. 바로 능성강 여울이다.

토산 土産

명주실〔絲〕, 삼〔麻〕, 영양(羚羊), 매〔鷹〕, 꿀〔蜂蜜〕, 황랍(黃蠟), 궁간목(弓幹木 애끼찌), 군 북쪽 도삼미(刀三彌)에서 난다. 잣〔海松子〕, 배〔梨〕, 황양(黃楊), 송이버섯〔松蕈〕, 석이버섯〔石蕈〕, 오미자(五味子), 지치〔紫草〕, 인삼(人蔘), 누치〔訥魚〕

학교 學校

향교(鄕校) 군 북쪽 1리에 있다.

궁실 宮室

객관(客館)

척서루(滌暑樓) 객관 동쪽에 있다. 고려 말에 지주사(知州事) 김승귀(金承貴)가 창건하였다. 이색의 기문[26]이 있다.

우역 郵驛

소곶역(所串驛) 군 북쪽 15리에 있다.

관원(館院) 군 남쪽 10리에 있다.

금물원(今勿院) 군 남쪽 50리에 있다.

잉현원(仍峴院) 군 북쪽 55리에 있다.

사묘 祠廟

사직단(社稷壇) 군 서쪽에 있다.

문묘(文廟) 향교에 있다.

성황사(城隍祠) 군 동쪽 5리에 있다.

26 이색의 기문 : 279쪽 주25 참조.

여단(厲壇) 군 북쪽에 있다.

사찰 寺刹

사효사(思孝寺) 증격산에 있다.

사벽사(沙壁寺) 운련산에 있다.

관적사(觀寂寺) 오륜산에 있다.

정림사(淨林寺) 백운산에 있다.

고달굴(高達窟) 고달산에 있다.

문수굴(文殊窟) 청량산에 있다.

고적 古蹟

달보산고성(達寶山古城) 돌로 쌓았다. 둘레가 1만 5060자이다. 지금은 없어졌다.

말구원보(末龜院堡) 군 북쪽 15리에 있다.

하남산외천보(下南山外遷堡) 군 남쪽 35리에 있다.

다호천보(多乎遷堡) 군 서북쪽 45리에 있다. ○ 지금은 모두 없어졌다.[27]

27 지금은 모두 없어졌다 : 말구원보, 하남산외천보를 합하여 말한 것이다.

명환 名宦

고려

이행검(李行儉) 원종 때 지곡주사(知谷州事)가 되었다. 청렴하고 대범하다고 일컬어졌다.

인물 人物

고려

노조(盧朝) 과거에 급제하고 관직이 우복야 지중추부사(右僕射知中樞府事)에 이르렀다. 두 번 지공거(知貢擧)가 되었는데 이때 발탁된 김교(金皎), 김연(金緣), 박경작(朴景綽), 김지화(金至和) 같은 이들이 모두 명사(名士)로 알려졌으니 세상에서 그의 감식안을 칭찬하였다.

본조

연사종(延嗣宗) 공정왕조(恭定王朝 태종)에 좌명 공신(佐命功臣)이 되고 관직이 곡산부원군(谷山府院君)에 이르렀다. 시호는 정후(靖厚)이다.

한옹(韓雍) 관직이 개성 유수(開城留守)에 이르렀다. 시호는 평절(平節)이다.

열녀 列女

강씨(姜氏) 진양(晉陽) 사람으로, 이태경(李台慶)의 처이다. 이태경은 본조 태종 때 일찍이 초계 군사(草溪郡事)가 되었고 재직 중에 죽었는데, 아들 이규(李糾)는 아직 어렸다. 강씨는 3년간 여묘(廬墓)하고, 상을 마친 뒤에 본군에 와서 거주하였다. 호족들이 다투어 처로 삼고자 하였는데 강씨가 곡읍하며 죽기로 맹세하고 따르지 않았으니, 고을 사람들이 탄복하였다. 장헌왕조(莊憲王朝 세종)에 정문(旌門)을 세우고 복호(復戶)하였다.[28]

28 장헌왕조(莊憲王朝)에……복호(復戶)하였다 : 《태종실록》 5년 12월 29일 기사에 풍해도 관찰사(豐海道觀察使)가 보고한 내용으로 실려 있다. 오류가 있는 듯하나 근거가 불충분하여 그대로 번역하였다.

신천군信川郡

동쪽으로 재령군(載寧郡) 경계까지 30리이다. 남쪽으로 해주(海州) 경계까지 45리이다. 서쪽으로 송화현(松禾縣) 경계까지 8리이다. 북쪽으로 안악군(安岳郡) 경계까지 15리이다. 서울과의 거리는 440리이다.

건치연혁 建置沿革

본래 고구려 승산군(升山郡)이다. 고려에서 신주(信州)로 고치고, 현종 때 황주(黃州)에 병합하였다가 뒤에 다시 신주를 떼어 내 현으로 삼았다. 본조 공정왕(恭定王 태종) 13년(1413)에 고쳐 신천현으로 삼았고, 양도왕(襄悼王 예종) 1년(1469)에 승격시켜 군으로 삼았다. 명나라 조정에 들어간 환관 정동(鄭同)의 고향이므로 승격시켰다. 관장하는 면은 □개이다.

관원

군수(郡守), 훈도(訓導) 각 1인이다.

군명 郡名

승산(升山), 신주(信州) 별호는 신안(信安)이다.

산천 山川

화산(花山) 군 북쪽 6리에 있다. 진산(鎭山)이다.

천봉산(天奉山) 군 남쪽 15리에 있다. 위에는 용정(龍井)이 있어 가뭄이 들면 비를 빈다.

중령산(中嶺山), **신성산**(信城山) 모두 군 북쪽 7리에 있다.

우산(牛山) 크고 작은 2개의 산이 군 동쪽 15리에 있다.

능동(陵洞) 군 남쪽 15리에 있다.

우포(牛浦) 우산 아래에 있다. 원류는 송화현 지경에서 나와 군 남쪽으로 흐르니 누교천(樓橋川)이라 칭하고, 군 동쪽에 이르러 이 포(浦)가 된다. 또 북쪽으로 흘러 안악군 영진포(迎津浦)가 된다.

마명천(馬鳴川) 군 북쪽 20리에 있다.

온천(溫泉) 군 동쪽 6리에 있다.

토산 土産

명주실〔絲〕, 삼〔麻〕, 지치〔紫草〕, 붕어〔鯽魚〕, 게〔蟹〕

학교 學校

향교(鄕校) 군 북쪽 2리에 있다. ○ 우리 태조 1년(1392)에 감무(監務) 송거중(宋居中)이 세우고, 정총(鄭摠)이 기문을 지었다.

궁실 宮室

객관(客館)

모한정(慕漢亭) 객관 북쪽에 있다.

취원루(聚遠樓) 객관 동쪽에 있다.

우역 郵驛

원산역(元山驛) 군 동쪽 5리에 있다.

사원(沙院) 군 남쪽 25리에 있다.

대모원(大母院) 군 남쪽 30리에 있다.

토성원(土城院) 군 북쪽 15리에 있다.

사묘 祠廟

사직단(社稷壇) 군 서쪽에 있다.

문묘(文廟) 향교에 있다.

성황사(城隍祠) 군 서쪽 1리에 있다.

여단(厲壇) 군 북쪽에 있다.

사찰 寺刹

광복사(廣福寺) 신성산에 있다.

악달사(樂達寺) 천봉산에 있다.

자혜사(慈惠寺) 증산(甑山)에 있다.

망일사(望日寺) 능동에 있다.

반야암(般若菴) 중령산에 있다.

고적 古蹟

명환 名宦

본조

윤반(尹磻)

이맹상(李孟常)

인물 人物

본조

강신(康愼) 세종조에 과거에 급제하고 세자시강원 필선이 되었는데 일찍 죽었다.

강곤(康袞) 무용(武勇)으로 이름이 났다. 혜장왕조(惠莊王朝 세조)에 정난 익대 공신(靖難翊戴功臣)이 되고 관직이 지중추부사에 이르렀으며 신천군(信川君)에 봉해졌다.

신계현新溪縣

동쪽으로 곡산군(谷山郡) 경계까지 40리, 강원도 이천현(伊川縣) 경계까지 45리이다. 남쪽으로 평산부(平山府) 경계까지 21리, 우봉현(牛峯縣) 경계까지 38리, 토산현(兎山縣) 경계까지 38리이다. 서쪽으로 서흥부(瑞興府) 경계까지 41리이다. 북쪽으로 수안군(遂安郡) 경계까지 46리이다. 서울과의 거리는 448리이다.

건치연혁 建置沿革

본래 고구려 지역이다. 읍호는 미상이다. 고려 초에 신은현(新恩縣)으로 삼았고, 현종 때 곡주(谷州)에 편입시켰다. 고종 때 승격시켜 담주(覃州)로 삼았는데, 뒤에 주를 혁파하고 다시 곡주에 편입시켰다. 본조 태조 5년(1396)에 다시 신은현을 설치하고 협계(俠溪)를 병합시켰다. 장헌왕(莊憲王 세종) 27년(1445)에 고쳐 신계현으로 삼았다. 관장하는 면은 □개이다.

관원

현령(縣令), 훈도(訓導) 각 1인이다.

군명 郡名

신은(新恩), 담주(覃州)

산천 山川

구봉산(九峯山) 현 북쪽 1리에 있다. 진산(鎭山)이다.

학소봉(鶴巢峯) 현 서쪽 1리에 있다. 민간에 전해지기를 예전에 흰 학이 그 정상에 둥지를 틀었으므로 이렇게 이름하였다고 한다. 위에 현종대(懸鍾臺)가 있고, 대 아래에 간월암(看月巖)이 있다.

탁목봉(啄木峯) 현 남쪽 5리에 있다.

태일산(太一山) 현 동쪽 33리에 있다.

천개산(天蓋山) 현 동쪽 30리에 있다.

화개산(華蓋山) 현 동쪽 32리에 있다.

송천산(松泉山) 현 동쪽 15리에 있다.

기달산(箕達山) 현 동쪽 31리에 있다.

성암(星巖) 현 동쪽 12리에 있다.

남천(南川) 현 남쪽 1리에 있다. 원류는 화개산에서 나와 서쪽으로 흘러 사팔적탄수(沙八赤灘水)에 들어간다.

사팔적탄수(沙八赤灘水) 현 서쪽 8리에 있다. 원류는 수안군 언진산(彦眞山)에서 나와 하류가 우봉현 저탄(猪灘)이 된다.

노연(蘆淵) 탁목봉 아래에 있다. 가뭄이 들어 비를 빌면 그때마다 효험이 있다.

토산 土産

철(鐵), 인삼(人蔘), 복령(茯苓), 오미자(五味子), 송이버섯〔松蕈〕, 지치〔紫草〕, 배〔梨〕, 누치〔訥魚〕

학교 學校

향교(鄕校) 현 동쪽 2리에 있다.

궁실 宮室

객관(客館)

이요정(二樂亭) 객관 동쪽에 있다. ○ 본조 이석형(李石亨)의 시에,

세상일 괴롭게 끌고 당겨 견디기 어려운데	不堪塵事苦相牽
홀로 선 정자에 한번 오르니 기운이 호연하네	一上孤亭氣浩然
선계의 땅은 한가한 세월 보낼 만하고	眞境堪消閑日月
신선 고장은 처음 본 좋은 산천이로세	仙區初見好山川
맑은 못은 백 길이나 깊어 끝이 없고	澄潭百丈深無底
서린 골짜기는 천년 동안 별천지라네	盤谷千年別有天
제일 기쁜 일은 복사꽃이 흐르는 물에 떠가는 것이니	最喜桃花流水遠
정녕코 세상 사람들에게는 전하지 말게나	丁寧莫遣世人傳

하였다.

수림정(秀林亭) 현 동쪽 1리에 있다. 남쪽으로 흐르는 물에 임하여 있고, 깎아지른 벼랑이 천 자나 된다.

우역 郵驛

소평역(所坪驛) 현 남쪽 5리에 있다.

광산원(廣山院) 현 북쪽 25리에 있다.

장양원(長楊院) 현 남쪽 30리에 있다.

금강원(金剛院) 현 동쪽 5리에 있다.

회원(灰院) 현 동쪽 30리에 있다.

관음원(觀音院) 현 서쪽 5리에 있다.

식점원(食岾院) 현 남쪽 20리에 있다.

사묘 祠廟

사직단(社稷壇) 현 서쪽에 있다.

문묘(文廟) 향교에 있다.

성황사(城隍祠) 현종대 북쪽에 있다.

여단(厲壇) 현 북쪽에 있다.

사찰 寺刹

천개사(天蓋寺) 천개산에 있다.

봉지사(鳳池寺) 태일산에 있다.

송천사(松泉寺) 송천산에 있다.

고적 古蹟

협계폐현(俠溪廢縣) 현 남쪽 30리에 있다. 본래 고구려 수곡성현(水谷城縣)으로, 일명 매차홀(買且忽)이라고 한다. 신라에서 단계(檀溪)로 이름을 고치고 영풍군(永豐郡) 영현으로 삼았다. 고려 초에 협계로 고치고, 현종 때 곡주(谷州)에 편입시켰다가 뒤에 다시 협계현을 설치하였다. 본조 태조 5년(1396)에 본현에 병합시켰다.

북소궁(北蘇宮) 북소(北蘇)는 바로 현의 기달산이다. 고려 신우(辛禑) 때 《도선비기(道詵秘記)》에 의거하여 권중화(權仲和) 등을 보내 찾아내 좌소(左蘇) 백악산(白嶽山), 우소(右蘇) 백마산(白馬山)과 함께 삼소(三蘇)로 삼고 이에 궁궐을 지었으니, 옛터가 아직 남아 있다. 내용이 장단부(長湍府)에 언급되어 있고, 풍덕군(豐德郡)에도 보인다.

관상역(管上驛) 옛터가 현 동쪽에 있다.

신은고현(新恩古縣) 현 남쪽 25리에 있다.

우봉현牛峯縣

동쪽으로 토산현(兎山縣) 경계까지 33리이다. 남쪽으로 경기 장단부(長湍府) 경계까지 84리이다. 서쪽으로 평산부(平山府) 경계까지 29리이다. 북쪽으로 신계현(新溪縣) 경계까지 31리이다. 서울과의 거리는 280리이다.

건치연혁 建置沿革

본래 고구려 우잠군(牛岑郡)이다. 일명 우령(牛嶺)이라 하고, 일명 수지의(首知衣)라고 한다. 신라 경덕왕 때 우봉으로 고쳤다. 고려 현종 때 평주(平州)에 편입시켰고, 문종 때 개성부(開城府)에 예속시켰다. 예종 때 다시 우봉현을 설치하였다. 본조에서 그대로 따랐다가 공정왕(恭定王 태종) 13년(1413)에 본도에 예속시켰다. 관장하는 면은 □개이다.

관원

현령(縣令), 훈도(訓導) 각 1인이다.

지금 증보하건대 효종 2년(1651)에 강음(江陰)과 병합하고 금천군(金川郡)을 설치하였다.

군명 郡名

우잠(牛岑), 우령(牛嶺)

산천 山川

학봉산(鶴峯山) 현 북쪽 30리에 있다.

수룡산(首龍山) 현 동쪽에 있다.

장굴산(長屈山) 현 서쪽 15리에 있다.

관음재(觀音岾), 압재(鴨岾) 모두 현 서쪽 30리에 있다.

오도령(悟道嶺) 성거산(聖居山)에 있다.

청석현(靑石峴) 현 북쪽 30리에 있다.

성거산(聖居山) 현 남쪽 60리에 있다. 일명 구룡산(九龍山)이라 하고, 평나산(平那山)이라고도 한다. 위에 다섯 봉우리가 있고 그 봉우리마다 각각 작은 암자가 있으니 오성(五聖)이라고 칭한다. 장단부에도 보인다. 고려 이색(李穡)의 시[29]에,

부소산[30] 동쪽으로 산이 끝없이 이어져서	扶蘇以東山不盡
봉우리들 하늘에 솟아 석순이 널렸는데	衆峯揷天森石筍
불룩 솟은 구룡산이 형세가 절로 높아서	九龍穹隆勢自尊
뒷산은 따르는 듯하고 앞산은 끄는 듯하네	後者如從前如引

하였다.

29 이색(李穡)의 시 : 〈구룡산가(九龍山歌)〉이다. 《牧隱藁 牧隱詩藁 卷15》

30 부소산(扶蘇山) : 개성부 송악산(松嶽山)의 별명이다. 부소는 개성의 옛 이름이기도 하다.

영취산(靈鷲山) 바로 현화산(玄化山) 주봉(主峯)이다.

백계산(白界山) 현 동쪽 30리에 있다.

인달암(因達巖) 성거산 북쪽에 있다.

금신동(金神洞) 골짜기가 매우 깊숙하고 수목이 우거져 짙게 그늘져 있다. 북쪽으로 현화사(玄化寺)를 향하고, 서쪽으로 토령(土嶺)을 넘는다.

저탄수(猪灘水) 현 서쪽 25리에 있다. 평산부에 자세히 보인다.

원중천(源中川) 원류는 수룡산에서 나와 현 동쪽 20리에 이르러 합천(蛤川)이라 칭해지고, 현 서쪽 25리에 이르러 이름을 원중천이라 한다. 또 서쪽으로 흘러 저탄수에 들어간다.

오조천(悟早川) 현 서쪽 30리에 있다. 원류는 성거산에서 나와 저탄수에 흘러 들어간다. 언덕 위에 바위가 병풍같이 둘러쳐 있는데, 높이가 10장 남짓이며 매우 기이하고 우람하다.

박연(朴淵) 폭포가 천마(天磨), 성거(聖居) 두 산 사이에 있는데, 형상이 마치 돌항아리〔石甕〕 같으며 들여다보면 새까맣다. 반석(盤石)이 한가운데 솟아 나와 있는데, 섬바위〔島巖〕라고 한다. 물이 절벽으로 달려 성난 폭포가 아래로 수십 길을 흘러내리는데, 완연히 흰 무지개가 공중에 비치는 것 같고, 날리는 눈이 돌다리에 뿌려지는 것 같으며, 뇌성이 달리고 번개가 부딪쳐 소리가 천지를 진동하는 것 같다. 민간에 전해지기를 "예전에 박씨(朴氏) 성을 가진 사람이 못 위에서 피리를 부니 용녀(龍女)가 감동하여 데려다 남편으로 삼았으므로 박연이라 이름하였다. 그 어머니가 와서 곡하며 아래에 있는 못으로 떨어져 죽어서 마침내 고모담(姑姆潭)이라 하였다."라고 한다. 못 위에 신사(神祠)가 있으니, 가뭄을 만나면 비를 빈다. ○ 고려 문종이 일찍이 이곳에서 노닐며 섬바위 위로 올라갔는데, 홀연 비

바람이 갑자기 일어 바위가 진동하였다. 문종이 놀라 두려워하였는데, 당시 호종한 이영간(李靈幹)이 글을 지어 용의 죄를 헤아리면서 못에 던졌더니, 용이 바로 그 등을 드러내었다. 이에 매를 치니, 못물이 온통 붉게 변하였다. 못 위의 양 언덕에 석불(石佛)이 있으니, 동쪽 것을 달달박박(怛怛朴朴)이라 하고, 서쪽 것을 노힐부득(努肹夫得)이라 한다. ○ 본조 허침(許琛)의 시에,

공중에 비낀 푸르른 천만 봉우리	橫空積翠千萬峯
하나하나 깎아 낸 금부용일세	一一削出金芙蓉
무쇠 독에 깊숙이 맑은 유리 담아 두고	鐵甕深貯玻瓈淸
옥 협곡에 은하수 기울여 쏟아 내리네	玉峽倒注銀河傾
구슬 튀고 옥 뿜어라 물거품 따라 나오는데	跳珠噴玉隨亂沫
햇빛과 붉은 번개는 어지러이 서로 부딪치네	日光紫電紛相掣
금고[31]와 함께 어룡을 타고서	欲與琴高騎魚龍
한바탕 웃으며 저 폭포 속에 헤엄치고 놀려네	一笑拍浮懸流中
참말 알겠네, 조물주가 기괴한 정기를 발설하여	固知眞宰洩精怪
뭇 아이들 좁은 마음과 눈을 깜짝 놀래키려는 걸	驚倒群兒心目隘
예전의 우물 안 개구리 함부로 자랑 말라	從前坎蛙莫謾誇
뚜껑 열린 술독의 초파리 기쁘고도 통쾌하네	發覆醯鷄欣一快
내 평생에 내 눈만 믿고 남의 말 믿지 않으니	平生信目不信語

31 금고(琴高) : 조(趙)나라 사람으로 거문고를 잘 탔으며, 제자들과 용의 아들을 잡으려고 물에 들어가 잉어를 타고 나왔다가 다시 물에 들어갔다 한다. 《列仙傳》 일설에는 한대(漢代) 사람으로, 경수(涇水) 북쪽 산 바위에 살다가 붉은 잉어를 타고 올라가 신선이 되었다 한다. 《名勝志》

여산이 정말 이렇지는 못하리라	未必廬山遽如許
당시에 우리 임금 행차가 지나던 곳	當時玉輦經行地
고목과 푸른 등덩굴에 어딘지 알 길 없네	古木蒼藤迷處所
저 나는 새 따라 끝까지 바라보며 찾는데	眼窮飛鳥寄冥搜
옛날 일들 회상하니 구름만 유유하네	回頭往事雲悠悠
가슴속에 시가 있으나 이 경치 다 써낼 수 없으니	胸中有詩道不盡
어찌하면 적선을 불러다 서로 좇아 놀아 볼거나	安得喚取謫仙相追遊

하였다.

토산 土產

철(鐵), 관음산(觀音山)에서 난다. 청려석(靑礪石), 경아재(景兒岾)에서 난다. 석이버섯〔石蕈〕, 꿀〔蜂蜜〕, 황랍(黃蠟), 인삼(人蔘), 잣〔海松子〕

학교 學校

향교(鄕校) 현 동쪽 1리에 있다.

궁실 宮室

객관(客館)

우역 郵驛

흥의역(興義驛) 옛 이름은 임패(臨浿)이고, 일명 영파(迎波)라고 한다. 현 서남쪽 30리에 있다. 고려 현종 때 강감찬(姜邯贊)이 거란 군사를 공격하여 이기고 돌아와 포로와 전리품을 바쳤다. 이때 왕이 영파역(迎波驛)에서 친히 맞이하여, 채붕(綵棚)을 설치하고 음악을 갖추어 장수와 군사들에게 잔치를 베풀어 주며 금화(金花) 여덟 가지를 친히 강감찬의 머리에 꽂아 주고, 왼손으로 강감찬의 손을 잡고 오른손으로 술잔을 들고는 위로하니, 강감찬이 절하며 감히 받지 못하겠다고 사례(謝禮)하였다. 마침내 역 이름을 고쳐 흥의역이라 하고, 역리(驛吏)에게 관디(冠帶)를 하사하여 주현의 이속과 같이 대우하였다.

잉읍천원(仍邑川院) 현 남쪽 20리에 있다.

수정원(水精院) 현 북쪽 35리에 있다.

제차이원(濟次伊院) 현 서쪽 15리에 있다.

사묘 祠廟

사직단(社稷壇) 현 서쪽에 있다.

문묘(文廟) 향교에 있다.

성황사(城隍祠) 현 남쪽 20리에 있다.

구룡산사(九龍山祠) 세속에서 성골장군사(聖骨將軍祠)라고 칭한다.

여단(厲壇) 현 북쪽에 있다.

능묘 陵墓

이제현(李齊賢) 묘 현 남쪽 도리촌(桃李村)에 있다.

이종학(李種學) 묘 현 남쪽 40리에 있다.

사찰 寺刹

부흥사(復興寺) 현 남쪽에 있다.

영감사(靈鑑寺), 원달사(元達寺), 운암사(雲菴寺), 윤필사(潤筆寺), 인달사(因達寺), 의상암(義相菴), 수정사(水精寺), 안적사(安寂寺) 모두 성거산에 있다.

수정사굴(水精寺窟), 문수사(文殊寺), 원통사(元通寺) 모두 성거산에 있다.

개성사(開聖寺) 성거산에 있다. ○ 고려 정지상(鄭知常)의 시에,

백 걸음에 아홉 번 꺾인 길로 높은 데 올라가니	百步九折登巑岏
집이 반쯤 공중에 있는데 두어 칸뿐이네	家在半空惟數間
맑디맑은 샘에서는 찬물이 떨어지고	靈泉澄淸寒水落
해묵은 어두운 벽엔 푸른 이끼 아롱져라	古壁暗淡蒼苔斑
돌 머리의 소나무는 한 조각 달에 늙어 있고	石頭松老一片月
하늘가 구름은 어느 곳의 산에 나직한고	天末雲低何處山
여기는 홍진 만사가 이르지 못하나니	紅塵萬事不可到
은거한 사람 홀로 긴 세월에 한가롭구나	幽人獨得長年閑

하였다. ○ 고려 정추(鄭樞)의 시[32]에,

옛 절간은 평대 위에 있고	古寺平臺上
쌀쌀한 바람에 낙엽 지는 때로다	凄風落木時
인정은 성대한 기운에 엉겨 엷어지고	情凝顥氣薄
마음은 저문 구름과 함께 더디어지네	心共暮雲遲
그늘진 곳엔 깊은 못이 검푸르고	隱地龍湫暗
후미진 바위에 부처님 자리 오뚝하네	隈巖佛座危
석장 날려 어디서 왔던고	錫飛來底所
부러진 비석이 사람 슬프게 하는구나[33]	碑斷使人悲

하였다.

길상사(吉祥寺) 성거산 북쪽에 있다. 앞쪽에 흐르는 샘이 모여서 못이 되었는데, 매우 맑고 마르지 않는다.

금신사(金神寺) 성거산 남쪽에 있다. 위에 도솔암(兜率菴), 보월암(寶月菴), 장춘암(長春菴) 등이 있다. 절에 금부처 1구(軀)가 있어 '존자(尊者)'라 하는데, 세속에서 영험이 있다고 일컬으니 송도(松都 개성) 백성들의 향화(香火)가 몰려든다.

운거사(雲居寺) 박연 아래에 있다.

32 정추(鄭樞)의 시 : 〈구룡산 개성사에 노닐며 원 대언의 시에 차운하다〔遊九龍山開聖寺次元代言韻〕〉이다. 《圓齋文稿 卷上》

33 석장(錫杖)……하는구나 : 《원재문고》에 실린 이 구절 소주에 "석비(錫飛)는 한편 '응진(應眞)'이라고 쓴다. 옛날에 어떤 중이 응진이 구름 타고 이 골로 들어오는 것을 보고 마침내 이 절을 지었다." 하였다. 응진은 범어(梵語)인 나한(羅漢)을 의역한 말로, 진도(眞道)를 터득한 사람을 뜻한다.

원명사암(元明寺菴)[34] 대둔산(大芚山)에 있다.

용두사(龍頭寺) 학봉산에 있다.

고적 古蹟

중미정(衆美亭) 고려 의종이 지은 것이다. 정자 남쪽 시내에 흙과 돌을 쌓아 물을 모으고 언덕 위에 모정(茅亭)을 지었는데, 오리와 기러기, 갈대숲 풍경이 완연히 강호의 경치 같았다. 그 안에 배를 띄우고 소동(小童)으로 하여금 노 젓는 노래와 고기잡이 노래를 부르도록 하면서 놀이를 마음껏 즐겼다. 일찍이 금신굴(金身窟)에서 현화사(玄化寺)로 돌아오다가 이공승(李公升), 허홍재(許洪材), 승려 각예(覺倪) 등과 함께 배를 띄우고 실컷 마시며 밤중까지 노닐며 구경하였다.

백계현고성(白界峴古城) 돌로 쌓았다. 둘레가 3460자이다. 서북쪽은 헐고 무너졌다.

홍화사(弘化寺) 고려 명종 때 이 절의 승려가 귀법사(歸法寺) 등의 승려 2000여 인과 함께 성 동문으로 쳐들어와 이의방(李義方)을 죽이려고 하였다가 도리어 쫓기게 되었고 절 또한 화재를 입었다. 옛터가 남아 있다.

현화사(玄化寺) 영취봉(靈鷲峯) 아래에 있다. 고려 현종이 창건하였으니, 《고려사(高麗史)》에 "현종 12년(1021)에 현화사 북산(北山)이 무너지면서 옥박(玉璞)이 나왔다."라고 한 것이 이곳이다. 현종이 여러 차례 이 절

34 원명사암(元明寺菴) : 《신증동국여지승람》 권42 〈황해도 우봉현〉 불우(佛宇)에는 '원명사(元明寺)'로 되어 있다. 연자(衍字)가 있는 듯하나, 근거가 불충분하여 그대로 번역하였다.

에 행차하였고, 충렬왕 때에는 왕이 공주와 함께 또한 이곳에 거둥하였다. 지금 절은 없어지고 옛 비석만 아직 남아 있는데, 현종이 친히 비액(碑額)을 전자(篆字)로 썼고 주저(周佇)가 그 비문을 지었다. 채충순(蔡忠順)이 비문의 글씨를 썼는데 자획이 지극히 방정하다.

인물 人物

고려

이자성(李子晟) 상서(尙書) 이공정(李公靖)의 아들이다. 성품이 강직하고 열렬하며 용력(勇力)이 있고 활쏘기를 잘하여 여러 번 전공을 세웠다. 고종 때 관직이 문하평장사(門下平章事)에 이르렀다. 동경(東京 경주)을 평정한 이후에 장사(將士)가 날로 그 집에 모여들자 권귀(權貴)의 미움을 받을까 두려워하여 병을 핑계로 두문불출하니, 사람들이 그가 기미를 안다고 일컬었다. 시호는 의열(義烈)이다.

문화현文化縣

동쪽으로 안악군(安岳郡) 경계까지 23리, 신천군(信川郡) 경계까지 25리이다. 남쪽으로 송화현(松禾縣) 경계까지 26리이다. 서쪽으로 은율현(殷栗縣) 경계까지 33리이다. 북쪽으로 장련현(長連縣) 경계까지 29리이다. 서울과의 거리는 482리이다.

신증新增

동쪽으로 안악군 경계까지 19리이다. 남쪽으로 신천군 경계까지 13리이다. 서쪽으로 송화현 경계까지 47리, 은율현 경계까지 40리이다. 북쪽으로 장련현 경계까지 42리이다. 서울과의 거리는 477리이다.

건치연혁 建置沿革

본래 고구려 궐구현(闕口縣)이다. 고려 초에 고쳐 유주(儒州)로 삼았고, 현종 때 풍주(豐州)에 편입시켰다. 예종 초에 다시 유주를 떼어 내 현으로 삼았고, 고종 때 고쳐 문화현으로 삼았다. 위사 공신(衛社功臣) 유경(柳璥)의 고향이므로 승격시켜 현령으로 삼고 읍호를 고쳤다. **본조에서 그대로 따랐다. 중종 15년(1520)에 지금 치소로 옮겼다.** 고을에 여역(癘疫)이 많아 옮겼으니, 북쪽으로 옛 현과의 거리가 13리이다. **관장하는 면은 □개이다.**

관원

현령(縣令), 훈도(訓導) 각 1인이다.

군명 郡名

궐구(闕口), 유주(儒州) 별호는 시령(始寧)이다.

산천 山川

구월산(九月山) 현 서쪽 10리에 있다. 바로 아사달산(阿斯達山)으로, 일명 증산(甑山)이라고 한다. 넓고 거대하여 한 방면의 웅진(雄鎭)이다. 돌로 된 봉우리가 있는데, 우뚝 솟아 하늘에 맞닿아 있다. 세상에서 전하기를 "단군(檀君)이 처음 평양(平壤)에 도읍하고 뒤에 백악(白嶽)으로 옮겼다고 하는데, 바로 이 산이다. 본현 동쪽에 당장경(唐藏京) 옛터가 남아 있다. 뒤에 단군이 이 산에 은둔하였다가 화하여 신이 되었다고 한다."라고 한다. 장련현과 은율현에도 보인다.

전산(錢山) 현 북쪽 10리에 있다.

가을산(加乙山) 장장평(莊莊坪) 동쪽에 있다. 옛 백령진(白翎鎭)이 이곳에 임시로 와 있었다.

용산(龍山) 현 동쪽 1리에 있다.

구라산(仇羅山) 현 남쪽 22리에 있다.

건지산(乾之山) 현 남쪽 5리에 있다.

신증新增

현 북쪽 4리에 있다. 진산(鎭山)이다.

정자천(亭子川) 현 남쪽 1리에 있다.

궁촌온천(弓村溫泉) 현 남쪽 15리에 있다. 물이 돌 틈에서 나오는데, 매우 맑고 투명하다.

종달온천(終達溫泉) 현 서쪽 20리에 있다.

토산 土産

명주실〔絲〕, **삼**〔麻〕, **잣**〔海松子〕, **송이버섯**〔松蕈〕, **매**〔鷹〕

학교 學校

향교(鄕校) 현 북쪽 3리에 있다.

신증新增

현 동쪽 3리에 있다.

궁실 宮室

객관(客館)

어풍루(馭風樓) 객관 북쪽에 있다.

우역 郵驛

연양역(延陽驛) 현내(縣內)에 있다.

사묘 祠廟

사직단(社稷壇)

신증 新增

현 서쪽 2리에 있다.

문묘(文廟) 향교에 있다.

성황사(城隍祠)

신증 新增

현 북쪽 10리에 있다.

삼성사(三聖祠) 구월산(九月山)에 있다. 바로 환인(桓因), 환웅(桓雄), 단군의 사당이다. 세속에서 전하기를 환인은 바로 단군 이전의 신인(神人)이고, 환웅은 환인의 아들이라고 한다. 봄가을로 향축을 내려 제사 지내며, 또 홍수나 가뭄 때에도 기도한다.

전산사(錢山祠) 매년 봄가을과 겨울 10월에 향축을 내려 제사 지낸다.

여단(厲壇) 현 북쪽에 있다.

능묘 陵墓

유차달(柳車達) 묘 구월산 남쪽 기슭에 있다.

사찰 寺刹

사왕사(四王寺) 성수(星宿)에 초제(醮祭)를 지내는 옛 제단이 있다.

월정사(月精寺), **패엽사**(貝葉寺), **안양사**(安養寺), **운계사**(雲溪寺), **흥률사**(興栗寺), **활복사**(活福寺), **수월사**(水月寺), **금강사**(金剛寺), **미타사**(彌陀寺), **선암사**(仙菴寺), **묘선굴**(妙仙窟), **도솔암**(兜率菴), **달마암**(達摩菴), **계조암**(繼祖菴), **남명암**(南明菴), **은적암**(隱寂菴), **동일암**(東日菴) 모두 구월산에 있다.

고적 古蹟

당장경(唐藏京) 현 동쪽 15리에 있다. 세상에서 전하기를 단군이 도읍했던 곳으로, 단군이 처음 평양에 도읍하였는데 주 무왕(周武王)이 기자(箕子)를 조선에 봉하자 이에 단군이 이곳으로 옮겨 왔다고 한다. 옛터가 아직 남아 있다. 《고려사(高麗史)》에는 "장장평은 바로 당장경이 잘못 전해진 것이다." 하였다.

인물 人物

고려

유차달(柳車達) 태조가 남쪽을 정벌할 때 유차달이 거마(車馬)를 많이 내어 군량 수송을 원활하게 하였다. 이 공으로 대승(大丞)에 제배하고, 삼한 공신(三韓功臣)의 호를 주었다.

유효금(柳孝金) 유차달의 아들이다. 일찍이 구월산을 유람하다가 길에서 큰 범을 만났다. 앞에서 입을 벌리고 눈물을 흘리는데 흰 물건이 입 안에 가로걸려 있었다. 유효금이 말하기를 "네가 나를 해치지 않으면 내가 꺼내 주겠다." 하자 범이 머리를 끄덕이며 허락하는 시늉을 하여 꺼내 보니 바로 은비녀였다. 그날 밤 꿈에 범이 와서 이르기를 "나는 산의 정령이다. 어제 성당리(聖堂里)에 가서 한 부인을 잡아먹다가 물건이 목구멍에 걸려서 매우 괴로웠는데 공이 나를 잘 구해 주었으니, 공의 자손은 반드시 대대로 경상(卿相)이 될 것이다." 하였다. 그 후에 유효금은 관직이 좌윤(左尹)에 이르렀고, 아들 유금환(柳金奐)과 손자 유노일(柳盧一)은 모두 대장(大將)의 관직을 맡았다.

유공권(柳公權) 유노일의 증손이다. 젊어서부터 학문을 좋아하였고 초서와 예서를 잘 썼다. 을과(乙科) 제2인으로 급제하였다. 명종조에 예빈시 경(禮賓寺卿)으로서 금나라에 하절사(賀節使)로 갔는데, 금나라 사람들이 그가 예를 안다고 중시하였다. 오래도록 납언(納言)을 지내면서 아뢰는 일에 보익함이 많았으며 추밀원사로 승진되었다. 병에 걸려 사직을 청하니, 명종이 말하기를 "조정에 덕망 깊은 신하가 있는 것은 사직의 복이거늘 경은 어찌 급히 물러나려 하는가?" 하였는데, 세 번 글을 올리자 허락해 주었다. 병석에 있을 때 친척이 약을 들이자 유공권이 말하기를 "죽고 사는 것은 명이다." 하고 물리치고 마시지 않았다. 왕이 특별히 정당문학 참지정사(政堂文學參知政事)에 제수하였다. 졸한 뒤에 문간(文簡)의 시호를 받았다.

유언침(柳彦琛) 유공권의 아들이다. 명종조에 편장(編將)으로 종군하여 동도(東都)의 반적(叛賊)을 평정하고 또 북로(北虜)를 격퇴시킨 공이 있어 감문위 섭상장군(監門衛攝上將軍)에 제수되었다. 고종조에 여러 관직을 거쳐 추밀원사 예부상서(樞密院使禮部尙書)를 지냈다. 아들 유순(柳淳)은 관직이 밀직 한림학사(密直翰林學士)를 지냈고, 손자 유성비(柳成庇)는 상장군이 되었다.

유택(柳澤) 초명은 언택(彦澤)이다. 유언침의 아우이다. 과거에 급제하고 희종조에 동지공거(同知貢擧)가 되었는데, 당시에 인재를 잘 얻었다고 일컬었다. 고종조에 여러 관직을 거쳐 상서우복야 한림학사 승지(尙書右僕射翰林學士承旨)에 이르렀다.

유경(柳璥) 유택의 아들이다. 관직이 첨의중찬(僉議中贊)에 이르렀다. 개성부(開城府)에 보인다.

본조

유관(柳寬) 유성비가 증조부이다. 관직이 우의정에 이르렀다. 개성부에 보인다.

열녀 列女

유씨(柳氏) 어려서 지극한 효성이 있었다. 나이 14세에 아버지가 죽자 조석으로 곡전(哭奠)을 행하니, 보는 자들이 모두 그 효성에 감복하였다. 어머니는 또 악질(惡疾)에 걸렸는데, 손가락을 베어 피를 내서 약에 타 드리자 병이 나았다. ○ 본조 공희왕조(恭僖王朝 중종)에 정려하였다.

토산현兎山縣

동쪽으로 경기 삭녕군(朔寧郡) 경계까지 16리이다. 남쪽으로 같은 군 경계까지 24리이다. 서쪽으로 우봉현(牛峯縣) 경계까지 33리, 신계현(新溪縣) 경계까지 69리이다. 북쪽으로 강원도 안협현(安峽縣) 경계까지 19리이다. 서울과의 거리는 230리이다.

건치연혁 建置沿革

본래 고구려 오사함달현(烏斯含達縣)이다. 신라 경덕왕 때 토산으로 고쳤다. 고려 현종 때 장단현(長湍縣)에 편입하고, 뒤에 개성부(開城府)에 예속시켰다. 예종 때 다시 토산현을 설치하였다. 본조에서 그대로 따랐다가 공정왕(恭定王 태종) 때 본도에 옮겨 예속시켰다. 관장하는 면은 8개이다.

관원

현감(縣監), 훈도(訓導) 각 1인이다.

군명 郡名

오사함달(烏斯含達)

산천 山川

토산(兎山) 현 북쪽 2리에 있다. 진산(鎭山)이다.

관문산(觀門山) 현 북쪽 7리에 있다.

두모산(豆毛山) 현 남쪽에 있다.

화산(花山) 현 동남쪽 2리에 있다.

학봉산(鶴峯山) 현 북쪽 30리에 있다.

정산(碇山) 현 동쪽 3리에 있다.

부압산(浮鴨山) 현 동쪽 20리에 있다. 삭녕군(朔寧郡)에도 보인다.

단수(湍水) 일명 동대천(東大川)이라고 한다. 강원도 안협현에서 현 동쪽 2리를 경유하고, 남쪽으로 흘러 경기 삭녕(朔寧)과 연천(漣川) 지경에 들어간다.

비라천(非羅川) 현 서쪽 30리에 있다. 우봉현의 원중포(源中浦) 하류이다.

장포(長浦) 현 남쪽 28리에 있다. 원류는 두모산에서 나와 단수에 흘러 들어간다.

토산 土産

수정석(水精石), 현 남쪽 주화리(注火里)에서 난다. 석회(石灰), 옻〔漆〕, 꿀〔蜂蜜〕, 황랍(黃蠟), 인삼(人蔘), 지치〔紫草〕

학교 學校

향교(鄕校) 현 북쪽 3리에 있다.

궁실 宮室

객관(客館)

우역 郵驛

이원원(梨原院) 현 서쪽 30리에 있다.

석관원(石串院) 현 서쪽 45리에 있다.

사묘 祠廟

사직단(社稷壇) 현 서쪽에 있다.

문묘(文廟) 향교에 있다.

성황사(城隍祠) 현 북쪽 6리에 있다.

여단(厲壇) 현 북쪽에 있다.

사찰 寺刹

석두사(石頭寺), 금계사(金鷄寺), 석양사(夕陽寺), 상운사(上雲寺), 문수암(文殊菴) 모두 학봉산에 있다.

부압사(浮鴨寺) 부압산에 있다.

인물 人物

고려

김부윤(金富允) 충렬왕이 세자로서 원나라에 갈 때 김부윤이 따라갔는데, 비록 험난한 국면을 당하여도 절의를 지키고 마음을 바꾸지 않았다. 원나라 세조가 그 명망을 알고 정동행성(征東行省)의 관직을 제수하였다. 뒤에 찬성사로 졸하였다.

장련현長連縣

동쪽으로 안악군(安岳郡) 경계까지 13리이다. 남쪽으로 문화현(文化縣) 경계까지 27리이다. 서쪽으로 은율현(殷栗縣) 경계까지 21리이다. 북쪽으로 해안까지 16리이다. 서울과의 거리는 550리이다.

건치연혁 建置沿革

본래 황주(黃州)의 장명진(長命鎭)이다. 고려 공양왕 2년(1390)에 장명현(長命縣)을 설치하고, 안악군의 연풍장(連豐莊)을 병합하였다. 본조 공정왕(恭定王 태종) 14년(1414)에 고쳐 장련현으로 삼았다. 관장하는 면은 □개이다.

관원

현감(縣監), 훈도(訓導) 각 1인이다.

군명 郡名

장명(長命)

산천 山川

봉황산(鳳凰山) 현 북쪽 5리에 있다. 진산(鎭山)이다.

구월산(九月山) 현 남쪽 10리에 있다. 문화현(文化縣)에 자세히 보인다.

소금산(小金山) 현 서쪽 20리에 있다.

바다〔海〕 현 북쪽 15리에 있다. 동쪽으로 급수문(急水門)에 연해 있으니, 바로 대동강(大同江)이 바다에 들어가는 곳이다.

대곶(碓串) 현 서쪽 20리에 있다.

법포(法浦) 질법포(叱法浦)라고도 칭한다. 현 서쪽 15리에 있다. 염분(鹽盆)이 있다.

당도(堂島) 현 동쪽 10리에 있다. 염분이 있다.

수삼파(水三派) 현 서쪽 25리에 있다. 구월산 중턱에서 세 물줄기가 각기 다른 계곡에서 나오는데 부연(釜淵), 마연(馬淵), 요연(腰淵)이라고 하며, 합류하여 서쪽으로 바다에 들어간다.

석담(石潭) 구월산 중턱에 있다. 민간에 전해지기를 신룡(神龍)이 암석을 뚫어 못을 만들었다고 한다. 사방 모서리가 네모반듯하고, 너비가 6자이다. 수심은 헤아릴 수가 없는데 가물 때나 장마 때나 한결같다.

토산 土産

석철(石鐵), 소금산(小金山)에서 난다. **맛조개**〔竹蛤〕, **미역**〔藿〕, **정분**(丁粉), 대곶에서 난다. **지치**〔紫草〕, **송이버섯**〔松蕈〕, **부레**〔魚鰾〕, **은구어**(銀口魚 은어), **숭어**〔秀魚〕, **전복**〔鰒〕

학교 學校

향교(鄕校) 현 동쪽 3리에 있다.

궁실 宮室

객관(客館)

각서정(却暑亭) 현 서쪽에 있다.

봉수 烽燧

금복산 봉수(今卜山烽燧) 현 북쪽 10리에 있다. 남쪽으로 안악군의 감적산(甘積山)에 응하고, 북쪽으로 평안도 삼화현(三和縣)의 신녕강(新寧江)에 응한다.

우역 郵驛

박산역(朴山驛) 현 동쪽에 있다.

관량 關梁

대진관(大津關) 현 북쪽 10리에 있다. 공희왕(恭僖王 중종) 18년(1523)에 설치하였는데, 본도 사람을 권관(權管)으로 삼아 수군(水軍)을 주어 상선(商船)이 중국과 사통하는 것을 기찰하여 금하도록 하였다.

사묘 祠廟

사직단(社稷壇) 현 서쪽에 있다.

문묘(文廟) 향교에 있다.

성황사(城隍祠) 현 북쪽 3리에 있다.

아사진송곶사(阿斯津松串祠) 사전(祀典)에 대천(大川)으로서 소사(小祀)에 실려 있으며, 봄가을로 향축을 내려보내 제사 지낸다.

여단(厲壇) 현 북쪽에 있다.

사찰 寺刹

학거사(鶴居寺), **원정사**(元正寺), **신암사**(神巖寺) 모두 구월산에 있다.

봉황사(鳳凰寺) 봉황산에 있다.

고적 古蹟

고연풍장(古連豐莊) 현 서쪽 15리에 있다.

해주목海州牧

동쪽으로 평산부(平山府) 경계까지 69리, 용매량(龍媒梁)까지 95리이다. 남쪽으로 해안까지 10리, 강령현(康翎縣) 경계까지 49리이다. 서쪽으로 옹진현(甕津縣) 경계까지 94리, 장연현(長淵縣) 경계까지 92리이다. 북쪽으로 신천군(信川郡) 경계까지 56리, 재령현(載寧郡) 경계까지 41리이다. 서울과의 거리는 365리이다.

건치연혁 **建置沿革**

본래 고구려 내미홀군(內未忽郡)**이다.** 일명 지성(池城)이라 하고, 일명 장지(長池)라고 한다. **신라 경덕왕 때 고쳐서 폭지군**(瀑池郡)**으로 삼았다. 고려 태조가 군 남쪽이 큰 바다에 닿아 있다고 해서 해주라는 이름을 하사하였다. 성종 초에 목**(牧)**을 설치하고, 곧이어 주에 우신책군**(右神策軍)**을 설치하여 양주**(楊州)**와 함께 좌우이보**(左右二輔)**로 삼았다. 현종 때 군을 파하고 고쳐 안서도호부**(安西都護府)**로 삼았고, 예종 때 또 대도호부로 승격시켰다. 고종 때 고쳐서 해주목으로 삼았고, 공민왕 때 강등시켜 군으로 삼았다가** 공민왕 22년(1373)에 왜구가 침입하여 목사 엄익겸(嚴益謙)을 죽였는데, 이때 구원하지 않은 주 이속(吏屬)들을 베고 주를 강등시켜 군으로 삼았다. **뒤에 다시 해주로 삼았다. 본조에서 그대로 따랐다. 혜장왕**(惠莊王 세조) **때 진**(鎭)**을 설치하였다. 관장하는 면은**

□개이다.

진관

도호부(都護府) 2개 연안(延安), 풍천(豐川)

군(郡) 1개 배천(白川)

현(縣) 6개 송화(松禾), 은율(殷栗), 강음(江陰), 강령(康翎), 옹진(甕津), 장연(長淵)

관원

목사(牧使), 판관(判官), 교수(敎授) 각 1인이다.

군명 郡名

폭지(瀑池), 안서(安西) 별호는 대령(大寧)이다. 수양(首陽)이라고도 하고, 고죽(孤竹)이라고도 한다. ○ 《수서(隋書)》 〈배구열전(裴矩列傳)〉에 "고려는 원래 고죽국(孤竹國)이다."라고 하였고, 이첨(李詹)이 말하기를 "지금의 해주이다." 하였다. 살피건대 《대명일통지(大明一統志)》에 영평부(永平府) 서쪽 15리에 고죽국의 임금을 봉한 땅이 있으며, 또 부성(府城) 서북쪽에 고죽국의 세 임금 무덤이 있고 또 백이(伯夷), 숙제(叔齊)의 사당이 있다고 하였으니, 이곳이 고죽국인 것은 너무도 분명하다. 배구가 어찌 백이, 숙제가 동이(東夷) 사람이라고 하여 그렇게 말하였겠는가. 그런데 이첨이 또 따라서 해주를 고죽이라 하였으니 잘못이다.

형승 形勝

북쪽으로 높은 산을 등지고 있고, 남쪽으로 큰 바다에 닿아 있다. 지지(地志)에 "북쪽으로 높은 산을 등지고 있고, 남쪽으로 큰 바다에 닿아 있으며, 동쪽이나 서쪽 모두 평야에 연하여 있다." 하였다.

벽란도(碧瀾渡)가 그 동쪽에 있고, 급수문(急水門)이 그 서쪽에서 요동한다. 출전은 위와 같다.

관내(關內)의 우보(右輔)로서, 해서(海西 황해도)의 거진(巨鎭)이다. 고려에서 주를 우신책군으로 삼아 한양(漢陽 양주(楊州))과 함께 좌우 이보(二輔)로 삼았으니, 〈주지(州志)〉에 이르기를 "해서의 거진이다." 하였다.

산천의 경개가 빼어나다. 지지(地志)

관보(關輔)[35]의 큰 번병(藩屛)이 된다. 본조 서거정(徐居正)의 〈객관기(客館記)〉[36]에 "해주는 관보의 큰 번병이 된다. 그 지역이 넓고 백성들이 많으며, 토지가 비옥하고 물산이 풍부한 것이 여러 고을 가운데 최고이다." 하였다.

풍속 風俗

짐을 실어 나를 때 수레를 사용한다. 학문 있고 고상한 선비들이 많다. 《여지지(輿地志)》에 "황해도는 대체로 무력을 숭상하는데, 오직 해주에는

35 관보(關輔) : 관중(關中)과 삼보(三輔)의 병칭으로, 도성 부근의 지역을 말한다.

36 서거정(徐居正)의 객관기(客館記) : 〈해주객관 동헌 중신기(海州客館東軒重新記)〉이다. 《四佳集 四佳文集 卷1》

고상한 선비가 많다." 하였다.

산천 山川

용수산(龍首山) 주 북쪽 2리에 있다. 진산(鎭山)이다. 서거정의 기문에 "주의 진산은 용수산인데 험준하게 우뚝 솟아 북쪽으로 우이산(牛耳山)과 불족산(佛足山)에 이어져 있으며, 웅장한 기세가 수십 리에 걸쳐 넓게 자리 잡고 있습니다." 하였다.[37]

남산(南山) 주 남쪽 3리에 있다. 고려 문종이 일찍이 이 산에 올라 친왕(親王)과 재추(宰樞)를 불러 술자리를 벌이고 밤이 되어서야 파하였다.

수양산(首陽山) 주 동쪽 5리에 있다. 산 정상에 대(臺)가 있다.

우이산(牛耳山) 주 북쪽 11리에 있다. 돌로 된 봉우리가 웅장하고 수려한 모습으로 우뚝 서 있다.

지성산(池城山) 주 동쪽 20리에 있다. 정상에 폭포가 있는데, 300여 자를 흩날리며 쏟아져 내린다.

불족산(佛足山) 주 북쪽 27리에 있다. 산 정상의 암석 위에 사람 자취가 있으니, 당시 사람들이 부처의 흔적이라고 말하였다.

북숭산(北嵩山) 주 서쪽 31리에 있다. 산 정상이 높고 험준하며, 돌로 된 봉우리가 나란히 서 있어서 바라보면 기이하고 빼어나다.

37 서거정의……하였다 : 321쪽 주36 참조. 이 내용은 당시 해주 목사(海州牧使) 이염의(李念義)가 서거정에게 기문을 청하면서 한 말로 실려 있다.

수미산(須彌山) 주 북쪽 17리에 있다.

자단산(紫丹山) 주 서쪽 93리에 있다.

선녀산(善女山) 주 서쪽 4리에 있다.

공수산(公須山) 주 동쪽 62리에 있다.

달마산(達摩山) 주 서쪽 90리에 있다.

취라산(吹螺山) 주 동쪽 65리에 있다.

청태암(靑苔巖) 주 동쪽 29리에 있다.

바다〔海〕 주 동남쪽 10리에 있다.

광석천(廣石川) 주 북쪽 3리에 있다. 물 아래에 흰 반석이 있는데 평평하여 대자리를 펴 놓은 것 같다. ○ 무릇 경내의 돌이 모두 박석(博石)으로, 판자처럼 평평하고 넓으므로 원근에서 가져다가 온돌로 삼는다.

어사교천(於賜橋川) 주 동쪽 53리에 있다. 원류는 공수산에서 나와 바다에 흘러 들어간다.

작천(鵲川) 주 동쪽 22리에 있다. 원류는 불족산에서 나와 북쪽으로 흘러 주 동쪽 31리에 이르는데, 일명 읍천(泣川)이라고 하며 바다에 흘러 들어간다.

광탄수(廣灘水) 주 서쪽 95리, 장연현과의 경계에 있다.

삼탄수(三灘水) 주 동쪽 60리에 있다. 그 원류는 셋인데, 하나는 취라산에서 나오고, 하나는 평산부(平山府) 성불산(成佛山)에서 나오고, 하나는 같은 부 모란산(牧丹山)에서 나와 취라산 동쪽에서 합류한 다음 이곳에 이르러 바다에 들어간다.

마산온천(馬山溫泉) 주 서쪽 63리에 있다. 주변의 지기(地氣)가 모두 따뜻하고, 물맛 또한 짜다.

수압도(睡鴨島) 크고 작은 두 섬이 주 남쪽 바다 가운데 60리쯤에 있는데,

두 섬 사이의 거리는 5리이다. ○ 본조 유성룡(柳成龍)의 해도를 논한 장계[38]에 "풍천(豐川)의 초도(椒島), 해주의 수압도는 모두 지세가 광활하고, 높은 산과 평탄한 언덕, 우거진 숲과 무성한 초목의 풍요함을 지니고 있습니다." 하였다.

용매도(龍媒島) 주 동쪽 60리, 바다 가운데에 있다. 본래 소 목장이었는데 연산군 3년(1497)에 소를 그만두고 말을 방목하였다.

연평도(延平島) 주 서남쪽 바다 가운데에 있다. 목장이 있다.

산연평도(山延平島) 연평도 남쪽 5리에 있다.

형제도(兄弟島) 주 남쪽 바다 가운데 30리에 있다. 두 개의 작은 섬이 있으니 세속에서 형제라고 불렀다. 둘레가 모두 100여 보(步)이고, 둘 사이의 거리는 200여 보이다.

우다굴(于多窟) 주 동쪽 30리에 있다. 굴의 원지름은 2장(丈) 남짓인데, 구멍이 어두워서 사람들이 불을 가지고서야 들어갈 수 있다. 5리쯤 가면 구멍이 굽이지고 깊어지며, 또 물이 있는데 근원을 찾을 수 없다.

토산 土産

거서(秬黍 검은 기장), 장헌왕(莊憲王 세종) 때 해주에서 거서를 얻고, 남양(南陽)에서 경석(磬石)을 얻어서 왕이 박연(朴堧)에게 명하여 편경(編磬)을 만들도록 하였다. 박연이 거서를 가져다 그 일정 분량을 쌓아 황종관(黃鍾

38 유성룡(柳成龍)의……장계 : 〈섬에 대하여 조치하기를 청하는 장계〔乞措置海島狀〕〉이다. 《西厓集 卷6》

管) 하나를 만들어 부니, 그 소리가 조금 높았다. 박연이 이에 거서의 낱알 모양대로 밀랍을 녹여 조금 크게 만들어서 일정 분량을 쌓아 관을 만드는데, 한 알을 1푼으로 삼고 열 알을 1치로 삼았다. 그리고 법대로 9치를 황종의 길이로 삼아 삼분(三分)을 덜거나 더하여서[39] 12율을 완성하였다. 새 경을 제작하여 올리니, 이에 음악이 그 바름을 얻었다. 먹〔墨〕, 그 품질이 우리나라에서 제일이다. 명주실〔絲〕, 삼〔麻〕, 청옥(靑玉), 용유리(龍遊里)에서 난다. 철(鐵), 사곶(沙串)에서 난다. 석철(石鐵), 황곡리(黃谷里)에서 난다. 하엽록(荷葉綠), 청태암(靑苔巖)에서 난다. 지치〔紫草〕, 소금〔鹽〕, 미역〔藿〕, 사곽(絲藿), 청각(靑角), 쌀새우〔白蝦〕, 자하(紫蝦 곤쟁이), 대하(大蝦), 굴〔石花〕, 숭어〔秀魚〕, 홍어(洪魚), 홍합(紅蛤), 은구어(銀口魚 은어), 조기〔石首魚〕, 삼치〔麻魚〕, 농어〔鱸魚〕, 붕어〔鯽魚〕, 청어(靑魚), 밴댕이〔蘇魚〕, 조개〔蛤〕, 낙지〔絡締〕, 소라(小螺), 게〔蟹〕

성곽 城郭

주성(州城) 돌로 쌓았다. 둘레가 1만 197자이다. 문 4개를 세웠으니, 동쪽을 □□이라 하고, 남쪽을 □□이라 하고, 서쪽을 □□이라 하고, 북쪽을 □□이라 한다. 성안에 우물이 12개 있다.

39 삼분(三分)을 덜거나 더하여서 : 아악의 12율을 산출하는 방법인 삼분손익법(三分損益法)을 말한다. 기본음인 황종(黃鍾)의 음높이를 먼저 정한 다음, 삼분손일(三分損一)과 삼분익일(三分益一)을 교대로 적용하여 남은 11율을 만드는 방법이다.《漢書 律曆志》

공서 公署

관찰사영(觀察使營) 주성 안에 있다.

용매량 만호진(龍媒梁萬戶鎭) 주 동쪽 60리에 있다. 수군만호 1인이 있다.

청단도 찰방사(靑丹道察訪司) 주 동쪽 40리에 있다. 청단(靑丹), 금곡(金谷), 심동(深洞), 망정(望汀), 금강(金剛), 문라(文羅), 금동(金洞), 신행(新行), 유안(維安), 남산(南山) 등 10개 역을 관할한다. ○ 찰방 1인이 있다.

학교 學校

향교(鄕校) 주 북쪽 2리에 있다. 문헌공(文憲公) 최충(崔冲)의 옛집 터인데, 마을 사람들이 최충을 문묘에 합부(合祔)하여 제사 지냈다. ○ 성종 때 목사 정성근(鄭誠謹)이 사전(祀典)에 기재된 바가 아니라고 하여 파하고 향교를 중수하였는데, 국학(國學)의 제도를 본떴다.

석담서원(石潭書院) 주 -원문 다수 결락-에 있다. 본조 이이(李珥)가 일찍이 학생들과 함께 이곳에서 강학하였다. 후인들이 그 서재(書齋)에 이어서 서원을 짓고, 또 사당을 세워 이이를 제사 지냈다. □□조에 사액하였다.[40]

40 석담서원(石潭書院)……사액하였다 : 처음에 이이가 석담에 청계당(淸溪堂)을 지어 제자들을 가르쳤고, 1578년(선조11)에 은병정사(隱屛精舍)를 지어 주희(朱熹)의 영정을 모셨다. 이이가 주희를 종사로 하는 사당을 세우고 조광조(趙光祖)와 이황(李滉)을 동서에 배향하려 하였으나 뜻을 이루지 못하고 죽었으므로 이이 사후인 1586년에 사당을 건립하면서 석담서원으로 불렀다. 제생(諸生)들이 여기에 주희, 조광조, 이황의 위판을 봉안하여 이이의 유지를 따랐으며, 1596년에는 이이의 위판을 봉안하고 다시 성혼(成渾)과 김장생(金長生)의 위판도 봉안하였다. 1610년(광해군2)에 이 정사에 소현서원(紹賢書院)이라는 이름을 사액하였다. 《栗谷全書 附錄2 院享錄》

궁실 宮室

수양관(首陽館) 바로 객관(客館)이다.

향사당(鄉射堂)

연무당(鍊武堂) 동문(東門) 밖에 있다.

봉지루(鳳池樓) 객관 동쪽에 있다. 연못이 있다. 중종 초에 관찰사 남곤(南袞)이 이름을 영해(瀛海)로 바꾸었다. 본조 이승소(李承召)의 시[41]에,

한 지역 외로운 성이 바닷가에 가까운데	一帶孤城近海陬
봄바람 속 먼 나그네 홀로 누에 올랐네	春風遠客獨登樓
산은 서쪽 북쪽에 연하여 천 겹으로 빛 푸르고	山連西北千重翠
땅은 동쪽 남쪽으로 열려서 만고에 물 흐르네	地拆東南萬古流
한없이 드넓어라 하늘이 큰 것을 알겠고	納納始知天宇大
아득히 멀어 세상이 떠 있는 줄 깨닫겠네	茫茫唯覺世間浮
한 백 년 분주해도 무슨 일 이뤘던가	百年役役成何事
이내 낀 물결에 낚싯배나 띄워 볼까나	準擬煙波泛釣舟

하였다. ○ 송질(宋軼)의 시에,

부절을 안서부에 멈추고	駐節安西府
누에 오르니 감회도 깊구나	登臨古意深
주렴에 황학 그림자는 보이지 않는데	簾空黃鶴影
산에는 흰 구름만 드리워 머물러 있네	山逗白雲陰
숲 빛은 연기 속에 어둑한데	樹色煙中暗
연꽃 향기 비 온 뒤 풍겨 오네	荷香雨後侵

41 이승소(李承召)의 시 : 〈봉지루(鳳池樓)〉이다. 《三灘集 卷6》

앉아서 못가의 풀 푸른 것 보노라니	坐看池草綠
시 읊는 사공 없는 것 한스럽네[42]	恨乏謝公吟

하였다.

해운정(海雲亭) 주 동쪽 5리에 있다. 신우(辛禑) 때 우리 태조가 왜적을 해주에서 공격하여 주의 동정자(東亭子)에서 접전하게 되었다. 싸움이 한창일 때 한 길이 넘게 진흙 수렁인 곳을 만났는데, 태조의 말이 한 번에 뛰어서 지나갔으나 따르던 자들은 모두 건너지 못하였다. 태조가 대우전(大羽箭) 열일곱 발을 쏘아 적을 모두 죽이고, 군사를 풀어 진격하여 적을 크게 격파하였다.

모란정(牡丹亭) 별관(別館) 북쪽에 있다.

서정(西亭) 주 서쪽 10리에 있다.

부용당(芙蓉堂) 객관 서쪽에 있다. 목사 김공망(金公望)이 고쳐 지었다. 당은 연못 가운데에 있어 극히 맑은 운치가 있다. ○ 본조 정현(鄭礥)의 시에,

연꽃 향기와 달빛이 맑은 밤에 제격인데	荷香月色可淸宵
다시 어느 누가 옥퉁소까지 불고 있는가	更有何人弄玉簫
열두 굽이 난간에 잠이 들지 못한 채	十二曲欄無夢寐
벽성의 가을 상념이 정녕 아련하구나	碧城秋思正迢迢

하였다.

42 시……한스럽네 : 사공은 남조 송나라의 시인 사영운(謝靈運)을 말한다. 사영운이 시상(詩想)에 골몰하다가 꿈속에서 족제(族弟)인 사혜련(謝惠連)을 만나 보고는 "못가에 봄풀이 돋는구나〔池塘生春草〕"라는 명구(名句)를 지은 고사를 인용한 것이다. 《南史 謝惠連列傳》

읍청정(挹淸亭) 선녀산 아래에 있다. 앞에 용연(龍淵)을 마주하여 경치가 맑고 빼어나다.

탁열정(濯熱亭) 주 북쪽 2리, 수양산 청풍동(淸風洞) 어귀에 있다. 만력(萬曆) 연간 초에 목사 황정욱(黃廷彧)이 지었다. 푸른 시내를 굽어보고 돌로 된 봉우리를 마주하고 있어서 공무가 번잡할 때 오르면 시원하고 마음이 탁 트이므로 이름을 탁열이라고 지었다. 이이의 기문[43]이 있다.

봉수 烽燧

남산 봉수(南山烽燧) 동쪽으로 마아미(馬兒彌)에 응하고, 남쪽으로 사포곶(沙浦串)에 응한다.

송산 봉수(松山烽燧) 주 동쪽 45리에 있다. 동쪽으로 피곶(皮串)에 응하고, 남쪽으로 마아미에 응한다.

피곶 봉수(皮串烽燧) 주 동쪽 69리에 있다. 동쪽으로 평산부(平山府)의 성곶(聲串)에 응하고, 서쪽으로 송산에 응한다.

사포곶 봉수(沙浦串烽燧) 주 남쪽 35리에 있다. 동쪽으로 남산에 응하고, 남쪽으로 강령현(康翎縣)의 견라산(堅羅山)에 응한다.

마아미 봉수(馬兒彌烽燧) 주 동쪽 27리에 있다. 동쪽으로 송산에 응하고, 서쪽으로 남산에 응한다.

43 이이의 기문 : 〈탁열정기(濯熱亭記)〉이다. 《栗谷全書 卷13》

우역 郵驛

청단역(青丹驛) 주 동쪽 40리에 있다. 찰방사 본역이다.

망정역(望汀驛) 주 남쪽 2리에 있다.

금강역(金剛驛) 주 남쪽 25리에 있다.

보통원(普通院) 주성 동쪽에 있다.

읍천원(泣川院) 주 동쪽 31리에 있다.

삼탄원(三灘院) 주 동쪽 60리에 있다.

작천원(鵲川院) 주 동쪽 22리, 작천 언덕에 있다.

금강원(金剛院) 주 서쪽 30리에 있다.

점석원(粘石院), 증원(甑院) 모두 주 서쪽 40리에 있다.

광탄원(廣灘院) 주 서쪽 95리에 있다.

수여원(水餘院) 주 서쪽 90리에 있다.

양거원(楊距院) 주 서쪽 70리에 있다.

가천원(茄川院) 주 서쪽 60리에 있다.

관량 關梁

사묘 祠廟

사직단(社稷壇) 주 서쪽에 있다.

문묘(文廟) 향교에 있다.

성황사(城隍祠) 남산에 있다.

우이산사(牛耳山祠) 사전(祠典)에 소사(小祀)로 실려 있다. 봄가을에 향축을 내려 제사 지낸다.

여단(厲壇) 주 북쪽에 있다.

지성산사(池城山祠) 관아에서 제사 지낸다.

최충(崔冲) **사당** 문묘 서쪽에 있다. 최충의 아들 문화공(文和公) 최유선(崔惟善)을 문헌서원(文憲書院)[44]에 합사(合祀)하였다.

능묘 陵墓

최영유(崔永濡) **묘** 주 북쪽에 있다.

사찰 寺刹

신광사(神光寺) 북숭산(北嵩山)에 있다. 고려 현종이 일찍이 이 절에 행차하였다. 지정(至正) 2년(1342)에, 원나라 순제(順帝)가 원찰(願刹)로 칭하고, 태감 송골아(宋骨兒)를 보내 공장(工匠)을 거느리고 가서 고려 시중 김석견(金石堅) 등과 함께 감독하여 중건하게 하였다. 지금까지도 전우(殿宇)와 상설(像設)의 금벽(金碧 단청)이 특히 성대하다. 절에 태정루(泰定樓)가 있다. ○ 본조 남곤의 시에,

44 문헌서원(文憲書院) : 1549년(명종4)에 황해도 해주(海州)에 건립된 서원으로, 이듬해에 사액되었다. 그 사당에 문헌공(文憲公) 최충(崔冲)과 그의 아들 최유선(崔惟善)의 위패를 모셨다. 《大東地志 海州牧》《국역 연려실기술 별집 제4권 사전전고(祀典典故) 서원(書院)》

지정 연간 황실에서 난리 있을 때에 至正皇家屬亂離
신광사 절간이 찬란히 세워졌네 神光佛宇煥簷楣
지금 사는 중들 천 명이나 되는데 如今住社僧千指
당시 송골아가 지었다고 다투어 말하네 爭道當時宋骨兒

하였다.

보현사(普賢寺) 불족산에 있다.

서진사(棲眞寺) 수양산에 있다.

금강사(金剛寺) 지성산에 있다.

자비사(慈悲寺) 우이산에 있다.

빈발사(鬢髮寺) 북숭산에 있다.

금석사(金石寺) 우이산에 있다.

동고산사(東高山寺) 동고산(東高山)에 있다.

서고산사(西高山寺) 서고산(西高山)에 있다.

중대사(中臺寺) 우이산에 있다.

수다사(水多寺) 청엄산(淸嚴山)에 있다.

은동사(恩洞寺), **은적사**(隱寂寺) 모두 자단산에 있다.

원통사(圓通寺) 취라산에 있다.

묘자사(妙慈寺) 우이산에 있다.

선정사(禪定寺) 달마산에 있다.

묵방사(墨房寺) 천봉산(天鳳山)에 있다.

광조사(廣照寺) 수미산에 있다. 고려 상서 좌복야(尙書左僕射) 최언위(崔彦撝)가 지은 〈진철대사비(眞澈大師碑)〉가 있다.

고적 古蹟

수양산성(首陽山城) 돌로 쌓았다. 둘레가 2만 856자이다. 세상에서 전하기를 예전에 안함(安咸), 원로(元老), 동중(董仲) 3인이 터를 잡아 쌓았다고 한다. 산중에 또 고죽군(孤竹君)의 유지(遺址)가 있다.

백석처(白石處) 주 북쪽 60리에 있다.

청산소(靑山所) 주 북쪽 90리에 있다.

장봉소(長峯所) 주 동쪽 60리에 있다.

지성산고성(池城山古城) 돌로 쌓았다. 둘레가 6457자이다.

용연(龍淵) 선녀산 아래에 있다. 용이 못 안에서 나와 석벽을 타고 승천하였는데, 지금까지도 용혈이 남아 있다. 돌에 기문이 새겨져 있다.

명환 名宦

고려

김한충(金漢忠) 선종조에 경거도위(輕車都尉)로서 외직으로 나가 안서도호부(安西都護府) 수령이 되었는데, 정사가 가혹하지 않아서 백성들이 사모하였다.

김부식(金富軾) 숙종 때 과거에 급제하여 안서대도호부 사록참군(安西大都護府司錄參軍)에 보임되었고, 임기를 마치고 직한림(直翰林)이 되었다.

이백겸(李伯謙) 충선왕조에 해주 목사가 되었다. 사람됨이 맑고 단정하였으며, 주에 부임하여서는 정사가 가장 훌륭했다고 알려졌다.

조돈(趙暾) 공민왕조에 해주 목사가 되었다.

김흥조(金興祖) 공민왕 때 해주 목사가 되었다. 호협하여 지기(志氣)가 있었고 이르는 곳마다 정사의 공적이 드러났다.

최영유(崔永濡) 목사가 되어 덕정(德政)을 행하였고 관아에서 죽었다. 주 사람들이 주 북쪽에 장사 지내고 나무 베고 꼴 먹이는 것을 금하였으며, 죽은 날짜를 목판에 써서 주 관청 벽 위에 걸어 두고 매번 그날이 되면 서로 이끌고 와서 제사 지낸다.

본조

구치곤(丘致崑) 해주 목사가 되었다. 청렴하고 대범하며 백성들을 사랑하였다.

정성근(鄭誠謹) 강정왕(康靖王 성종) 때 해주 목사가 되었다. 학문을 일으키고 백성들을 잘 보살폈으므로 고을 사람들이 그 덕을 사모하여 오래도록 잊지 않았다.

김정국(金正國) 공희왕(恭僖王 중종) 무인년(1518)에 본도에 기근이 들자 김정국을 황해 관찰사로 삼았다. 마음을 다해 위무하고 보살펴 곤궁한 이들에게 은혜를 베풀고 송사의 판결을 분명하게 하였다. 선을 가르치고 악을 금하는 내용으로 12개 조목을 만들고 〈경민편(警民編)〉이라 하여 마을에 간포(刊布)하였다. 또 학령(學令) 24개 조목을 만들어 학생들을 권면하니, 온 도가 감복하였다.

박우(朴祐) 중종조에 해주 목사가 되었다. 요역을 가볍게 하고 세금을 공평하게 하였으며, 고을 자제를 선별하여 경학(經學)과 효제(孝悌)로써 가르치니 학교가 크게 흥기하였다. 임기가 차서 돌아가려는데 고을 백성들이 그의 청렴과 은혜에 감복하여 서울에 나아가 유임을 청원하는 자들이 전후로 1000여 인이었다. 상이 특별히 포상하는 은전을 내리되 유임은 허락하지 않았는데, 성안의 사내와 아낙들이 모두 말을 에워싸고 그를 전송하였다. 조정에 들어가 대사성이 되었다.

주세붕(周世鵬) 명종조에 황해도 관찰사가 되었다. 백성들을 위무하고 구휼하였으며, 학교를 건립하고 개선하였다.

이이(李珥) 소경왕조(昭敬王朝 선조)에 황해도 관찰사가 되어 백성들의 폐해를 상소하여 진달하고 마음을 다해 일을 잘 처리하였으며, 오로지 학교를 흥기시키고 교화를 숭상하고 백성들의 고통을 구휼하고 군정(軍政)을 닦는 것을 임무로 삼았다.

이산보(李山甫) 소경왕조에 두 번 관찰사가 되어 사민들이 은덕을 그리워하였다. 임진왜란 때 군대의 식량이 모자라자, 이산보가 고을에 끼친 은혜가 있다 하여 이조 판서로서 황해도 도검찰사로 삼아 나가게 하였다. 이에 노인과 어린아이들까지 이마에 손을 올리며 "이 감사가 오셨다." 하면서 곡식을 등에 지고 머리에 이면서 계속 옮겼으므로 군량이 부족해지지 않았다.

유우 流寓

이이(李珥) 본조 소경왕 때 이이가 본주에 우거하면서 고산(高山)의 구곡(九曲)[45]을 유람하고 그 천석(泉石)을 사랑하여 마침내 제5곡(曲)에 집을

45 고산(高山)의 구곡(九曲) : 이이가 해주(海州)의 석담(石潭)을 주희(朱熹)가 우거한 무이산(武夷山) 구곡(九曲)에 비유하여 명명한 것이다.

지어 우거하였다. 매양 관직을 사면할 때마다 돌아와 기거하였는데 형제와 여러 조카들도 한집에서 살았다. 원근의 학도들이 날로 모여들어 수용할 수 없게 되자 선비들이 힘을 합하여 집 동쪽에 정사(精舍)를 지었으니, 이름을 은병정사(隱屛精舍)라 하였다. 학규(學規) 및 《격몽요결(擊蒙要訣)》을 지어 여러 생도들을 가르치고, 사창(社倉)을 설치하여 빈궁한 사민(士民)들을 구원하였으며, 여씨향약(呂氏鄕約)을 본떠 풍속을 진작시켰다.

인물 人物

고려

최충(崔冲) 주의 아전인 최온(崔溫)의 아들이다. 풍채가 아름답고 훤칠하였으며 성품이 지조가 굳고 변함이 없었다. 어려서부터 학문을 좋아하고 글을 잘 지었다. 목종 때 갑과(甲科) 제1인으로 발탁되어 관직이 개부의동삼사 수태사 겸 문하시중 상주국 내사령(開府儀同三司守太師兼門下侍中上柱國內史令)에 이르렀다. 시호는 문헌(文憲)이다. 현종 이후에 전쟁이 겨우 종식되어 문교(文敎)를 행할 겨를이 없었는데 최충이 후진을 불러 모아 가르치기를 게을리하지 않으니, 학도들이 모여들어 마침내 구재(九齋)로 나누고 이들을 시중최공도(侍中崔公徒)라고 하였다. 우리나라에서 학교의 흥기가 최충에게서 말미암았을 것이니, 당시 해동공자(海東孔子)라고 일컬어졌다. 뒤에 정종의 묘정에 배향되었다. 자손 가운데 문행(文行)으로 재보(宰輔)에 오른 자가 수십 인이다.

최유선(崔惟善) 최충의 아들이다. 현종조에 을과(乙科) 제1인으로 발탁되어 여러 관직을 거쳐 중서령 진수태사 문하시중(中書令進守太師門下侍中)에 이르렀다. 최유선은 대를 이어 유학의 종주가 되었고 두 조정을 보필하여 사람들이 모두 존중하였다. 시호는 문화(文和)이며 문종의 묘정에 배향되었다. 아우 최유길(崔惟吉)은 수 사공 섭상서령(守司空攝尙書令)이다. 아버지 최충이 연로하도록 병이 없었는데, 왕이 일찍이 나라의 노인들을 위해 연회를 베풀 때 최유선과 최유길이 최충을 부축하고 들어왔으므로 당시 성대한 일로 일컬어졌다. 한림학사 김행경(金行瓊)이 시를 지어 축하하기를 "상서령이 중서령을 모시고, 을장원이 갑장원을 부축하네.〔尙書令侍中書令 乙狀元扶甲狀元〕"라고 하였다.

최사제(崔思齊) 최유선의 아들이다. 문종조에 과거에 급제하고, 관직이 문하시랑 판이부사(門下侍郎判吏部事)에 이르렀다. 시호는 양평(良平)이다.

최사추(崔思諏) 최충의 손자이다. 문종조에 과거에 급제하니, 왕이 최사추가 명문가 자제이고 박학다문(博學多文)하다고 하여 내시성(內侍省)에 불러들였다. 숙종조에 문하시중에 제배되고 관직이 수 태사 중서령(守太師中書令)에 이르렀다. 최사추는 근면하고 신중하였으며 공정하고 청렴하였다. 또 문벌로 남에게 교만하지 않았으니 조정에서 벼슬한 40여 년간 작은 과실도 없었다. 재상이 되어서는 대체(大體)를 보존하기에 힘써 감히 옛 전장(典章)을 가벼이 고치지 않았다. 문인과 자제들이 찾아와 뵈면 항상 임금을 섬기는 도로써 가르쳤고 사사로운 일을 언급하지 않았다. 시호는 충경(忠景)이고, 숙종의 묘정에 배향되었다.

최사량(崔思諒) 나이 18세에 과거에 급제하였다. 문종조에 여러 번 승진하여 공부 시랑(工部侍郎)이 되었고, 관직이 검교태사 진좌복야 참지정사(檢校太師進左僕射參知政事)에 이르렀다. 최사량은 외모가 단아하고 침착하여 말이 적었으며, 국정을 잡고 문형(文衡)을 주관하여 당시에 명망이 두터웠다. 시호는 강경(康敬)이다.

최약(崔瀹) 최사제의 아들이다. 예종조에 과거에 급제하였다. 당시 나라가 한가로워서 왕이 서경(西京)에 행차하여 배를 띄우고 사신(詞臣)들과 창화(唱和)하며 즐겁게 놀았다. 최약도 지제고(知制誥)로서 따라갔는데, 간언하기를 "제왕은 의당 경술(經術)을 좋아하여 날마다 고아한 유자들과 정사에 대해 묻고 논해야 합니다. 어찌하여 조충(雕蟲)만 일삼아 경박한 사신들과 더불어 자주 음풍농월이나 하여 천심(天心)을 잃으십니까?" 하였다. 사신들이 참소하자, 왕이 노하여 춘주 부사(春州府使)로 좌천시켰다가 얼마 안 되어 소환하였다. 뒤에 관직이 예부상서 한림학사(禮部尙書翰林學士)에 이르렀다.

최홍윤(崔洪胤) 과거에 급제하고, 관직이 문하시랑평장사 수문전대제학(門下侍郎平章事修文殿大提學)에 이르렀다. 시호는 경문(景文)이다. 사마시(司馬試)에서 네 번 예위(禮闈)[46]를 주관하였는데 시취한 사람이 모두 이름난 인물로 경상(卿相)에 이른 사람도 많았으니, 세상에서 옥순문생(玉筍門生)이라 칭하였다.

오연총(吳延寵) 과거에 급제하고 여러 번 승진하여 기거랑(起居郎)이 되었으며 뒤에 외직으로 나가 지전주사(知全州事)가 되었다가 소명을 받고 추밀원에 제배되었다. 예종이 여진(女眞)을 정벌할 때 오연총이 윤관(尹瓘)의 부관(副官)이 되어서 여진을 격파하고 지경을 개척하여 9성(城)을 쌓았다. 뒤에 관직이 사도 중서시랑평장사(司徒中書侍郎平章事)에 이르렀다.

46 예위(禮闈) : 과거 시험을 말한다. 예조에서 주관하기 때문에 이렇게 부른다.

시호는 문양(文襄)이다. 몸가짐을 검속하고 행실을 삼갔으며 관직에 임해서는 사적인 일로 공적인 일을 해친 적이 없다.

오형(吳詗) 처음 이름은 한경(漢卿)이다. 원종 때 과거에 급제하여 화요직(華要職)을 두루 거치고, 관직이 첨의찬성사에 이르렀다. 시호는 문온(文溫)이고, 호는 쾌암(快庵)이다. 학문이 정밀하고 해박하였으며 비록 드러난 공적은 없지만 관대하고 대범하며 꾸밈이 없어서 장자(長者)의 풍도가 있었다.

정유산(鄭惟産) 과거에 급제하고 예부상서 한림학사로서 문형(文衡)을 맡았는데, 처음으로 응시자의 이름을 가리고 선비를 뽑는 법을 세웠다.[47] 관직이 문하평장사에 이르렀다.

본조

정이(鄭易) 과거에 급제하고, 관직이 의정부 찬성에 이르렀다. 시호는 정도(貞度)이다. 아들 정충경(鄭忠敬)은 관직이 형조 참판에 이르렀고, 정충석(鄭忠碩)은 관직이 동지중추(同知中樞)에 이르렀다.

최만리(崔萬理) 두 번 과거에 급제하고, 집현전에 뽑혀 들어갔다. 여러 관직을 역임하고 강원도 관찰사에 이르렀다.

정희량(鄭希良) 성품이 총명하고 천하의 서적에 널리 통달하였으며 역수(易數)에 더욱 정통하였다. 과거에 급제하고 사관에 뽑혀 들어갔다. 연산

47 처음으로……세웠다 : 응시자의 이름 위에 종이를 붙여 봉하는 것을 봉미법(封彌法)이라고 하는데, 문종 16년(1062) 3월에 당시 중서사인(中書舍人)이었던 정유산이 시관을 맡아 이 법을 제의하여 처음 실행하였다고 한다.《高麗史 卷73 選擧志1》

군 때 사류(士類)들이 거의 죽음을 당했는데 정희량은 의주(義州)에 유배되었다. 석방되어 돌아와서는 끝내 화를 면하지 못할 줄을 알고서 스스로 강에 투신하였다. 혹자는 "세상을 피해 숨었으니 간 곳을 모른다." 하였다. 일찍이 사람들에게 말하기를 "갑자년의 사화는 무오년보다 심할 것이다." 하였는데 뒤에 과연 증험되었으니 사람들이 그의 선견지명에 감복하였다. 정희량은 지기(志氣)가 강하고 깨끗하였으며, 시문이 맑고 심원하였다. 저술에 《허암집(虛菴集)》이 있다.

우사인(禹思仁) 어머니를 섬김이 지극히 효성스러워서 50세를 넘기도록 하루도 조석 문안을 폐한 적이 없다. 어머니가 병이 들자 약은 반드시 직접 맛보았다. 도적이 그 집을 침범하였는데 어머니가 너무 황급하여 미처 빠져나오지 못하자 우사인이 번득이는 칼날을 무릅쓰고 돌입하여 적과 맞서 싸우다가 해를 입고 어머니는 무사하였다. 처 신씨(申氏)는 남편이 비명에 간 것을 애통해하여 곡기를 끊고 피눈물을 흘리다가 죽었다. 모두 정려하였다.

민회현(閔懷賢) 2세 때 아버지를 잃었는데 장성해서도 슬퍼하고 사모해 마지않았다. 16세 때 어머니가 죽자 등에 흙을 지고 와서 봉분을 만들고[48] 여막살이 하며 죽을 마시니 보는 자들이 그 효성에 감복하였다. 목사 정성근(鄭誠謹)이 듣고 탄복하여 상을 마치는 날에 전물(奠物)을 갖추고 와서 절하고 갔다. 공희왕조에 천거되어 호조 좌랑에 제수되었고 현량과에 올라

48 등에……만들고 : 장사 지내는 것을 말한다. 후한 순제(後漢順帝) 때 순찰사로서 역도를 평정한 장강(張綱)이 죽자, 역도인 장영(張嬰) 등 500여 인이 상복을 입고 장지까지 등에 흙을 지고 와서 봉분을 만들었다고 한 고사에서 나온 말이다. 《後漢書 張綱列傳》

정언으로 승진되었는데 사화에 연좌되어 파직되자 고향 마을로 돌아와 졸하였다. 호는 일재(一齋)이다.

정응성(鄭應聖) 어려서 집안이 한미하여 무과에 합격하였다. 인조 때 누차 여러 도의 절도사(節度使)가 되고, 조정에 들어가 지중추부사가 되었다. 아들 정해(鄭楷)와 정익(鄭榏)은 모두 절도사가 되었다.

열녀 列女

노씨(盧氏) 종부시 정(宗簿寺正) 노경린(盧慶麟)의 딸이자 찬성 이이(李珥)의 처이다. 지아비를 섬김이 예에 어긋나는 것이 없었다. 선조 때 왜구가 대거 침입하였는데 당시 이이가 사망한 지 이미 오래되었다. 노씨가 자식과 조카들에게 이르기를 "큰 도적이 나라에 가득 찼으니, 떠돌다가 타향에서 죽을 바에는 차라리 파주(坡州)에서 죽는 것이 낫다. 내 뼈를 거두어 지아비 묘 옆에 묻어 달라."라고 하였다. 상이 서쪽으로 행차한다는 말을 듣고는 서울에서 신주를 모시고 파산(坡山 파주)으로 돌아왔다. 적이 이르자 적을 꾸짖으며 굽히지 않았고, 딸 나이가 17세인데 또한 굽히지 않아 마침내 모녀가 모두 죽었다. 정려하였다.

연안도호부延安都護府

동쪽으로 배천군(白川郡) 경계까지 33리이다. 서쪽으로 평산부(平山府) 경계까지 31리이다. 남쪽으로 해안까지 29리이다. 북쪽으로 평산부 경계까지 33리이다. 서울과의 거리는 288리이다.

건치연혁 **建置沿革**

본래 고구려 동음홀(冬音忽)이다. 음(音)은 한편 삼(彡)으로 쓴다. 일명 시염성(豉鹽城)이라고 한다. **신라 경덕왕 때 해고군(海皐郡)으로 고쳤다. 고려 초에 고쳐 염주(鹽州)로 삼고, 현종 때 해주(海州)에 편입하였다. 뒤에 다시 염주를 떼어 내 현으로 삼고, 고종 때 고쳐 영응현(永膺縣)으로 삼았다가** 거란 군사를 방어한 공이 있으므로 승격시켜 현령관(縣令官)으로 삼고 읍호를 고쳤다.[49] **뒤에 승격시켜 복주(復州)로 삼았다.** 현 사람인 장군 차송우(車松祐)가 위사(衛社)의 공훈이 있어 승격시켰다. **원종 때 또 석주(碩州)로 고치고** 위사 공신(衛社功臣) 이분희(李汾禧)의 고향이므로 고쳤다. **충렬왕 때 승격시켜 온주목(溫州牧)으로 삼았다가, 충선왕 때 강등시켜 연안부로 삼았다. 본조 공정왕**(恭定王 태종) **13년**(1413)**에**

49 거란……고쳤다 : 대본에는 본문 글자 크기로 되어 있는데, 《동국여지지》 건치연혁 서술 투식에 근거하여 원주의 형태로 번역하였다.

도호부로 삼고, 경기에서 도로 본도에 예속시켰다. 관장하는 면은 □개이다.

관원

부사(府使), 교수(敎授) 각 1인이다.

군명 郡名

해고(海皐), 염주(鹽州), 영응(永膺), 복주(復州), 석주(碩州)

형승 形勝

남쪽으로 와룡지(臥龍池)에 임하고, 북쪽으로 비봉산(飛鳳山)에 기대어 있다. 본조 권근(權近)의 〈향교기(鄕校記)〉[50]에 "남쪽으로는 와룡지라는 큰 못에 임하고, 북쪽으로는 비봉산이라는 높은 산에 기대고 있으며, 청초호(靑草湖)가 그 앞을 감아 돌고 금련포(金蓮浦)가 그 왼쪽을 두르고 있다." 하였다.

서남쪽으로 끝도 없이 큰 바다가 하늘에 닿았다. 권근의 기문[51]에 "서남쪽으로 끝도 없이 큰 바다가 하늘에 닿았다." 하였다. 또 이원(李原)의 시에 "광활한 들이 푸른 바다에 연하였다.〔闊野連滄海〕" 하였다.

50 권근(權近)의 향교기(鄕校記) : 〈연안부 향교기(延安府鄕校記)〉이다. 《陽村集 卷12》

51 권근의 기문 : 위의 주50 참조.

관보(關輔)[52]의 유리함을 모두 갖추고 있으니, 바로 서해(西海 황해도)의 요충지이다. 땅에는 곡식이 풍요롭고 바다에는 어염이 있어 관보의 유리함을 모두 갖추고 있으니, 바로 서해의 요충지이며 상선(商船)이 모여드는 곳이 된다.

풍속 風俗

백성들은 농업에 힘쓰며, 한편으로는 배를 잘 다루어서 상업을 한다. 지지(地志)

산천 山川

봉세산(鳳勢山) 부 북쪽 3리에 있다. 진산(鎭山)이다. 일명 비봉(飛鳳)이라 한다.

천배산(天拜山) 부 동쪽 20리에 있다. 옛 제천단(祭天壇)이 있다.

도정산(都正山) 부 남쪽 2리에 있다.

문서산(文書山) 부 동쪽 6리에 있다.

용박산(龍縛山) 부 북쪽 20리에 있다. ○ 변계량(卞季良)의 시[53]에,

용박산 이름을 옛날부터 들었는데	龍縛聞名久
오늘날 비로소 정상에 올랐구나	今來到上頭

52 관보(關輔) : 관중(關中)과 삼보(三輔)의 병칭으로, 도성 부근의 지역을 말한다.

53 변계량(卞季良)의 시 : 〈용박산 절정에 올라〔登龍縛山絶頂〕〉이다. 《春亭集 卷2》

날아가는 새 등 수평으로 바라보고　平看飛鳥背
아래로는 큰 강 물줄기 굽어보네　俯瞰大江流
탁 트인 대지에 산하가 광활하고　地坼山河闊
둘러싼 하늘 안에 섬들이 그윽하네　天圍島嶼幽
서울은 어디쯤에 있는가　京都在何許
올라와 바라보니 문득 수심이네　登眺却生愁

하였다.

태자산(太子山) 부 북쪽 25리에 있다.

여애산(餘哀山) 부 서쪽 45리에 있다.

수락산(水洛山) 부 남쪽 31리에 있다.

바다〔海〕 서쪽과 남쪽이 모두 바다이다.

증산도(甑山島) 부 남쪽 25리에 있다.

우리도(于里島) 부 서쪽 75리에 있다.

모로도(毛老島) 부 남쪽 30리, 바다 가운데에 있다.

반니도(班尼島) 부 남쪽 37리, 바다 가운데에 있다. 어량(魚梁)과 염분(鹽盆)이 있다.

가이도(加耳島) 부 서쪽 45리에 있다.

적촌포(赤村浦) 부 동쪽 20리에 있다.

풍천(楓川) 부 서쪽 21리에 있다. 원류는 용박산에서 나온다.

금련포(金蓮浦) 부 동쪽 8리에 있다.

나진포(那津浦) 소초포(所草浦) 동쪽 13리에 있다.

소초포(所草浦) 부 남쪽 20리에 있다. 일명 청초호(青草湖)라고 한다. 공적인 선박이나 사적인 선박 모두 이곳을 경유하여 서울에 이른다.

와룡지(臥龍池) 세속에서 남대지(南大池)라고 이름한다. 부 남쪽 13리에 있다. 둘레가 20리 102보이다. 겨울마다 못 얼음이 세로 혹은 가로로 갈라지는데, 고을 사람들이 용이 밭갈이하는 것이라고 한다. 그것을 보아서 이듬해의 풍흉(豐凶)을 미리 점치니, 가로로 갈라지면 풍년이고 세로로 갈라지면 홍수가 나며, 전혀 갈라지지 않으면 흉년이라고 한다. 본조 공정왕 때에 안노생(安魯生)이 조정에 보고하니, 유사(有司)에게 명하여 매년 봄가을로 제사 지내게 하였다. 고려 문종이 못 안의 땅이 기름져서 전지를 만들 수 있다 하여 흥왕사(興王寺)에 하사하였는데, 그해 가뭄이 들자 고을 출신인 한림학사(翰林學士) 이영간(李靈幹)의 주청으로 인해 도로 못으로 만들었다. 이에 흑룡이 나타나 하늘로 올라갔는데, 그날 비로소 큰비가 내렸다.

온천(溫泉) -원문 결락-에 있다. 거기서 목욕하면 병이 낫는다.

토산 土産

소금〔鹽〕, **숭어**〔秀魚〕, **홍어**(洪魚), **붕어**〔鯽魚〕, **부레**〔魚鰾〕, **굴**〔石花〕, **게**〔蟹〕, **조개**〔蛤〕, **쌀새우**〔白蝦〕, **자하**(紫蝦 곤쟁이)

성곽 城郭

부성(府城)

학교 學校

향교(鄕校) 부 북쪽 5리에 있다.

궁실 宮室

객관(客館) 본조 조사수(趙士秀)의 시에,

아득한 큰 들판은 바라보매 끝이 없고	微茫巨野望無邊
잘 개간된 언덕과 습지 모두 큰 밭이네[54]	原隰畇畇盡甫田
풍속이 진나라처럼 농사에 힘써[55] 곡식이 많고	俗務秦農多稻黍
땅은 진나라와 같이 산천이 적네[56]	地同陳國少山川
와룡지 따뜻하여 금붕어 살졌고	臥龍池暖肥金鯽
청초호 평평하니 바닷배 모여드네	青草湖平簇海船
가장 한스러운 건 주옥같은 시가 사방 벽에 걸린 게 없어	最恨珠璣空四壁
백 년 뒤 오늘 비로소 시편을 제하는 것이로세	百年今日始題篇

하였다.

취원루(聚遠樓) 객관 동쪽에 있다. 안렴사 김효선(金孝先)이 이름을 짓고

54 잘……밭이네 : 《시경》 〈소아(小雅) 신남산(信南山)〉에 "진실로 저 남산을, 우 임금이 다스리셨네. 잘 개간된 언덕과 습지에서, 증손이 농사를 짓네.〔信彼南山, 維禹甸之. 畇畇原隰, 曾孫田之.〕"라고 한 데서 인용한 말이다.

55 진(秦)나라처럼 농사에 힘써 : 《시경집전(詩經集傳)》 〈진풍(秦風) 위양(渭陽)〉에 "진나라 사람들의 풍속이……군대를 강성하게 하고 농사를 힘써 부강함을 이룰 수 있었으니〔秦人之俗,……足以强兵力農而成富强之業.〕"라는 말이 나온다.

56 진(陳)나라와……적네 : 《시경집전》 〈진풍(陳風) 완구(宛丘)〉에 "그 지역은 넓고 평평하여 명산대천이 없어서〔其地廣平, 無名山大川.〕"라는 말이 나온다.

이색(李穡)이 기문을 지었다. ○ 고려 이숭인(李崇仁)의 시[57]에,

길을 물어 처음 고을에 들어와	問路初投郡
시를 얻으려고 다시 누에 올랐네	尋詩更上樓
처마 울리는 소리는 고목에서 들려오고	簷聲聞老樹
돛 그림자에 배가 돌아옴을 알겠네	帆影識歸舟
맑은 물에 아침 햇살이 밝게 비추고	白水明朝旭
노란 국화는 저무는 가을에 빛나네	黃花照暮秋
술이 취하여 붓에 먹 묻혀 쓰노니	醉來因灑墨
호기가 구석진 곳을 덮는 구나	豪氣蓋窮陬

하였다. ○ 명나라 하상봉(夏祥鳳)의 시에,

조서를 받들고 동쪽 나라에 와서	奉詔來東國
인연하여 취원루에 올랐네	因登聚遠樓
청산은 좌석을 둘렀는데	靑山圍坐席
푸른 바다에 가는 배가 보이는구나	蒼海見行舟
묘한 곡조는 꽃다운 잔치를 열었고	妙曲開芳宴
맑은 바람은 가을 기운이 동하누나	淸飈動素秋
이공[58]이 기문 지었으니	李公爲記在
먼 시골에 광채가 비치누나	光焰照遐陬

하였다.

57 이숭인(李崇仁)의 시 : 〈염주 객사 누대의 시에 차운하여 제하다〔題鹽州客舍樓次韻〕〉이다.《陶隱集 卷2》
58 이공(李公) : 이색(李穡)을 말한다.

평원당(平遠堂) 객관 남쪽에 있다. 만력(萬曆) 연간에 부사 윤두수(尹斗壽)가 세웠다. 뜰에 네모진 못을 파고 못 안에 작은 섬을 두었다. 이이(李珥)의 기문[59]에 "평평히 먼 들판을 내려다보고 멀리 강해(江海)를 잡아당기며, 큰 못의 물결 빛과 아스라한 멧부리의 푸르름이 궤석 사이에 모여든다." 하였다.

봉수 烽燧

정산 봉수(定山烽燧) 부 남쪽 32리에 있다. 북쪽으로 주지곶(走之串)에 응하고, 남쪽으로 간월산(看月山)에 응한다.

백석산 봉수(白石山烽燧) 부 남쪽 20리에 있다. 서쪽으로 간월산에 응하고, 동쪽으로 각산(角山)에 응한다.

주지곶 봉수(走之串烽燧) 부 서쪽 25리에 있다. 서쪽으로 평산부의 성곶(聲串)에 응하고, 남쪽으로 정산에 응한다.

간월산 봉수(看月山烽燧) 부 남쪽 33리에 있다. 북쪽으로 정산에 응하고, 동쪽으로 백석산(白石山)에 응한다.

각산 봉수(角山烽燧) 부 동쪽 35리에 있다. 서쪽으로 백석산에 응하고, 동쪽으로 배천군의 봉재산(鳳在山)에 응하고, 남쪽으로 경기 교동현(喬桐縣)의 수정산(修井山)에 응한다.

59 이이(李珥)의 기문 : 〈평원당기(平遠堂記)〉이다. 《栗谷全書 卷13》

우역 郵驛

심동역(深洞驛) 부 북쪽 10리에 있다.

심동원(深洞院) 심동역 곁에 있다.

독산원(禿山院) 부 북쪽 30리에 있다.

각산원(角山院) 부 동쪽 35리, 각산나루〔角山渡〕 언덕에 있다.

신원(新院) 부 서쪽 30리에 있다.

관량 關梁

반지항교(反地項橋) 적촌포(赤村浦)에 있다.

나진교(那津橋) 반지항(反地項)과의 거리는 10리이다.

각산나루〔角山渡〕 부 동쪽 35리, 배천군과의 경계에 있다. 해진(海津)으로 교동(喬桐)에 들어가는 경우는 이곳을 거치니, 《고려사(高麗史)》에 "공민왕 때 왜적이 각산에 침입하여 배 30여 척을 불태웠다."라고 한 것[60]이 바로 이곳이다.

사묘 祠廟

사직단(社稷壇) 부 서쪽에 있다.

문묘(文廟) 향교에 있다.

60 고려사(高麗史)에……것 : 《고려사》 권39 〈세가(世家)〉 공민왕 7년에 "3월에 왜적이 각산수에 침입하여 배 300여 척을 불태웠다."라고 한 것을 말한다.

성황사(城隍祠) 봉세산에 있다.

여단(厲壇) 부 북쪽에 있다.

사찰 寺刹

설암사(雪菴寺), 용봉사(龍鳳寺) 모두 용박산에 있다.

장수사(長壽寺) 부 남쪽 15리에 있다.

송청사(松靑寺) 부 서쪽 20리에 있다.

연안사(延安寺) 태자산에 있다.

정산사(定山寺) 정산에 있다.

홍복암(弘福菴) 비봉산에 있다.

고적 古蹟

봉세산성(鳳勢山城) 돌로 쌓았다. 둘레가 5400자이다. 지금은 없어졌다.

전성(氈城) 부 동쪽 20리, 천배산에 있다. 옛 제천단이다.

명환 名宦

고려

민상정(閔祥正) 충렬왕 때 지석주사(知碩州事)가 되어 명성과 공적이 있었다. 또 서해도 안렴사(西海道按廉使)가 되었는데, 성품이 강렬하고 호강

(豪强)하여 누구도 감히 금령을 범하지 못하였다.

본조

남효원(南孝元) □□□에 연안 부사가 되었다.

기처(奇處) 세종조에 연안 부사가 되었는데, 청렴하고 대범하기가 비할 데 없었다. 부의 남대지(南大池)에서 붕어가 나는데 징수하고 요청하는 일이 폭주하여 폐해가 백성에게 미쳤다. 기처가 말하기를 "어찌 구복(口腹)을 채우느라 백성을 괴롭히는가." 하고, 마침내 6년간 붕어를 먹지 않았으며 빈객 접대나 제수용이 아니면 그물로 잡지 못하도록 금하였다.

윤두수(尹斗壽) 일찍이 황해도 관찰사를 지내고 다시 연안 부사가 되었다. 편리하고 마땅하게 정사를 행하여 백성들을 번거롭게 하지 않으며 임기를 마쳤다. 선조조에 불러들여 형조 참판에 제수하였다. 찬술한 〈연안지(延安志)〉가 있다.

이정암(李廷馣) 선조조에 연안 부사가 되어 은혜로운 정사를 많이 행하였다. 왜구의 난리 때 이조 참의로서 상을 호종하고 개성부(開城府)에 이르렀다. 상이 뒤에 머물면서 편리한 형세를 택하여 수어(守禦)하라고 명을 내렸다. 이정암이 연안에 이르자, 연안 사람이 말하기를 "공이 예전에 본토에 끼친 은혜가 있으니, 바라건대 이 성에 머물러 수어하십시오." 하였다. 이에 이정암이 500여 인을 모집하여 부서를 분정하고 기계를 수리하였다. 왜적 추장 장정(長政)이 이미 해주(海州)를 함락시키고 와서 성을 포위하여 공격하였는데, 성 서쪽에 비충(飛衝)[61]을 세우고 성안을 굽어보면

61 비충(飛衝) : 적진에 돌진하는 병거(兵車)인 충거(衝車)의 별칭이다.

서 대포를 쏘아대며,[62] 참호를 메우고 개미처럼 붙어 성벽을 기어올랐다. 이정암은 사태가 위급함을 알고 마침내 쌓아 둔 마초(馬草) 위에 앉아서 그 아들에게 경계하여 이르기를 "성이 함락되거든 분신할 것이다." 하니, 군사들이 모두 감읍하면서 죽을 때까지 싸웠다. 밤낮으로 육박전을 벌였는데, 왜적의 사상자도 반수를 넘으니 시신을 한데 모아 불태워 버리고 밤에 달아났다. 승첩이 보고되자 품계를 올리고 황해도 순찰사로 삼았다. 부 사람들이 비석을 세워 공렬을 기념하였다.

신각(申恪) 선조 24년(1591)에 연안 부사가 되었다. 예전에는 성안에 물이 없었는데 조헌(趙憲)이 신각에게 편지를 보내 말하기를 "내년에 반드시 왜구의 침입이 있을 것인데, 연안은 삼국 시대에 성을 지켜 싸움을 이긴 곳이니 공은 속히 준설하여 참호를 깊이 파고 성을 증축하는 한편 땅을 파서 봉세산 주변 물을 끌어 성안으로 주입해야 합니다." 하여 신각이 그 계책을 따랐다. 이듬해 왜구가 대거 이르러 성을 포위하였는데, 성이 견고하고 물이 있었기 때문에 보전할 수 있었다. 신각은 평소 청렴하고 신중하였으며, 왜란이 일어나자 부원수가 되어 또한 전공을 세웠다.

한백겸(韓百謙) 선조 말에 연안 부사가 되었다. 정사를 행함이 어질고 밝았으며 설행하는 일이 모두 조례와 법규가 있었다. 오래지 않아 전보되어 떠나니 사민(士民)들이 추모하여 마지않았다.

62 대포를 쏘아대며 : 대본에는 없는데, 《백사집(白沙集)》 권3 〈연안 이공의 비(延安李公碑)〉에 '以大砲碎之'라고 한 것에 근거하여 보충하여 번역하였다.

인물 人物

고려

태평(泰評) 서사(書史)를 널리 섭렵하여 관리 일에 밝고 능숙하였다. 처음에 본주의 거수(渠帥) 유긍순(柳矜順)의 기실(記室)이 되었는데, 궁예가 유긍순을 쳐내자 태평이 마침내 항복하였다. 궁예는 그가 오래도록 복종하지 않은 데에 노하여 군졸로 예속시켰는데 뒤에 태조를 수종하다가 개국할 때 참여하여 공을 세웠으므로 발탁되어 순군 낭중(徇軍郎中)에 제수되었다.

윤선(尹瑄) 사람됨이 침착하고 용맹하였으며 병법을 잘 알았다. 처음에 궁예가 끝도 없이 사람들을 주살하므로 화가 본인에게 미칠 것을 염려하여 마침내 그 무리를 거느리고 북쪽 변방으로 달아나 2000여 명에 달하는 사람들을 취합하여 골암성(鶻巖城)에 자리를 잡고, 흑수(黑水) 오랑캐 무리를 불러들여 오랫동안 변방 고을에 해를 끼쳤다. 태조가 즉위하자 무리를 거느리고 항복하였으므로 북쪽 변경이 편안해졌다.

김도(金濤) 젊어서 이색(李穡)에게 학문을 배워 경사(經史)에 해박하였다. 공민왕조에 과거에 급제하였고, 홍무(洪武) 3년(1370, 공민왕19)에 제과(制科)에 합격하여 동창부(東昌府) 구현(丘縣)의 승(丞)에 제수되었는데, 부친의 노쇠함을 이유로 본국에 돌아왔다. 왕이 손수 '김도 장원 나복산인(金濤長源蘿葍山人)'이라는 8자를 써서 하사하였다. 장원(長源)은 김도의 자(字)이다. 뒤에 밀직 제학(密直提學)을 지냈다. 우왕 때 피살되었다.

김장수(金長壽) 공민왕조에 홍건적이 서울을 함락시키고 가는 곳마다 가득 메웠다. 김장수는 중랑장(中郎將)으로서 집에 있다가 고을 사람들을 거느리고 유기(遊騎)를 죽이고는[63] 최영기(崔英起)를 보내 달려가서 행재소에 보고하게 하니 왕이 가상히 여겨 상장군 겸 만호에 제수하였다. 또 반적이 흥왕사(興王寺) 행궁을 범하니,[64] 최영(崔瑩)을 따라서 군사를 거느리고 행궁에 달려가 문을 헐고 칼을 빼어 들고 들어가 적을 베다가 적에게 죽임을 당하였다. 난리가 평정된 뒤에 일등공신에 책훈되었다.

본조

김로(金輅) 개국 정사 공신(開國定社功臣)으로 관직은 연안군(延安君)에 이르렀다.

김자지(金自知) 김도(金濤)의 아들이다. 관직이 개성 유후(開城留後)에 이르렀고 시호는 문정(文靖)이다. 아우 김여지(金汝知)는 관직이 참찬에 이르렀다.

이귀령(李貴齡) 관직이 의정부 좌의정에 이르렀다. 시호는 강호(康胡)이다. 우리 태조가 잠저 때 노관(盧綰)의 옛 정[65]이 있었다. 아우 이귀산(李貴山)은 관직이 강원도 관찰사에 이르렀다.

63 유기(遊騎)를 죽이고는 : 대본에는 '殺遊奕'으로 되어 있는데 뜻이 불분명하여, 《고려사》 권39 〈세가〉 공민왕 10년(1361)에 '殺遊騎'라고 한 데 근거하여 고쳐 번역하였다. 유기는 불규칙적으로 출몰하며 전투를 벌이는 유격대 기병을 말한다.

64 또……범하니 : 반적은 김용(金鏞)을 말한다. 공민왕 12년(1363)에 김용이 반란을 도모하여, 흥왕사에 머물러 있던 왕을 죽이려고 흥왕사에 침범하였다. 《高麗史 卷113 崔瑩列傳, 金鏞列傳》

65 노관(盧綰)의 옛 정 : 어릴적 친구의 우정을 말한다. 노관은 한나라 풍(豐) 땅 사람으로, 한 고제(漢高帝)와 어릴 때 한 동리에서 함께 자라며 서로 친밀하였던 고사에서 나온 말이다. 노관은 한나라가 건국된 후 연왕(燕王)에 봉해졌다.

김하(金何) 김자지의 아들이다. 과거에 급제하고 관직이 판중추원사에 이르렀다. 시호는 정선(靖宣)이다.

이숭원(李崇元) 노산군 때 과거에 급제하였다. 성종조에 관직이 형조 판서에 이르고 좌리 공신(佐理功臣)에 참여하였으며 연원군(延原君)에 봉해졌다.

이숙기(李淑琦) 무과에 합격하고, 세조와 성종을 섬겼다. 여러 관직을 거쳐 호조 판서에 이르고 적개 좌리 공신(敵愾佐理功臣)에 참여하였으며 연안군(延安君)에 봉해졌다. 아우 이숙감(李淑瑊)은 문과에 등제하여 관직이 이조 참의에 이르렀으며 문장으로 명성이 있었다.

이희건(李希建) 기개가 웅걸하고 무력이 남보다 뛰어났다. 무과에 합격하고, 누차 안주(安州)와 선천(宣川)에서 관직을 맡았는데 위엄과 은혜를 병행하였다. 인조 초에 용천 부사(龍川府使)로서 원수 장만(張晩)을 따라 이괄(李适)을 토벌하여 공을 세우고, 홍양군(洪陽君)에 봉해졌다. 이희건은 관직에 있으면서 청렴하고 검소하였으며 일을 추진함에 과단성이 있었다. 일찍이 용골산성(龍骨山城)을 쌓았는데, 오래지 않아 오랑캐의 난리가 나서 여러 성이 모두 함락되었으나 용골산성만이 홀로 온전하였다. 용천(龍川) 사람들이 비석을 세워 덕을 칭송하였다.

열녀 列女

송씨(宋氏) 사인(士人) 민경현(閔景賢)의 처이다. 남편이 죽자 슬퍼하는 것이 예에 지나쳤으며 복제를 마치고도 처음과 같이 변함없었다. 종신토록 제사를 지냈는데 정성과 공경을 다하기를 생전처럼 하였다. 향리에서 그 행의(行義)를 위에 보고하였고 본조 중종조에 정려하였다.

풍천도호부 豐川都護府

동쪽으로 은율현(殷栗縣) 경계까지 25리이다. 남쪽으로 장연현(長淵縣) 경계까지 33리, 송화현(松禾縣) 경계까지 27리이다. 서쪽으로 업청강(業淸江)까지 10리이다. 북쪽으로 허사포(許沙浦)까지 42리이다. 서울과의 거리는 562리이다.

한전 旱田

수전 水田

건치연혁 建置沿革

본래 고구려 구을현(仇乙縣)이다. 일명 굴천(屈遷)이라고 한다. 고려 초에 풍주(豐州)로 고쳤고, 성종 때 승격시켜 도호부로 삼았다. 본조 태조 6년(1397)에 병마사진(兵馬使鎭)을 설치하였다. 공정왕(恭定王 태종) 13년(1413)에 고쳐 풍천군으로 삼고 은율현을 편입시켜 풍률군(豐栗郡)으로 칭하였다가 얼마 되지 않아 각각 예전대로 회복시켰다. 양도왕(襄悼王 예종) 1년(1469)에 승격시켜 도호부로 삼았다. 관장하는 면은 □개이다.

관원

부사(府使), 교수(教授) 각 1인이다.

군명 郡名

풍주(豐州) 별호는 서하(西河)이다.

산천 山川

서린봉(瑞麟峯) 부 북쪽 성안에 있다. 진산(鎭山)이다.

장령산(長嶺山) 부 북쪽 5리에 있다.

망덕산(望德山) 부 북쪽 2리에 있다.

풍장산(楓長山) 부 서남쪽 15리, 풍장향(楓長鄕)에 있다.

약산(藥山) 부 동쪽 25리에 있다.

광석산(廣石山) 부 서남쪽 25리에 있다. 세상에서 전하기를 예전에 중국 사신이 바다를 건너 왕래하던 길이라고 하는데, 산 아래에 당관(唐館) 옛터가 있다.

박석산(縛石山) 부 남쪽 30리에 있다. 송화현에도 보인다.

사인암(舍人巖) 부 동쪽 20리에 있다.

바다〔海〕 서북쪽이 모두 바다이다.

초도(椒島) 부 북쪽 40리, 바다 가운데에 있다. 북쪽으로 급수문(急水門)[66]이 있는 소해(小海)에 연하여 있고, 둘레가 □리이다. 섬 안에 산초[椒]가 나므로 이렇게 이름하였다. 《당서(唐書)》에 "가탐(賈耽)이 이르기를 '등주(登州)에서 바다를 지나 이내 남쪽으로 해변을 끼고 패강(浿江) 어귀와 초도를 지나면 신라 서북 지경을 만난다.' 하였다."라고 한 것이 바로 이곳이니, 당나라 중종 이후에 신라가 고구려 남쪽 지역을 병합하고서 패강으로 경계를 삼았기 때문이다.

송포(松浦) 부 서쪽 15리에 있다.

벽달포(碧達浦) 부 북쪽 25리, 벽달향(碧達鄉)에 있다. 공민왕 9년(1360)에 홍건적의 배 70척이 와서 정박하였는데, 이방실(李芳實)이 공격하여 30여 급(級)을 베자 적이 마침내 달아났다.

두요포(豆要浦) 부 북쪽 19리에 있다.

업청강(業淸江) 부 서쪽 10리에 있으니, 바로 해포(海浦)이다. 만호영(萬戶營) 옛터가 있다.

귀림곶(貴林串) 부 북쪽 40리에 있다. 만호영이 있다.

토산 土産

명주실[絲], **삼**[麻], **뇌록**(磊綠), 부 북쪽 군장리(軍長里)에서 난다. **철**(鐵), 부 동쪽 60여 리, 은율현 지경인 금산(金山)에서 난다. **자석연**(紫石硯), **옻**[漆], **산초**[椒], 초도에서 난다. **왜닥나무**[倭楮], **석이버섯**[石蕈],

66 급수문(急水門) : 대동강이 절양해(絶瀼海 황주와 안악 사이의 작은 바다)와 모이는 곳으로, 서쪽으로 흘러 바다에 들어간다. 《大東水經 浿水2》

송이버섯〔松蕈〕, 지치〔紫草〕, 사곽(絲藿), 지황(地黃), 청어(靑魚), 부레〔魚鰾〕

성곽 城郭

부성(府城) 돌로 쌓았다. 둘레가 1710자이다. 성 동쪽, 서쪽, 북쪽 삼면에 또 무너진 성이 있는데, 벽돌 및 돌과 흙을 섞어서 쌓았다. 문 □개를 세웠다.

공서 公署

허사포 만호진(許沙浦萬戶鎭) 부 북쪽 15리에 있다. 업청강에서 이곳으로 옮겼다. ○ 수군만호 1인이 있다.

학교 學校

향교(鄕校) 부 북쪽 2리에 있다.

궁실 宮室

객관(客館)

영휘루(迎輝樓) 객관 동쪽에 있다.

봉수 烽燧

소산 봉수(所山烽燧) 부 북쪽 30리에 있다. 북쪽으로 은율현의 건지산(乾止山)에 응하고, 서쪽으로 고리곶(古里串)에 응한다.

고리곶 봉수(古里串烽燧) 부 서쪽 20리에 있다. 남쪽으로 장연현(長淵縣)의 궤곶(几串)에 응하고, 북쪽으로 소산에 응한다.

우역 郵驛

안산역(安山驛) 부 서쪽 4리에 있다.

관량 關梁

비파곶보(琵琶串堡) 부 북쪽 40리에 있다. 공희왕조(恭僖王朝 중종)에 설치하였는데 허사포 만호(許沙浦萬戶)가 관할하여 상선(商船)이 몰래 중국과 내통하는 것을 기찰하여 금지하게 하였다.

사묘 祠廟

사직단(社稷壇) 부 서쪽에 있다.

문묘(文廟) 향교에 있다.

성황사(城隍祠) 망덕산에 있다.

서해신사(西海神祠) 부 서쪽 고립소(古立所) 임해봉(臨海峯)에 있다. 봄가을로 향축을 내려 제사 지낸다.

여단(厲壇) 부 북쪽에 있다.

초도사(椒島祠) 관아에서 제사를 지낸다.

사찰 寺刹

청량사(淸涼寺), 화장사(華藏寺) 모두 약산에 있다.

안읍사(安邑寺), 현봉사(縣峯寺) 모두 풍장산에 있다.

운암사(雲菴寺), 임한사(林汗寺) 모두 박석산에 있다.

고적 古蹟

옛 행성〔古行城〕 부 서쪽 해변에 있다. 벽돌과 흙을 교대로 쌓았다. 둘레가 1만 1081자이다. 안에 우물과 샘이 24개 있고, 연못도 있다.

지촌향(池村鄕) 부 북쪽 40리에 있다. 예전에 중국에 가는 사신이 배를 타던 곳이다.

명환 名宦

고려

이행검(李行儉) 원종 때 풍주 방어사(豐州防禦使)가 되었는데, 청렴하고 대범하며 공평하고 관대하다고 일컬어졌다.

인물 人物

고려

임자송(任子松) 아버지 임주(任澍)는 어사(御史)가 되었다. 임자송은 충숙왕 때 반신(叛臣) 조적(曺頔)을 토벌하는 공을 세워 정난 공신(靖亂功臣)의 호를 하사받고 부원군에 봉해졌다. 아들 임경유(任景儒)는 과거에 급제하여 관직이 성균관 좨주에 이르렀다.

임군보(任君輔) 임경유의 아들이다. 공민왕 때 밀직 부사가 되어 김란(金蘭), 목인길(睦仁吉)과 함께 궁중에서 서무를 관장하였는데 왕의 총애가 비할 데 없었다. 여러 차례 승진하여 판사사(判司事)가 되었다. 임군보가 비록 신돈으로 인해 재상이 되었으나 속으로는 부끄럽고 두려워하는 마음을 품어 왕에게 아뢰기를 "아무리 이 나라 조정에 인재가 부족하다 해도 어찌 미천한 중에게 정사를 맡겨 천하의 비웃음을 사십니까?" 하였으나 왕이 듣지 않았다. 이존오(李存吾)와 정추(鄭樞)가 신돈을 논단하다가 쫓겨나게 되니 임군보가 면하게 하려고 도모하였다. 이에 신돈이 그를 미워하여 뒤에 왕에게 참소하자 여흥(驪興)에 유배되었다.

본조

노숙동(盧叔仝) 문과로 등제하여 문학으로 이름을 날렸다. 장헌왕조(莊憲王朝 세종)에 여러 관직을 거쳐 경상도 관찰사가 되었는데 명성과 공적이 있었으며, 조정에 들어가 예조 참판이 되었다.

배천군 白川郡

동쪽으로 강음현(江陰縣) 경계까지 27리, 개성부(開城府) 경계인 벽란도(碧瀾渡)까지 33리이다. 남쪽으로 해안까지 38리이다. 서쪽으로 연안부(延安府) 경계까지 23리이다. 북쪽으로 평산부(平山府) 경계까지 40리이다. 서울과의 거리는 235리이다.

건치연혁 建置沿革

본래 고구려 도랍현(刀臘縣)이다. 일명 치악성(雉嶽城)이라고 한다. 신라 경덕왕 때 구택(雊澤)으로 이름을 고치고 해고군(海皐郡) 영현으로 삼았다. 고려 초에 백주(白州)라 칭하고 현종 때 평주(平州)에 편입시켰다. 의종 때 토산(兎山)에 중흥궐(重興闕)을 창건하고 승격시켜 개흥부(開興府)를 설치하였다가 뒤에 다시 백주로 삼았다. 고종 때 고쳐 충익현(忠翊縣)으로 삼았다. 원종 때 또 승격시켜 복흥군(復興郡)으로 삼았다가 위사 공신(衛社功臣) 조오(趙璈)의 고향이므로 승격시켰다. 공민왕 때 다시 백주라고 칭하였다. 시중(侍中) 경복흥(慶復興)의 이름을 피휘하여 개칭한 것이다.[67] 본조 공정왕(恭定王 태종) 13년(1413)에 고쳐서 배천군

67 시중(侍中)……것이다 : 대본에는 본문 글자 크기로 되어 있는데, 《동국여지지》 건치연혁 서술 투식에 근거하여 원주의 형태로 번역하였다.

으로 삼고, 경기에서 도로 본도에 예속시켰다. 중종 때 강등시켜 현으로 삼았다가 군 사람 중에 아버지를 살해한 자가 있어 읍호를 강등시켰다. 곧 이어 다시 군으로 삼았다. 관장하는 면은 □개이다.

관원

군수(郡守), 훈도(訓導) 각 1인이다.

군명 郡名

치악성(雉嶽城), 구택(雊澤), 백주(白州), 개홍(開興), 복홍(復興) 별호는 은천(銀川)이다.

형승 形勝

지역이 관보(關輔)[68]로서 유리한 곳에 자리하고 있다. 땅이 곡식을 풍요롭게 하고 관보로서 유리한 곳에 자리하고 있으며, 세상에서 연백(延白 연안과 배천)의 쌀을 일컫는다.

풍속 風俗

백성들은 농업에 힘쓰고, 풍속이 배를 부리고 장사하기를 좋아한다. 지

68 관보(關輔) : 344쪽 주52 참조.

지(地志)

산천 山川

치악산(雉嶽山) 군 북쪽 1리에 있다. 진산(鎭山)이다.

봉재산(鳳在山) 군 남쪽 20리에 있다. 일명 차자산(車子山)이라고 한다.

황의산(黃衣山) 군 북쪽 25리에 있다.

천등산(天登山) 군 북쪽 20리에 있다.

고려산(高麗山) 군 서쪽 21리에 있다.

토산(兎山) 군 남쪽 15리에 있다.

거압산(居鴨山) 군 남쪽 13리에 있다.

비봉산(飛鳳山) 군 동쪽 10리에 있다.

대이산(大耳山) 군 동쪽 30리에 있다.

시산(匙山) 군 남쪽 20리에 있다.

바다〔海〕 군 남쪽 30리에 있다.

금곡포(金谷浦) 군 동쪽 25리에 있다. 강음현(江陰縣) 조읍포(助邑浦)의 하류로서 전세(田稅)를 조운하는 곳이다.

대교포(大橋浦) 군 남쪽 5리에 있다. 그 원류는 셋인데, 하나는 황의산에서 나오고, 하나는 고려산에서 나오고, 하나는 연안부 용박산(龍縛山)에서 나와 군 서쪽 감물라지포(甘勿羅之浦)에 이르러 합류한 다음 광정도(匡正渡)를 지나 바다에 들어간다.

성천(星川) 군 서쪽 30리에 있다. 원류는 평산(平山) 지경의 금산(今山) 아래에서 나와 군 서쪽 감물라지포에 들어간다.

우피포(牛皮浦) 군 남쪽 30리에 있다.

전점온정(氈岾溫井) 군 남쪽 25리에 있다.

대교온정(大橋溫井) 군 남쪽 5리에 있다.

소정(所井) 군 동쪽 10리에 있다. 물이 돌구멍에서 나오는데, 끌어다 밭에 물을 댄다. 가뭄이 들면 비를 빈다.

토산 土産

왕골자리〔莞席〕, 제호유(鵜鶘油), 숭어〔秀魚〕, 붕어〔鯽魚〕, 부레〔魚鰾〕, 게〔蟹〕

학교 學校

향교(鄕校) 군 북쪽 3리에 있다.

궁실 宮室

객관(客館)

취경루(聚景樓) 객관 동쪽에 있다.

창고 倉庫

금곡포창(金谷浦倉) 해주(海州), 연안(延安), 풍천(豐川), 신천(信川), 장연

(長淵), 문화(文化), 강령(康翎), 옹진(甕津), 송화(松禾), 장련(長連), 은율(殷栗) 및 본 관아의 전세(田稅)를 이곳에 수합하여 서울까지 조운한다.

봉수 烽燧

봉재산 봉수(鳳在山烽燧) 동쪽으로 미라산(彌羅山)에 응하고, 서쪽으로 연안부의 각산(角山)에 응한다.

미라산 봉수(彌羅山烽燧) 군 동쪽 30리에 있다. 동쪽으로 부모리(夫毛里)에 응하고, 서쪽으로 봉재산에 응한다.

부모리 봉수(夫毛里烽燧) 군 동쪽 35리에 있다. 동쪽으로 개성부의 신당(神堂)에 응하고, 서쪽으로 미라산에 응한다.

우역 郵驛

금곡역(金谷驛) 금곡포에 있다.

보달원(普達院) 군 동쪽 40리에 있다.

소초원(所草院) 군 남쪽 12리에 있다.

관량 關梁

대교(大橋) 대교포(大橋浦)에 있다. 배가 다리 아래를 지나간다.

광정도(匡正渡) 군 동쪽 10리에 있다. 남쪽으로 벽란도(碧瀾渡)와의 거리가 10리이다.

사묘 祠廟

사직단(社稷壇) 군 서쪽에 있다.

문묘(文廟) 향교에 있다.

성황사(城隍祠) 치악산에 있다.

여단(厲壇) 군 북쪽에 있다.

능묘 陵墓

오억령(吳億齡) 묘 토산 남쪽에 있다.

오정(吳靖) 묘 -원문 다수 결락-에 있다.

사찰 寺刹

강서사(江西寺) 군 동쪽 광정도 변에 있다. 일명 견불(見佛)이라 한다. 고려 때 승려 혜소(惠素)가 이곳에 거주하였는데, 김부식(金富軾)이 매양 나귀를 타고 방문하였다. 정추(鄭樞)의 시[69]에,

외로운 구름 산굴에서 나오고 큰 강 흐르는데	孤雲出岫大江流
상국이 나귀 타고 찾으니 지경이 더욱 한적해라	相國騎騾境轉幽
무슨 일로 왕래하며 자주 만났던가	何事往來多邂逅
산승이 술 사다가 함께 누각에 올랐다네	山僧沽酒共登樓

69 정추(鄭樞)의 시 : 〈동국사영(東國四詠)〉 중 제1수 〈시중 김부식이 나귀 타고 강서사의 혜소 상인을 찾아가다〔金侍中富軾騎騾訪江西惠素上人〕〉이다. 《圓齋稿 卷上》

하였다. ○ 본조 황호(黃戾)의 시[70]에,

누각 앞엔 은은히 조수 소리 들리고　樓前隱隱海潮音
누각 뒤엔 기수[71] 숲이 울창하네　樓後深深祇樹林
가장 좋은 건 누각에 맑은 밤 깊어지면　最是樓中淸夜半
휘영청 밝은 달이 물결 속에 비침일세　一天明月印波心

하였다.

등암사(燈巖寺) 천등산에 있다. 세상에서 전하기를 공민왕이 탄생한 곳이라고 한다.

관음사(觀音寺) 치악산에 있다.

호국사(護國寺), **여흥사**(麗興寺), **선정사**(禪定寺) 모두 고려산에 있다.

늑암사(勒巖寺), **비구사**(比丘寺) 모두 황의산에 있다.

성일사(聖日寺), **운령사**(雲嶺寺), **배암사**(背巖寺) 모두 치악산에 있다.

석봉사(石峯寺) 비봉산에 있다.

벽해사(碧海寺) 거압산에 있다.

정명사(正明寺) 대이산에 있다.

수월사(水月寺) 봉재산에 있다.

청송사(靑松寺) 시산에 있다.

70 황호(黃戾)의 시 : 〈강서사 누정에 쓰다〔題江西寺樓〕〉이다. 《漫浪集 卷1》

71 기수(祇樹) : 옛날 인도의 기타태자(祇陀太子) 소유의 원림(園林)을 말한다. 급고독 장자(給孤獨長者)가 구입하여 정사(精舍)를 세우고 석가모니에게 희사하였으므로 정사를 기수급고독원(祇樹給孤獨園)이라 명명하였고 기원정사(祇園精舍)라고도 한다. 후대에 사원을 지칭하는 말로 쓰였다.

고적 古蹟

중흥전(重興殿) 고려 의왕(毅王 의종(毅宗)) 12년(1158)에 유원도(劉元度)가 주달하기를 "백주(白州)의 토산(兎山) 반월강(半月岡)은 실로 우리나라가 중흥할 땅으로, 만약 궁실을 짓는다면 7년 내에 북쪽 오랑캐를 삼킬 수 있습니다." 하였다. 이에 최윤의(崔允儀)를 보내 풍수를 살피게 하였는데, 돌아와 아뢰기를 "산세가 모여들고 물살이 순하여 궁궐을 세울 만합니다." 하였다. 이에 박회준(朴懷俊) 등에게 이곳에 별궁을 창건하라 명하고 이름을 중흥전이라 하였다. 술자(術者)들이 은밀히 서로 말하기를 "이는 도선(道詵)이 '경방(庚方 서방)의 객호(客虎)가 머리를 들고 엄습해 오는 형세'라고 한 곳으로, 이곳에 궁궐을 창건하면 아마도 위망(危亡)할 우려가 있다." 하였다.

치악산고성(雉嶽山古城) 석성(石城)의 터가 남아 있다. 둘레가 1만 2600자이다.

유우 流寓

대광현(大光顯) 본래 발해의 왕 대인선(大諲譔)의 세자이다. 신라 말에 거란이 발해를 함락하고 대인선이 항복하자, 대광현이 그 장군 신덕(申德) 등과 남은 무리를 거느리고 도망쳐 왔다. 고려 태조가 대광현을 매우 후하게 대우하여 왕계(王繼)라는 성명을 하사하고 원보(元甫)에 제배하였으며, 백주(白州)를 지키면서 그들 조상의 제사를 모시게 하였다. 수종한 관료들에게도 모두 벼슬과 전택을 하사하였다.

인물 人物

고려

조지린(趙之遴) 현종 때 관직이 좌복야 참지정사(佐僕射參知政事)에 이르렀다.

오윤부(伍允孚) 대대로 태사국(太史局) 관원을 지냈다. 충렬왕조에 여러 번 승진하여 판관후서사(判觀候署事)가 되었다. 점후(占候)에 정통하여 어느 날 저녁에 어떤 별이 천준성(天樽星)을 범하자 "술을 잘 마시는 사람이 사신으로 올 것이다."라고 하였고, 후일에 어떤 별이 여상성(女牀星)[72]을 범하자 "사신이 와서 동녀(童女)를 뽑아 갈 것이다."라고 하였는데, 모두 들어맞았다. 또 점을 잘 쳤는데, 원나라 세조가 불러서 시험한 후에 더욱 이름이 났다. 오윤부는 성품이 매우 정직하였고 나랏일을 자기의 걱정으로 삼아 재변이 있을 적마다 들어가 진언하였으며, 시정(時政) 득실에 관해서는 눈물을 흘리면서까지 굳게 간쟁하였다. 일찍이 화성(火星)이 달을 가리니, 오윤부가 울면서 왕에게 아뢰기를 "화성이 달을 가리는 것은 예사로운 재변이 아니니, 어찌 중에게 밥을 먹이고 부처를 섬기는 일만으로 물리칠 수 있겠습니까. 바라건대 시행하는 일을 삼가서 재변을 가시게 하소서." 하였다. 사람됨이 얼굴이 못생기고 말과 웃음이 적었다. 충렬왕이 일찍이 말하기를 "오윤부는 나의 최호(崔浩)[73]이다. 얼굴은 비록 못생겼으나 버릴

72 여상성(女牀星) : 삼원(三垣) 가운데 천시원(天市垣)에 딸린 별자리 이름이다. 후궁(后宮)과 궁중 여관(女官)의 일을 상징한다.

73 최호(崔浩) : 중국 북위 태무제(北魏太武帝) 때 명신으로 지모(智謀)가 많아서 군국대사(軍國大事)가 있을 적마다 황제가 반드시 그에게 물었다 한다. 《北史 崔浩列傳》

수 없는 사람이다." 하였다. 일찍이 직접 천문을 그려 바쳤는데, 천문학을 하는 사람들이 모두 법으로 삼았다. 관직이 첨의찬성사에 이르렀다.

권거의(權居義) 여러 관직을 거쳐 부령(副令)이 되었다. 신우(辛禑) 때 어머니를 잃었는데 당시 상제(喪制)가 폐하여져서 모두 상복을 100일 입고 벗었으나 권거의는 몸이 상할 정도로 슬퍼하며 예를 다하고 여막에서 3년간 시묘하였다. 그 마을에 정려하였다.

본조

조반(趙胖) 신우 때 임견미(林堅味)와 염흥방(廉興邦)이 그들의 강포(强暴) 종들을 풀어 남의 전지를 빼앗게 하였는데, 조반의 전지도 염흥방의 종에게 빼앗겼다. 조반이 애걸하니 염흥방이 그 전지를 돌려주었는데, 종이 다시 빼앗고 모욕을 주었다. 조반이 분노하여 수십 기(騎)로 종의 집을 둘러싸고 베어 버렸는데, 신우가 이 때문에 임견미와 염흥방을 주벌하니 나라 사람들이 크게 기뻐하였다. 뒤에 우리 태조를 추대하여 개국 공신(開國功臣)이 되고, 관직이 문하부사(門下府事)에 이르렀으며 복흥군(復興君)에 봉해졌다. 아들 조서강(趙瑞康)은 이조 참판을 지냈고, 조서안(趙瑞安)은 개성 유수(開城留守)를 지냈다.

안규(安珪) 열녀 원씨(元氏)의 아들이다. 집에 일찍이 불이 났는데, 원씨가 남편 신주를 안고서 미처 나오지 못하고 쓰러졌다. 안규가 화염 속에 들어가 어머니를 업고 신주를 안고서 나왔는데 머리와 얼굴이 모조리 타서 문드러졌다. 성종조에 정려하였다.

오억령(吳億齡) 7세 때부터 글을 잘 지었다. 과거에 급제하여 사국(史局)에 들어가고 여러 번 승진하여 대사헌이 되었으며 외직으로 나가 황해도 관찰사가 되었다. 관직이 의정부 우참찬에 이르렀다. 성품이 단아하고 재주가 영민하였다. 조정에 들어서고 40년간 이르는 곳마다 명성과 공적이 있었는데, 항상 편안하고 겸손한 마음을 지녔다. 아들 오익(吳翊)과 오정(吳靖)은 모두 높은 관직에 올랐으며 해서(楷書)를 잘 썼다. 아우 오백령(吳百齡)은 관직이 이조 참판에 이르렀고, 오백령의 아들 오준(吳竣)도 예조 판서에 이르렀으며 해서를 잘 썼다.

열녀 列女

원씨(元氏) 송화 현감(松禾縣監) 안근후(安謹厚)의 처이다. 안근후가 사망하자 3년간 여묘를 살고 종신토록 한결같이 애통해하였으며 제사에 지극정성을 다하였다. 본조 성종조에 정려하고 복호(復戶)하였다.

옹진현瓮津縣

동쪽으로 해안까지 25리, 해주(海州) 경계까지 11리이다. 북쪽으로 같은 주 경계까지 20리이다. 남쪽으로 해안까지 20리이다. 서쪽으로 해안까지 65리이다. 서울과의 거리는 469리이다.

건치연혁 建置沿革

본래 고구려 옹천(瓮遷)이다. 고려에서 고쳐 옹진현으로 삼았다. 본조 태조 6년(1397)에 병마사진(兵馬使鎭)을 설치하였다. 장헌왕(莊憲王 세종) 때 진을 파하고 다시 현으로 삼았다. 관장하는 면은 □개이다.

관원

현령(縣令), 훈도(訓導) 각 1인이다.

군명 郡名

옹천(瓮遷)

풍속 風俗

주민은 어염(魚鹽)을 생업으로 삼는다. 지지(地志)

산천 山川

화산(花山) 현 동쪽 2리에 있다. 진산(鎭山)이다.

관산(館山) 현 서쪽 5리에 있다.

어을마산(於乙亇山) 현 남쪽 30리에 있다. 강령현(康翎縣)에도 보인다.

개룡산(開龍山) 현 서쪽 60리에 있다.

연근산(連根山) 현 동쪽 10리에 있다.

바다〔海〕 현 남쪽 4리에 있다.

소강(所江) 소(所)는 본래 소(蘇)로 썼다. 현 서쪽 60리에 있다.

서경포(西京浦) 현 서쪽 30리에 있다. 염분(鹽盆)이 있다.

어화도(魚化島) 현 남쪽 20리에 있다.

비압도(飛鴨島) 현 남쪽 22리에 있다.

화도(火島) 현 남쪽 25리, 바다 가운데에 있다. 어량(魚梁)이 있다.

마합도(磨蛤島) 현 서쪽 80리, 바다 가운데에 있다.

고도(孤島), **모도**(謀島), **거차도**(巨次島), **기린도**(麒麟島) 모두 현 남쪽 30리, 바다 가운데에 있다.

창린도(昌麟島) 현 서쪽 70리, 바다 가운데에 있다. 목장(牧場)이 있다.

토산 土産

명주실〔絲〕, **삼**〔麻〕, **지치**〔紫草〕, **소금**〔鹽〕, **미역**〔藿〕, **황각**(黃角), **조기**〔石首魚〕, **청어**(靑魚), **맛조개**〔竹蛤〕, **부레**〔魚鰾〕, **전복**〔鰒〕, **홍합**(紅蛤), **낙지**〔絡締〕, **소라**(小螺), **굴**〔石花〕, **청각**(靑角), **사곽**(絲藿)

성곽 城郭

현성(縣城) 돌로 쌓았다. 둘레가 3524자이다. 안에 우물이 3개 있다.

공서 公署

소강 첨절제사진(所江僉節制使鎭) 현 서쪽 60리에 있다. 진이 관할하는 곳은 광암량(廣巖梁), 아랑포(阿郎浦), 오차포(吾叉浦), 허사포(許沙浦), 가을포(茄乙浦), 용매량(龍媒梁)이다. 수군첨절제사 1인이 있다.

학교 學校

향교(鄕校) 현 북쪽 2리에 있다.

궁실 宮室

객관(客館)

망해루(望海樓) 객관 동쪽에 있다.

봉수 烽燧

개룡산 봉수(開龍山烽燧) 서쪽으로 장연현(長淵縣)의 대곶량(大串梁)에 응하고, 동쪽으로 금물여산(今勿餘山)에 응한다.

금물여산 봉수(今勿餘山烽燧) 현 서쪽 45리에 있다. 동쪽으로 탄항산(炭項山)에 응하고, 서쪽으로 개룡산에 응한다.

탄항산 봉수(炭項山烽燧) 현 남쪽 15리에 있다. 동쪽으로 강령현(康翎縣)의 밀재(密岾)에 응하고, 서쪽으로 금물여산에 응한다.

우역 郵驛

문라역(文羅驛) 현 남쪽 4리에 있다.

관량 關梁

관량수(館梁戍) 현 서쪽 8리에 있다. 방수군(防戍軍)이 있다.

사묘 祠廟

사직단(社稷壇) 현 서쪽에 있다.

문묘(文廟) 향교에 있다.

성황사(城隍祠) 현 북쪽 2리에 있다.

여단(厲壇) 현 북쪽에 있다.

사찰 寺刹

연근사(連根寺) 금봉산(金鳳山)에 있다.

개룡암(開龍菴) 보운산(寶雲山)에 있다.

심적암(深寂菴), 망해사(望海寺) 모두 청암산(靑巖山)에 있다.

고적 古蹟

옛 읍성〔古邑城〕 현 북쪽 2리에 있다. 안에 우물이 9개 있다.

행성(行城) 현 남쪽 5리에 있다. 토성(土城)이 있다.

송화현松禾縣

동쪽으로 신천군(信川郡) 경계까지 72리이다. 서쪽으로 풍천부(豐川府) 경계까지 11리이다. 남쪽으로 장연현(長淵縣) 경계까지 53리이다. 북쪽으로 은율현(殷栗縣) 경계까지 15리이다. 서울과의 거리는 532리이다.

건치연혁 建置沿革

본래 고구려 마경이(麻耕伊)이다. 고려 초에 청송현(靑松縣)으로 고치고, 현종 때 풍천(豐川)에 편입시켰다가 예종 초에 다시 청송현을 설치하였다. 본조 공정왕(恭定王 태종) 8년(1408)에 가화현(嘉禾縣)을 병합시키고 고쳐서 송화현으로 삼았다. 관장하는 면은 □개이다.

관원

현감(縣監), 훈도(訓導) 각 1인이다.

군명 郡名

청송(靑松)

산천 山川

묵산(墨山) 현 북쪽 15리에 있다. 진산(鎭山)이다.

용문산(龍門山) 현 동쪽 40리에 있다.

달마산(達摩山) 현 동쪽 60리에 있다.

박석산(縛石山) 현 남쪽 15리에 있다.

수회천(水回川) 현 동쪽 20리에 있다. 원류는 묵산에서 나와 남쪽으로 흘러 장연현에 들어가 남대천(南大川)이 된다.

소교천(燒橋川) 현 동쪽 60리에 있다. 달마산에서 나와 신천군에 흘러 들어가서 누교천(樓橋川)이 된다.

온천(溫泉) 현 남쪽 15리에 있다.

토산 土産

철(鐵), 은율현 지경인 금이산(金伊山)에서 난다. 지치〔紫草〕, 옻〔漆〕, 은구어(銀口魚 은어)

학교 學校

향교(鄕校) 현 북쪽 2리에 있다.

궁실 宮室

객관(客館)

우역 郵驛

유안역(維安驛) 현 동쪽 10리에 있다.

가을원(茄乙院) 현 동쪽 60리에 있다.

사묘 祠廟

사직단(社稷壇) 현 서쪽에 있다.

문묘(文廟) 향교에 있다.

성황사(城隍祠) 현 북쪽 4리에 있다.

여단(厲壇) 현 북쪽에 있다.

능묘 陵墓

임자송(任子松) 묘 현 북쪽 고암리(高巖里)에 있다.

사찰 寺刹

수증사(修證寺) 묵산에 있다.

보림사(寶林寺) 용문산에 있다.

안원사(安圓寺) 달마산에 있다.

약산사(藥山寺) 화약산(火藥山)에 있다.

고적 古蹟

가화폐현(嘉禾廢縣) 현 동쪽 60리에 있다. 본래 고구려 판마곶(板麻串)이다. 고려 초에 가화(嘉禾)로 고치고 현종 때 풍주(豐州)에 편입시켰다가 예종 초에 다시 가화현을 설치하였다. 본조 태종 8년(1408)에 송화현에 편입시켰다.

영녕폐현(永寧廢縣) 현 남쪽 30리에 있다. 본래 고구려 웅한이(熊閑伊)이다. 고려에서 영녕으로 고치고, 현종 때 풍주에 편입시켰다가 뒤에 옮겨 신천(信川)에 편입시켰다. 본조 태조 5년(1396)에 가화에 이속시켰는데, 지금은 폐하여 마을[村]로 삼았다.

신재고성(新岾古城) 현 남쪽 10리에 있다. 돌과 흙을 교대로 쌓았다. 둘레가 9200자이다.

은율현殷栗縣

동쪽으로 문화현(文化縣) 경계까지 24리이다. 남쪽으로 송화현(松禾縣) 경계까지 30리이다. 서쪽으로 풍천부(豐川府) 경계까지 19리이다. 북쪽으로 장련현(長連縣) 경계까지 13리이다. 서울과의 거리는 505리이다.

건치연혁 建置沿革

본래 고구려 율구(栗口)이다. 일명 율천(栗川)이라고 한다. 고려 초에 은율현으로 삼았고, 현종 때 풍주(豐州)에 편입시켰다. 본조 태조 5년(1396)에 다시 은율현을 설치하였고, 공정왕(恭定王 태종) 14년(1414)에 다시 풍천(豐川)에 편입시켰다가 뒤에 도로 떼어 내 현으로 삼았다.

관원

현감(縣監), 훈도(訓導) 각 1인이다.

군명 郡名

율천(栗川)

풍속風俗

소금과 철을 이익으로 삼는다. 지지(地志)

산천山川

건지산(乾止山) 현 북쪽 10리에 있다.

구월산(九月山) 현 동쪽 10리에 있다. 문화현에 자세히 나온다.

모을산(毛乙山) 현 남쪽 6리에 있다.

금란굴(金襴窟) 구월산에 있다.

바다〔海〕 현 서북쪽 30리에 있다.

웅도(熊島) 현 서쪽 30리에 있다.

금산포(金山浦) 현 북쪽 20리에 있다. 동쪽으로 급수문(急水門)에 연하여 있으니, 바로 대동강(大同江)이 바다에 들어가는 곳이다.

함천(鹹泉) 현 북쪽 13리에 있다. 맛이 짠데, 이 물로 목욕하고 병이 나은 사람들이 많다.

고요연(高腰淵) 구월산 중턱에 있다. 그 모양이 솥과 같고 깊이를 헤아릴 수 없다. 세속에서 말하기를 용이 그 안에 숨어 있으니, 가뭄이 들었을 때 비를 빌면 감응이 있다고 한다.

석도(席島) 현 서쪽 30리에 있다. 목장이 있다. 섬이 본래 풍천에 예속되어 있었는데, 공희왕(恭僖王 중종) 2년(1507)에 이곳에 이속시켰다.

토산 土產

명주실〔絲〕, 삼〔麻〕, 석철(石鐵), 금산포(金山浦)에서 난다. 지치〔紫草〕, 잣〔海松子〕, 맛조개〔竹蛤〕, 부레〔魚鰾〕, 은구어(銀口魚 은어), 사곽(絲藿)

성곽 城郭

구월산성(九月山城) 현 동쪽 10리에 있다. 돌로 쌓았다. 둘레가 1만 4386자이며, 성의 모양이 큰 배와 같다. 남북으로는 길이 없고 동서로 단지 잔도(棧道)가 있을 뿐이다. 성안에는 나무가 묶어 세운 듯이 빽빽하며, 물이 여러 골짜기에서 나와 한 시내를 이루고, 성 서쪽에 이르면 양쪽으로 산이 문처럼 높이 서 있으며, 물이 문밖으로 나가 폭포가 된다. 성안에 좌우로 창고를 두었는데 문화(文化), 신천(信川), 안악(安岳)은 좌창(左倉)에 속하고, 은율(殷栗), 풍천(豐川), 송화(松禾), 장연(長淵), 장련(長連)은 우창(右倉)에 속한다.

공서 公署

광암량 만호진(廣巖梁萬戶鎭) 현 서쪽 25리에 있다. 수군만호 1인이 있다.

학교 學校

향교(鄕校) 현 동쪽 1리에 있다. 현이 풍주에 병합되어 향교가 오래도록 폐하여졌는데, 홍무(洪武) 29년(1396, 태조5)에 처음 감무(監務)를 설치하고 교서 교감(校書校勘) 정여(鄭餘)를 감무로 삼으니, 정여가 처음 학교를 세우고 고을 자제들을 모아 가르쳤다. 이첨(李詹)의 기문이 있다.

□□서원(書院)

궁실 宮室

객관(客館)

관가루(觀稼樓) 객관 동쪽에 있다.

봉수 烽燧

건지산 봉수(乾止山烽燧) 서쪽으로 풍천부의 소산(所山)에 응하고, 동쪽으로 안악군(安岳郡)의 감적산(甘積山)에 응한다.

우역 郵驛

문라역(文羅驛) 현 남쪽 6리에 있다.

판초원(板草院) 현 남쪽 15리에 있다.

사묘 祠廟

사직단(社稷壇) 현 서쪽에 있다.

문묘(文廟) 향교에 있다.

성황사(城隍祠) 남산(南山)에 있다.

여단(厲壇) 현 북쪽에 있다.

사찰 寺刹

정곡사(亭谷寺), 장불사(長佛寺), 거선사(居仙寺) 모두 구월산에 있다.

건지사(乾止寺) 건지산에 있다.

용천사(龍泉寺) 용산(龍山)에 있다.

강음현江陰縣

동쪽으로 평산부(平山府) 경계까지 16리이다. 북쪽으로 같은 부 경계까지 15리이다. 서쪽으로 배천군(白川郡) 경계까지 25리이다. 남쪽으로 개성부(開城府) 경계까지 31리이다. 서울과의 거리는 197리이다.

건치연혁 建置沿革

본래 고구려 굴압현(屈押縣)이다. 일명 강서(江西)라고 한다. 신라 경덕왕 때 강음으로 고치고 송악군(松岳郡) 영현으로 삼았다. 고려 현종 때 개성현(開城縣)에 편입시켰다가 뒤에 개성부에 직속시켰다. 인종 때 다시 강음현을 설치하였다. 본조에서 그대로 따랐다. 공정왕(恭定王 태종) 13년(1413)에 본도에 옮겨 예속시켰다.

관원

현감(縣監), 훈도(訓導) 각 1인이다.

지금 증보하건대 효종 2년(1651)에 우봉현(牛峯縣)을 금천참(金川站)에 병합하고 금천군(金川郡)을 설치하였다.[74]

74 우봉현(牛峯縣)을……설치하였다 : 《동국여지지》 권6 〈황해도 우봉현〉 건치연혁에는 "강음(江陰)과 병합하고 금천군(金川郡)을 설치하였다."라고 하였으니, 여기서도 효종 2년에

군명 郡名

강서(江西)

산천 山川

천신산(天神山) 현 서쪽 9리에 있다. 진산(鎭山)이다.

고성산(古城山) 현 동쪽 8리에 있다.

기탄(岐灘) 현 북쪽 16리에 있다. 그 원류는 둘인데, 하나는 수안군(遂安郡) 언진산(彥眞山)에서 나오고, 하나는 평산부 서쪽 냉정원(冷井院) 등지에서 나와 같은 부 저탄(猪灘)에 이르러 합류하여 조읍포(助邑浦)에 들어간다. 예전에는 기평도(岐平渡)라고 칭하였다. 《고려사(高麗史)》에는 개성현에 부기하였다.

조읍포(助邑浦) 현 남쪽 5리에 있다. 기탄 하류로서 조세(租稅)를 운반하는 곳이다.

산수(酸水) 현 동쪽 12리에 있다. 남쪽으로 기탄과의 거리가 6리이다.

토산 土産

지치〔紫草〕, 산달(山獺), 숭어〔秀魚〕

우봉현과 강음현을 병합하여 금천군을 설치하였다는 것을 말한다. 금천참은 당시 강음현 관할의 역참이다.

공서 公署

금교도 찰방사(金郊道察訪司) 현 서남쪽 30리에 있다. 금교(金郊), 흥의(興義), 금암(金巖), 보산(寶山), 안성(安城), 용천(龍泉), 검수(劍水), 동선(洞仙), 소곶(所串), 경천(敬天), 단림(丹林) 11개 역을 관할한다. ○ 찰방 1인이 있다.

학교 學校

향교(鄉校) 현 동쪽 1리에 있다.

궁실 宮室

객관(客館)

창고 倉庫

조읍포창(助邑浦倉) 조읍포 언덕 위에 있다. 본현 및 황주(黃州), 서흥(瑞興), 평산(平山), 봉산(鳳山), 곡산(谷山), 수안(遂安), 안악(安岳), 재령(載寧), 신계(新溪), 우봉(牛峯), 토산(兎山) 등 관아의 전세(田稅)를 이곳에 수합하여 서울까지 조운(漕運)한다.

봉수 烽燧

성산 봉수(城山烽燧) 북쪽으로 평산부의 남산(南山)에 응하고, 남쪽으로 개성부의 송악산(松嶽山) 국사당(國師堂)에 응한다.

우역 郵驛

금교역(金郊驛) 현 서남쪽 30리에 있다. 찰방사 본역이다.

임제원(臨濟院) 현 남쪽 5리에 있다.

만수원(萬壽院) 현 동쪽 30리에 있다.

와원(瓦院) 현 동쪽 10리에 있다.

관량 關梁

탈미곡보(脫彌谷堡) 현 동쪽 30리에 있다. 금교에서 홍의에 이르기까지 협곡이 높고 깊은데 길이 그 가운데를 지나가니, 이따금 도적들이 행인들을 겁략하므로 공희왕조(恭僖王朝 중종)에 보(堡)를 설치하여 기찰하고 금지시켰다. 지금은 옛터만 남아 있다.

사묘 祠廟

사직단(社稷壇) 현 서쪽에 있다.

문묘(文廟) 향교에 있다.

성황사(城隍祠) 현 서쪽에 있다.

여단(厲壇) 현 북쪽에 있다.

능묘 陵墓

이행(李行) 묘 현 서북쪽 □□리, 영청동(永淸洞)에 있다.

이□□(李□□) 묘 -원문 다수 결락-에 있다.

사찰 寺刹

쌍봉사(雙鳳寺), 금강사(金剛寺), 보현사(普賢寺), 천신사(天神寺), 문수사(文珠寺) 모두 천신산에 있다.

고적 古蹟

강령현康翎縣

동쪽으로 가을포(茄乙浦)까지 20리이다. 남쪽으로 등산곶(登山串)까지 60리이다. 서쪽으로 해주(海州) 경계까지 30리이다. 북쪽으로 같은 주 경계까지 35리이다. 서울과의 거리는 449리이다.

건치연혁 建置沿革

본래 고구려 부진이(付珍伊)이다. 고려 초에 고쳐 영강현(永康縣)으로 삼고, 현종 때 옹진현(甕津縣)에 편입시켰다. 예종 초에 다시 영강현을 설치하고 가화(嘉禾)를 겸임하게 하였다. 본조 공정왕(恭定王 태종) 14년(1414)에 장연현(長淵縣)에 편입시켰다가 얼마 되지 않아 다시 설치하였다. 세종 10년(1428)에 문화현(文化縣) 임내 백령진(白翎鎭) 지역을 병합시키고 백령진은 본래 해도(海島)인데, 공민왕 때 육지로 옮겨 문화현 동쪽 가을산(加乙山) 지역에 임시로 거처하게 하고 그대로 백령진이라고 칭하였으며, 그 본도는 장연현에 예속시켰다. 고쳐 강령현으로 삼았다. 또 해주 우현(牛峴) 이남 지역을 떼어 내 붙이고, 치소를 사천(蛇川)으로 옮긴 다음 현에 첨절제사진을 설치하였는데, 곧이어 진을 파하고 다시 현으로 삼았다. 옛 영강현 치소는 바로 지금 장연현의 금동역(金洞驛)이다. 인조 때 현을 해주에 편입시켰다가 뒤에 다시 떼어 내 설치하였다. 관장하는 면은 □개이다.

관원

현감(縣監), 훈도(訓導) 각 1인이다.

군명 郡名

영강(永康)

산천 山川

봉황산(鳳凰山) 현 북쪽 10리에 있다. 진산(鎭山)이다.

견래산(堅來山) 현 남쪽 20리에 있다.

다립산(多立山) 현 동쪽 5리에 있다.

어을마산(於乙亇山) 현 서쪽 30리에 있다.

등산곶(登山串) 현 남쪽 60리에 있다. 백사정(白沙汀)이 있으니, 바다 조수가 물러가면 흰 모래가 평평하게 펼쳐지고 감탕이 없어서 말을 달려 사냥을 할 만하다. 바로 옛 해주 지역으로, 그곳에 사슴이 많아서 천백 마리가 떼 지어 다녔다. 고려 때 신우(辛禑)가 요동(遼東)을 치고자 하여 5부(部)의 정부(丁夫)를 뽑아 군병으로 삼고는 부러 말하기를 "서쪽으로 해주 백사정에 사냥 나간다."라고 하였는데 바로 이곳이다. 지금은 목장이 되었다.

바다〔海〕 현 남쪽 30리에 있다.

청룡포(青龍浦) 현 동쪽 10리에 있다. 사근포(沙斤浦) 하류이다.

구속포(仇束浦) 현 남쪽 20리에 있다. 두모포(豆毛浦) 하류이다.

두모포(豆毛浦) 현 남쪽 30리에 있다.

사근포(沙斤浦) 현 남쪽 50리에 있다. 구속포 하류이다.

남포(南浦) 현 남쪽 5리에 있다.

연화지(蓮花池) 현 남쪽 60리에 있다.

순위도(巡威島) 현 남쪽 60리, 바다 가운데에 있다. 목장이 있다.

우정(牛井) 현 서쪽 9리에 있다.

토산 土産

모시〔苧〕, 삼〔麻〕, 숫돌〔礪石〕, 순위도에서 난다. 지치〔紫草〕, 녹용(鹿茸), 소금〔鹽〕, 부레〔魚鰾〕, 조기〔石首魚〕, 청어(青魚), 황각(黃角), 청각(青角), 미역〔藿〕, 사곽(絲藿), 참가사리〔細毛〕, 굴〔石花〕, 해삼(海蔘), 소라(小螺), 홍합(紅蛤), 낙지〔絡締〕, 맛조개〔竹蛤〕, 전복〔鰒〕

성곽 城郭

현성(縣城) 돌로 쌓았다. 둘레가 1800자이다.

공서 公署

가을포 만호진(茄乙浦萬戶鎭) 현 동쪽 15리에 있다. 수군만호 1인이 있다.

봉수 烽燧

밀재 봉수(密岾烽燧) 현 남쪽 55리에 있다. 서쪽으로 옹진현(瓮津縣)의 탄항산(炭項山)에 응하고, 동쪽으로 구월산(九月山)에 응한다.

구월산 봉수(九月山烽燧) 현 남쪽 30리에 있다. 서쪽으로 밀재에 응하고, 동쪽으로 견라산(堅羅山)에 응한다.

견라산 봉수(堅羅山烽燧) 현 남쪽 13리에 있다. 동쪽으로 해주의 사포곶(沙浦串)에 응하고, 서쪽으로 구월산에 응한다.

학교 學校

향교(鄕校) 현 동쪽 3리에 있다.

궁실 宮室

객관(客館)

우역 郵驛

우정원(牛井院) 우정(牛井) 곁에 있다.

사묘 祠廟

사직단(社稷壇) 현 서쪽에 있다.

문묘(文廟) 향교에 있다.

성황사(城隍祠) 현 북쪽 10리에 있다.

여단(厲壇) 현 북쪽에 있다.

사찰 寺刹

안국사(安國寺) 어을마산에 있다.

정수암(靜修菴) 견래산에 있다.

명환 名宦

본조

김처례(金處禮) 장헌왕조(莊憲王朝 세종)[75]에 지강령현사(知康翎縣事)가 되었는데, 정사 고과에서 최고점을 받았고 소환되어 병조 지사가 되었다.

75 장헌왕조(莊憲王朝) : 《신증동국여지승람》 권43 〈황해도 강령현〉 명환에 세조조로 되어 있고, 《국역 세조실록》 4년 9월 11일 기사에 "강령 현감(康翎縣監) 김처례가 흰 사슴〔白鹿〕을 바치고"라고 한 것으로 보면 '혜장왕조(惠莊王朝)'의 오류로 보인다.

인물 人物

고려

강증(康拯) 마음가짐이 근면하고 꼼꼼하였다. 음보(蔭補)로서 군기시 주부가 되었는데, 예종조에 윤관(尹瓘)이 여진을 정벌할 때 강증이 좌군지병마사(左軍知兵馬事)로서 종군하여 공을 세웠다. 관직이 중서시랑평장사(中書侍郎平章事)에 이르렀다.

장연현長淵縣

동쪽으로 해주(海州) 경계까지 56리이다. 남쪽으로 해안까지 40리이다. 서쪽으로 아랑포(阿郎浦)까지 47리이다. 북쪽으로 풍천부(豐川府) 경계까지 25리이다. 서울과의 거리는 513리이다.

건치연혁 建置沿革

본래 고구려 장연(長淵)이다. 일명 장담(長潭)이라고 한다. 신라에서 그대로 장연현으로 삼았다. 고려 현종 때 옹진현(瓮津縣)에 편입시켰고, 예종 때 다시 장연현을 설치하였다. 본조 태조 때 현에 병마사진(兵馬使鎭)을 설치하고 뒤에 영강현(永康縣)을 병합하여 연강(淵康)이라고 칭하다가 얼마 안 되어 각각 예전대로 회복시켰다. 세종 때 진을 파하고 다시 현으로 삼았다. 관장하는 면은 □개이다.

관원

현감(縣監), 훈도(訓導) 각 1인이다.

지금 증보하건대 □□ 때 승격시켜 도호부로 삼았다.[76]

76 □□……삼았다 : 《여지도서(輿地圖書)》 〈황해도 장연부〉 건치연혁에는 "인조 1년(1623)에 부사(府使)로 승격시키고 이름을 장연(長淵)이라고 하였다."라고 되어 있다.

군명 郡名

장담(長潭)

형승 形勝

풍속 風俗

잠상(蠶桑)과 어염(魚鹽)을 이익으로 삼는다. 지지(地志)

산천 山川

괴림산(槐林山) 현 서쪽 30리에 있다.

오반산(五盤山) 현 동쪽 20리에 있다.

석봉산(石峯山) 현 동쪽 60리에 있다.

불타산(佛陁山) 현 남쪽 15리에 있다.

장산곶(長山串) 현 서쪽 □□리, 지면이 바다 가운데로 꺾여 들어간 곳에 있다.

대청도(大青島) 부 남쪽 30리, 바다 가운데에 있다. 둘레가 -원문 4, 5자 결락- 목우장(牧牛場)이 있다. 고려 충숙왕 때 원나라가 위왕(魏王) 아목가(阿木哥), 패랄태자(孛剌太子), 도우첩목아태자(陶于帖木兒太子) 등을 유배 보내 전후로 이 섬에 왔다가 후일 모두 소환되었다. 지금 그들이 살던 집터가 아직 남아 있다.

소청도(小靑島) 바다 가운데 대청도 동쪽에 있다. 둘레가 -원문 1, 2자 결락- 살피건대 《대명일통지(大明一統志)》에 대청서(大靑嶼), 소청서(小靑嶼)로 쓰여 있으니, 바로 이곳이다. 《고려사(高麗史)》 〈지리지(地理志)〉에 "백령진(白翎鎭)에 대청도와 소청도 두 섬이 있다."라고 하였다. 지금 백령도도 부 경계 안에 있다.

백령도(白翎島) 대청도 서쪽에 있다. 수로(水路)-원문 2, 3자 결락- 둘레가 -원문 4, 5자 결락- 본래 고구려 곡도(鵠島)이다. 고려에서 지금 이름으로 고쳐 진으로 삼고 현종 때 진장(鎭將)을 두었으며, 공민왕 때 수로가 험난하다는 이유로 그 진을 문화현(文化縣) 동촌(東村) 가을산(加乙山)으로 옮기고 곧이어 진을 폐하였다가 본조에서 진을 설치하였다고 운운하였다.[77] 고려 충렬왕 때 원나라가 적당(賊黨) 탑야속(塔也速)을 이곳에 유배 보냈다. 목장이 있다.

신곶(薪串) 현 서쪽 47리에 있다.

별서강(別西江) 현 서쪽 60리에 있다.

백사정(白沙汀) 현 서쪽 58리에 있다. 길이가 7, 8리이고, 너비가 3, 4리이다. 남쪽에 연못이 있고, 북쪽에 승선봉(勝仙峯)이 있는데 봉 머리에 사초(莎草)가 있다. 삼면이 바다에 접해 있으며, 흰 모래가 편평하게 깔려 있어 바람 부는 대로 이리저리 쓸려 다니다가 쌓여서 언덕을 이루고, 치송(稚松)과 해당(海棠)의 붉고 푸른빛이 서로 어우러져서 관람하는 이들이 줄

77 본조에서……운운하였다 : 《신증동국여지승람》 권43 〈황해도 강령현(康翎縣)〉 건치연혁에는 "본조 세종 10년에 영강, 백령을 합하여 강령현으로 삼고 해주 우현(牛峴) 이남의 땅을 분할하여 그에 예속시키고는 현의 치소를 사천(蛇川)으로 옮기고 진을 설치하여 첨절제사 겸 판현사로 삼았는데, 후에 고쳐 현감으로 삼았다."라는 내용이 실려 있다.

을 잇고 있다.

남대천(南大川) 현 남쪽 5리에 있다. 송화현(松禾縣) 수회천(水回川)의 하류로, 현 서쪽 10리에 이르러 바다에 들어간다.

조니포(助尼浦) 현 서쪽 60리에 있다.

대곶량(大串梁) 현 남쪽 63리, 오차포(吾叉浦) 옛 영(營)에 있다.

용정(龍井) 현 서쪽 15리에 있다. 깊이를 가늠할 수 없다. 끌어다 밭에 물을 대고, 가뭄이 들면 비를 빈다.

용혈(龍穴) 현 서쪽 5리에 있다. 가파른 언덕이 있는데, 길이가 300여 보이고 언덕 머리에는 구멍이 있으니 원지름이 1장 남짓이다. 언덕 끝에 또 구멍이 있어 처음과 끝이 서로 통한다. 어떤 사람이 불을 가지고 들어가 100여 보까지 가니 물이 있는데, 깊고 어두워서 근원을 찾지 못하고 돌아왔다.

토산 土産

명주실〔絲〕, **삼**〔麻〕, **동철**(銅鐵), 진석동(眞石洞)에서 난다. **철**(鐵), 동라곶(冬羅串)과 길곶(吉串)에서 난다. **뽕나무겨우살이**〔桑寄生〕, 대청도와 백령도에서 난다. **꿀**〔蜂蜜〕, **미역**〔藿〕, **사곽**(絲藿), **녹각교**(鹿角膠), **청각**(靑角), **황각**(黃角), **참가사리**〔細毛〕, **소라**(小螺), **홍합**(紅蛤), **숭어**〔秀魚〕, **은구어**(銀口魚 은어), **청어**(靑魚), **전복**〔鰒〕, **상어**〔鯊魚〕, **맛조개**〔竹蛤〕

성곽 城郭

현성(縣城) 돌로 쌓았다. 둘레가 5725자이다. 문이 있고, 성안에 우물이 3개 있다.

공서 公署

오차포 만호진(吾叉浦萬戶鎭) 현 서쪽 45리에 있다. 수군만호 1인이 있다.

아랑포 만호진(阿郎浦萬戶鎭) 현 서쪽 45리에 있다. 수군만호 1인이 있다.

○ 본조 이석형(李石亨)의 시[78]에,

물가 맑고 모래 희어 기이하기도 한데	渚淸沙白十分奇
조수 나가며 구름 거두어 물 고요한 때이네	潮退雲收水靜時
태평 무사한 시절 만났으니	正値太平無事日
장군이 창을 비껴 쥐고 새 시를 짓누나[79]	將軍橫槊賦新詩

하였다.

백령 첨절제사진(白翎僉節制使鎭)

학교 學校

향교(鄕校) 현 북쪽 4리에 있다.

78 이석형(李石亨)의 시 : 〈장연 아랑포영에서 여지승람을 보다〔長淵阿郎浦營見輿地勝覽〕〉이다. 《樗軒集 後集》

79 장군이……짓누나 : 문무(文武)를 겸비한 인물이 전쟁터에서 지어낸 호쾌한 글을 표현하는 말로, 당나라 원진(元稹)이 지은 〈당 고공부원외랑 두군 묘계명(唐故工部員外郎杜君墓係銘)〉에 "조조와 조비, 조식 부자가 말안장 위에서 글을 지어내고 이따금씩 창을 비껴 쥐고 시를 지었다.〔曹氏父子鞍馬間爲文, 往往橫槊賦詩.〕"라고 한 데서 나온 말이다.

궁실 宮室

객관(客館)

진서루(鎭西樓) 객관 동쪽에 있다.

남문루(南門樓) 바로 성 남문 누각이다.

봉수 烽燧

궤곶 봉수(几串烽燧) 현 서쪽 61리에 있다. 남쪽으로 미라산(彌羅山)에 응하고, 북쪽으로 풍천부(豐川府)의 고리곶(古里串)에 응한다.

미라산 봉수(彌羅山烽燧) 현 서쪽 52리에 있다. 남쪽으로 청석산(靑石山)에 응하고, 북쪽으로 궤곶에 응한다.

청석산 봉수(靑石山烽燧) 현 서쪽 34리에 있다. 동쪽으로 대곶량(大串梁)에 응하고, 북쪽으로 미라산에 응한다.

대곶량 봉수(大串梁烽燧) 현 남쪽 63리에 있다. 남쪽으로 옹진현(瓮津縣)의 개룡산(開龍山)에 응하고, 서쪽으로 청석산에 응한다.

우역 郵驛

신행역(新行驛) 현 남쪽 5리에 있다.

금동역(金洞驛) 현 동쪽 45리에 있다. 바로 영강현 옛터이다.

광천원(廣淺院) 현 동쪽 60리에 있다.

장동원(長洞院) 현 북쪽 35리에 있다.

사묘 祠廟

사직단(社稷壇) 현 서쪽에 있다.

문묘(文廟) 향교에 있다.

성황사(城隍祠) 현 북쪽 2리에 있다.

장산곶사(長山串祠) 사전(祀典)에는 대천(大川)으로서 소사(小祀)에 실려 있다. 봄가을로 향축을 내려 제사 지낸다.

여단(厲壇) 현 북쪽에 있다.

사찰 寺刹

천일사(千日寺) 오반산에 있다.

안심사(安心寺) 미라산에 있다.

견불사(見佛寺), 천불사(千佛寺), 해림사(海林寺) 모두 불타산에 있다.

곡서사(鵠棲寺) 괴림산에 있다.

영남사(永南寺), 석봉사(石峯寺) 모두 석봉산에 있다.

자비사(慈悲寺), 해림사(海臨寺), 칠봉사(七峯寺) 모두 불타산에 있다.

고적 古蹟

고영강(古永康) 현 동쪽 50리에 있다.

해안폐현(海安廢縣) 현 서쪽 45리에 있다. 고려 때 해안현을 설치하고 뒤에 청송(青松 송화현(松禾縣))에 편입시켰다. 본조 공정왕(恭定王 태종) 16년(1416)에 그 지역이 본현 서쪽 경계로 넘어왔다 하여 본현에 병합하여 직촌(直村)으로 삼았다.

두견산고성(杜鵑山古城) 현 북쪽 40리에 있다. 흙으로 쌓았다. 둘레가 3288자이다. 지금은 없어졌다.

유우 流寓

애아치(愛牙赤) 고려 충렬왕 6년(1280)에 원나라 세조가 황자(皇子) 애아치를 대청도에 유배 보냈다가 7년(1281)에 소환하였다. 이때 왕과 제국공주(齊國公主)가 벽란정(碧瀾亭)에서 전별연을 베풀어 전송하였다.

아목가(阿木哥) 원나라 순종의 아들로 위왕(魏王)에 봉해졌다. 고려 충숙왕 4년(1317)에 원나라 인종이 아목가를 대청도에 유배하였다가 10년(1323)에 소환하였다. 이듬해 왕이 원나라에 있을 때 아목가의 딸 금동(金童)을 아내로 맞았는데 바로 이가 조국장공주(曹國長公主)[80]이다. 공주는 왕을 따라 우리나라에 왔는데 얼마 되지 않아서 죽었다. 또 충숙왕 10년에 원나라가 패랄태자(孛剌太子)를 대청도에 유배하였다가 16년(1329)에 소환하고, 17년(1330)에 태자 도우첩목아(陶于帖木兒)를 이 섬에 유배하였다가 후원년(1332, 충숙왕 복위 1년)에 소환하였다. 지금 그들이 살던 집터가 남아 있다.

80 조국장공주(曹國長公主) : 대본에는 '曹國公主'로 되어 있는데, 《고려사(高麗史)》 권89 〈후비열전(后妃列傳)〉에 근거하여 '장(長)'을 보충하여 번역하였다.

인물 人物

고려

문인위(文仁渭) 목종 때 사람이다. 지극히 성실하고 허식이 없어서 김치양(金致陽)의 난리에도 화를 면하였다. 관직이 상서 좌복야(尙書左僕射)에 이르렀다.

문정(文正) 문종조에 과거에 급제하고 여러 번 승진하여 병부시랑 좌간의 대부에 이르렀다. 동번(東蕃)이 난을 일으켰는데 문정이 승전하고 돌아오니, 특별히 보충찬화탕구정새 공신(輔忠贊化蕩寇靜塞功臣)의 호를 하사하고 특진검교사도 문하시랑평장사 상주국 장연현개국백(特進檢校司徒門下侍郎平章事上柱國長淵縣開國伯)을 더하였다. 시호는 정헌(貞獻)이며 선종(宣宗)의 묘정에 배향되었다.

지은이

유형원(柳馨遠)

1622(광해군14)~1673(현종14). 조선 후기의 실학자이다. 본관은 문화(文化), 자는 덕부(德夫), 호는 반계(磻溪)·둔암(遁庵)이다. 부친인 예문관 검열 유흠(柳歆)이 유몽인(柳夢寅)의 옥사에 연루되어 죽은 뒤 5세 때부터 외삼촌 이원진(李元鎭)과 고모부 김세렴(金世濂)에게 수학하였다. 두 차례 과거에 응시했으나 낙방하고, 32세 때 전라도 부안군 보안면 우반동에 은거하였다. 이곳에서 학문과 저술에 전념하며 여생을 보냈다. 저술로는 그의 실학사상을 집대성한《반계수록(磻溪隨錄)》외에《주자찬요(朱子纂要)》,《이기총론(理氣總論)》,《동국여지지(東國輿地志)》,《무경사서초(武經四書抄)》,《기효신서절요(紀效新書節要)》,《정음지남(正音指南)》,《동국문초(東國文抄)》등 수십 권이 있으나《반계수록》과《동국여지지》외에 시문 몇 편만 전하고 나머지는 유실되었다. 그의 저작과 사상은 생전에는 인정받지 못하였으나 100여 년이 지난 뒤《반계수록》의 개혁 사상이 널리 알려지면서 영조의 관심을 받아 높은 평가를 받고 책이 간행되어 세상에 전해졌다. 1770년(영조46) 통정대부 호조참의 겸 세자시강원찬선에 증직되었다. 그의 개혁안은 이후에도 실행되지 못하였으나 이익, 안정복, 정약용으로 이어지는 실학자들에게 큰 영향을 주었다.

옮긴이

남지만(南智萬)

한국고전번역원 선임연구원.《자료와 해설 한국의 철학사상》(공저),《조선 유학의 개념들》(공저) 등을 집필하였고,《통색촬요》,《천의소감》,《승정원일기》등의 번역에 참여하였다.

오세옥(吳世玉)

전 한국고전번역원 수석연구위원.《한국문집총간》수록 문집 해제를 집필하였고,《승정원일기》,《명재유고》,《사직서의궤》,《경모궁의궤》,《천의소감》등의 번역에 참여하였다.

동국여지지 6

유형원 지음 | 남지만 오세옥 옮김

2024년 12월 31일 초판 1쇄 발행

발행인 김언종 | **발행처** 한국고전번역원
등록 2008. 3. 12. 제25100-2018-000049호
주소 (03310) 서울시 은평구 진관1로 85
전화 02-350-4886 | **팩스** 02-350-4899 | **홈페이지** www.itkc.or.kr

번역 남지만(남원도호부~수안군) 오세옥(곡산군~장연현)
연구총괄 정동화 | **연구책임** 장희성 | **연구기획** 강지원

책임편집 이선주 | **편집진행·제작** 조은지
교정 노성완 이미진 | **디자인** 은희주
인쇄 대유기획인쇄

값 20,000원
ISBN 978-89-284-1003-3(94910)
978-89-284-0621-0(세트)